基于人工微结构的表面等离激元及调控

苏晓强　著

中国原子能出版社

图书在版编目（CIP）数据

基于人工微结构的表面等离激元及调控 / 苏晓强著.
--北京：中国原子能出版社，2023.11 (2025.3 重印)
ISBN 978-7-5221-3078-1

Ⅰ．①基… Ⅱ．①苏… Ⅲ．①等离子体物理学–研究
Ⅳ．①O53

中国国家版本馆 CIP 数据核字（2023）第 210470 号

内 容 简 介

本书主要论述了基于人工微结构的表面等离激元基本原理、器件制备方法、性能表征技术以及远近场相关调控器件等。全书共六章，包括第一章金属与介质界面上的表面等离激元理论基础；第二章样品制备工艺与实验表征技术；第三章局域型表面等离激元的耦合调控；第四章局域型表面等离激元对远场的波前调控；第五章表面等离激元波导的片上调控及应用；第六章太赫兹人工表面等离激元的传输波前调控。

本书可作为表面等离激元领域研究人员和相关学科研究生的参考书和工具书，亦可供有关工程技术人员参考使用。

基于人工微结构的表面等离激元及调控

出版发行	中国原子能出版社（北京市海淀区阜成路 43 号　　100048）
责任编辑	刘东鹏
责任校对	冯莲凤
责任印制	赵　明
印　　刷	北京天恒嘉业印刷有限公司
经　　销	全国新华书店
开　　本	787 mm×1092 mm　1/16
印　　张	11.375
字　　数	284 千字
版　　次	2023 年 11 月第 1 版　2025 年 3 月第 2 次印刷
书　　号	ISBN 978-7-5221-3078-1　　　**定　价　67.00 元**

网址：http://www.aep.com.cn　　　　　E-mail：atomep123@126.com
发行电话：010-68452845　　　　　　版权所有　侵权必究

前　言

　　基于人工微结构的表面等离激元是在传统表面等离激元的基础之上，利用亚波长尺度的人工微结构来进行自由地设计表面等离激元的功能特性，其设计的自由度来源于人工微结构的几何形貌、排布方式以及所支持的谐振或耦合方式。人工微结构的表面等离激元研究热潮始于 2004 年，由英国帝国理工大学的 Pendry 教授提出将平面金属进行结构化设计后在低频波段下所支持的人工表面等离激元，同样可以实现类似光波段表面等离激元的色散关系和强束缚特性，并且其色散特性能够通过改变结构的几何参数来调控。近年来，伴随着众多物理概念的引入，如电磁诱导透明、自旋霍尔效应、P-T 对称性和拓扑保护等，人工微结构的设计愈加新颖，促使调控表面等离激元的手段越来越多样化。发展多功能复用、结构紧凑且性能优越的表面等离激元功能器件，进而搭建基于表面等离激元链路的片上系统，是当前热门的研究方向和未来通信技术的发展趋势。

　　本书从表面等离激元的形成机理和物理内涵出发，结合笔者从事该方向研究工作多年来的研究成果和经验，主要介绍人工微结构的表面等离激元理论基础，样品器件的制备与表征技术，局域型表面等离激元内部人工微结构之间的耦合对远场透射特性和波阵面的调控，传输型表面等离激元波导及波前功能的调控。本书共包括六章内容，希望能够对该领域的研究工作者和新入门的初学者给予一定的帮助和指导。

　　由于表面等离激元所涉及的学科范围较广，加之本领域目前正处于多种学科和技术交叉融合的阶段，相关知识更新速度非常快，同时限于笔者自身的能力，对某些概念和现象存在片面的观点，因此，书中疏漏和不足之处望同行与读者多多批评指正。最后，感谢我的父母、妻子和儿子，你们永远是我人生道路上的动力源泉！

苏晓强

2023 年 7 月

目　录

第一章

金属与介质界面上的表面等离激元理论基础

表面等离激元（Surface Plasmon Polaritons，SPPs）是自由空间波被耦合成一种沿金属和电介质界面传播的特殊电磁模式，它是一种束缚态的表面波，并在垂直于传播面的方向上振幅呈指数式衰减，因而能够实现在亚波长尺度下操控电磁波。基于表面等离激元各种光学特性的研究引起了世界范围内科学家们的广泛关注，并在许多领域取得了重要进展，其独特的性能使得它在超分辨成像技术、亚波长光刻技术、高集成光信息处理技术等方面具有巨大的应用前景，同时基于表面等离激元的光子回路有望打破传统微电子技术在提高存储密度、片上可集成度和信息处理速度等方面的发展瓶颈，成为新一代信息通讯的新型载体[1-4]。表面等离激元的本质是金属表面的自由电子在外部电磁场激发下而产生的电子集体振荡行为，即自由电子在入射电磁波的激发下会产生振荡，而相应的振荡频率在与入射电磁波频率相匹配的情况下产生共振现象。

随着现代科学技术尤其是微纳米技术的革新与完善，表面等离激元已经成为当前科学前沿的热点研究问题，其相应的物理机理、效应研究、特征应用等都受到了国内外专家学者的热切关注。表面等离激元既能以传播型表面等离激元的形式（传播模式）在金属表面近场范围内传播，也能以局域表面等离激元振荡的形式（驻波模式）局域在金属结构周围，形成高局域态的电磁模式，并伴有调控电磁波的远场辐射性能。本章将从研究表面等离激元理论的角度出发，引入金属的光学特性描述，讨论金属中的自由电子与入射电磁波之间的相互作用后在交界面上的电磁场响应，以及表面等离激元的激发方式和相关应用情况。此外，借助人工微结构的设计思想，讨论了在较低频段下（微波或太赫兹波段）构建人工表面等离激元的方法以及相应表面电磁模式的调控机理。

1.1 金属中自由电子的振荡模型

介电常数指的是物质保持电荷的能力，通常情况下金属作为良导体保持电荷能力很差。

当电磁波入射到金属中时，电磁波不能在金属内传播，而是迅速衰减为 0，该过程需要引入复介电常数。为了描述金属中介电常数随入射电磁波的变化情况，使用等离子体模型，即自由电子和带正电的离子构成了一个势场，该模型适用于一个较宽的频率范围内[5]。在该模型中，质量为 m 的电子受到外加电磁场的作用而发生振荡，其动能由于相互间的碰撞而衰减。假设电子在单位时间内受到碰撞的几率为 $\gamma = 1/\tau$，其中 τ 为自由电子弛豫时间。那么电子在受到外加电场 $\boldsymbol{E}$ 作用后的运动方程可以写为：

$$m\ddot{\vec{x}} + m\gamma\dot{\vec{x}} = -e\vec{E} \tag{1-1}$$

假设外加电场是时谐电场 $\vec{E} = \vec{E}_0 e^{-i\omega t}$，则运动方程的解可以写成：

$$\vec{x}(t) = \frac{e}{m(\omega^2 + i\gamma\omega)}\vec{E}(t) \tag{1-2}$$

宏观上电子的位移表现为电极化强度 $\vec{P}$ 具体表达式为：

$$\vec{P} = -ne\vec{x} = -\frac{ne^2}{m(\omega^2 + i\gamma\omega)}\vec{E} \tag{1-3}$$

利用上式进一步可得到金属的电位移矢量为：

$$\vec{D} = \varepsilon_0\vec{E} + \vec{P} = \varepsilon_0\left(1 - \frac{\omega_p^2}{\omega^2 + i\gamma\omega}\right)\vec{E} \tag{1-4}$$

其中 $\omega_p^2 = \dfrac{ne^2}{\varepsilon_0 m}$，$\omega_p$ 是金属自由电子气的等离子体频率，因此金属的介电常数就可以表达：

$$\varepsilon(\omega) = 1 - \frac{\omega_p^2}{\omega^2 + i\gamma\omega} \tag{1-5}$$

将公式（1-5）写成复数的形式，$\varepsilon(\omega) = \varepsilon_1(\omega) + i\varepsilon_2(\omega)$，则实部和虚部分别为

$$\mathrm{Re}(\varepsilon) = \varepsilon_1(\omega) = 1 - \frac{\omega_p^2\tau^2}{1 + \omega^2\tau^2} \tag{1-6}$$

$$\mathrm{Im}(\varepsilon) = \varepsilon_2(\omega) = \frac{\omega_p^2\tau^2}{\omega(1 + \omega^2\tau^2)} \tag{1-7}$$

对于接近 ω_p 的较大频段，系数 $\omega^2\tau^2 \gg 1$，式（1-7）趋近于 0，这时金属的介电常数主要是实部起作用，可以简化为

$$\varepsilon(\omega) = 1 - \frac{\omega_p^2}{\omega^2} \tag{1-8}$$

可以得出，对于给定的金属，当外加电磁频率接近且小于其等离子体频率 ω_p 时，金属将表现出负的相对介电常数。对于一般的金属而言，它们的等离子体频率值都位于紫外光的频率范围内，因此这些金属的相对介电常数在可见光频率范围内均为负值。

1.2　表面等离激元的色散方程

当入射电磁波与金属中自由电子之间相互作用时，会诱导自由电子发生共振，从而形成一种沿金属－介质界面传播的电子疏密波，即表面等离激元[5-9]。图 1-1 描绘了界面上的电磁场分布模式。为了深入描述这种表面电磁模式的传输行为，假定沿着 x 方向传播，z 方向为界面，麦克斯韦方程组可写为：

$$\begin{cases} \nabla \times \boldsymbol{H}_i = \dfrac{\partial \boldsymbol{D}_i}{\partial t} \\ \nabla \times \boldsymbol{E}_i = -\dfrac{\partial \boldsymbol{B}_i}{\partial t} \end{cases} \begin{cases} \nabla \cdot \boldsymbol{D}_i = \varepsilon_0 \nabla \cdot (\varepsilon_i \boldsymbol{E}_i) = 0 \\ \nabla \cdot \boldsymbol{B}_i = \mu_0 \nabla \cdot (\mu_i \boldsymbol{H}_i) = 0 \end{cases} \quad (1\text{-}9)$$

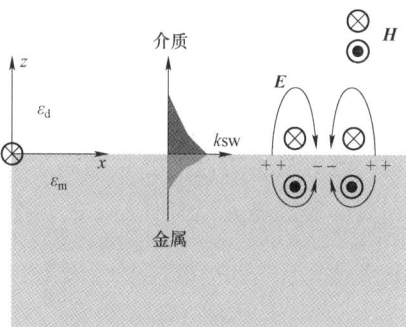

图 1-1　金属-介质界面上表面等离激元的电磁场分布

其中，下标 $i = m(d)$ 代表金属（介质），ε_0 和 μ_0 分别表示真空中的介电常数和磁导率。上述方程组包括两种不同极化模式传输波的独立解，分别分为横向电场模式（Transverse Electric，TE）和横向磁场模式（Transverse Magnetic，TM），TE 模的电场平行于界面，TM 模的磁场平行于界面。由于沿交界面传播的表面等离激元必然存在有垂直于界面的电场分量，使得磁场只能沿 y 方向，电场则是由 x 和 z 两个方向分量组成的 TM 电磁波模式。

对于 $z > 0$ 的介质区域，其在交界面传播的电场和磁场可表示为：

$$\begin{cases} \boldsymbol{E}_d = (E_{xd}, 0, E_{zd}) \exp[i(k_{xd}x + k_{zd}z - \omega t)] \\ \boldsymbol{H}_d = (0, H_{yd}, 0) \exp[i(k_{xd}x + k_{zd}z - \omega t)] \end{cases} \quad (1\text{-}10)$$

而对于 $z < 0$ 的金属区域，其在交界面传播的电场和磁场可表示为：

$$\begin{cases} \boldsymbol{E}_m = (E_{xm}, 0, E_{zm}) \exp[i(k_{xm}x + k_{zm}z - \omega t)] \\ \boldsymbol{H}_m = (0, H_{ym}, 0) \exp[i(k_{xm}x + k_{zm}z - \omega t)] \end{cases} \quad (1\text{-}11)$$

由麦克斯韦方程中电场散度为零（$\nabla \cdot E = 0$）性质，可得垂直于交界面的上下两个区域的电场分别为：

$$\begin{cases} E_{zd} = -E_{xd} \dfrac{k_{xd}}{k_{zd}} \\ E_{zm} = -E_{xm} \dfrac{k_{xm}}{k_{zm}} \end{cases} \quad (1\text{-}12)$$

利用法拉第电磁感应定律，可以得到平行于交界面上下两个区域的磁场分量分别为：

$$\begin{cases} H_{yd} = E_{xd} \dfrac{\omega \varepsilon_0 \varepsilon_d}{k_{zd}} \\ H_{ym} = E_{xm} \dfrac{\omega \varepsilon_0 \varepsilon_m}{k_{zm}} \end{cases} \tag{1-13}$$

利用 E_z 和 H_y 在交界面上连续性的特点，进一步可得到 $E_{xd} = E_{xm}$，$H_{yd} = H_{ym}$，代入到公式（1-13）中可得两种媒介相对介电常数与波矢法向分量之间的关系如下：

$$\frac{\varepsilon_d}{k_{zd}} = \frac{\varepsilon_m}{k_{zm}} \tag{1-14}$$

波矢沿 x 方向的分量则满足的关系为 $k_{xd} = k_{xm} = k_{spp}$，$k_{spp}$ 为表面等离激元的波矢。考虑到表面等离激元沿交界面 z 的两个方向衰减的特点，k_z 定义为合适的虚数，因此可得：

$$\begin{cases} k_{zd} = i(k_{spp}^2 - \varepsilon_d k^2)^{1/2}, k_{spp}^2 > \varepsilon_d k^2 \\ k_{zm} = -i(k_{spp}^2 - \varepsilon_m k^2)^{1/2}, k_{spp}^2 > \varepsilon_m k^2 \end{cases} \tag{1-15}$$

通过将公式（1-15）代入到公式（1-14），得到表面等离激元的色散关系为[5]：

$$\frac{\varepsilon_d}{i(k_{spp}^2 - \varepsilon_d k^2)^{1/2}} = \frac{\varepsilon_m}{-i(k_{spp}^2 - \varepsilon_m k^2)^{1/2}}$$
$$\Rightarrow (\varepsilon_d^2 - \varepsilon_m^2)k_{spp}^2 = (\varepsilon_d^2 \varepsilon_m - \varepsilon_m^2 \varepsilon_d)k^2 \tag{1-16}$$
$$\Rightarrow k_{spp} = k\sqrt{\frac{\varepsilon_d \varepsilon_m}{\varepsilon_d + \varepsilon_m}}$$

图 1-2 显示了表面等离激元本征模式的色散关系曲线，能够明显地发现在低频波段表面等离激元的色散曲线和光在介质中的色散曲线基本重合，表面等离激元模式的传播常数极为靠近光线意味着此时的表面电磁波能量无法束缚在交界面周围，进而难以表现出相关优势，此时的金属表现出理想电导体特性而不是等离子体特性。色散曲线的斜率为光在介质中的传播速度，随着频率的增加，表面等离激元的波矢逐渐增大，意味着表面等离激元本质上是一种慢波，而且在传播过程中具有很强的场局域特性和束缚特性。当频率接近表面等离子体频率 $[\omega_p/(\varepsilon_d + 1)^{1/2}]$ 时群速度趋近于零。k_{spp} 的实部代表表面等离激元的传播特性，虚部则代表了传播过程中的损耗。

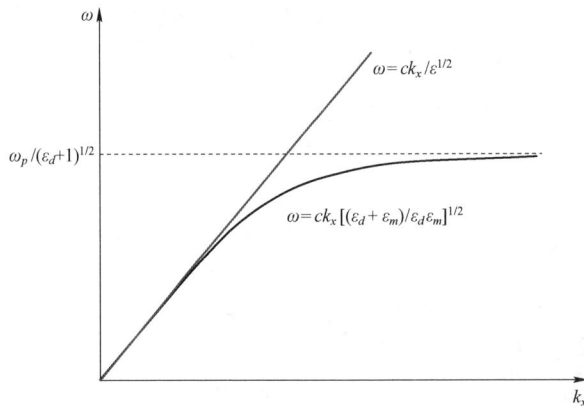

图 1-2　表面等离激元的色散曲线

根据公式（1-14）和公式（1-15）可以发现，由于 k_{zd} 和 k_{zm} 符号相反，所以要求 ε_d 和 ε_m 符号也相反，意味着这种特殊的表面电磁模式只存在于介电常数的实部符号相反的两种材料界面上，如导体和绝缘体的界面。结合公式（1-16），要使 k_{spp} 为实数，ε_m 需要满足小于零，而且要求 $|\varepsilon_m| > \varepsilon_d$。

众所周知，介质的介电常数一般为常数而且大于零，金属的介电常数由上一小节可知是与入射的电磁波频率相关的，不同频率下金属能够表现出不同的电磁响应，可以用德鲁特模型（Drude mode）进行描述：

$$\varepsilon_m = \varepsilon_\infty - \frac{\omega_p^2}{\omega^2 + i\gamma\omega} \tag{1-17}$$

其中 ε_∞ 代表频率无穷大时金属对应的介电常数，一般满足 $1 < \varepsilon_\infty < 10$，$\omega_p = ne^2/\varepsilon_0 m$ 代表金属的等离子体频率，n 表示自由电子的浓度，e 为电子电量，ε_0 代表真空中的介电常数，m 是电子的有效质量，γ 表示电子的碰撞频率，也可用 $\gamma = 1/\tau$ 来表示，τ 表示为自由电子的弛豫时间，由上述分析可得金属的介电常数一般为复数，其实部和虚部可分别表示为：

$$\begin{cases} \varepsilon_m' = 1 - \dfrac{\omega_p^2 \tau^2}{1 + \omega^2 \tau^2} \\ \varepsilon_m'' = \dfrac{\omega_p^2 \tau^2}{\omega(1 + \omega^2 \tau^2)} \end{cases} \tag{1-18}$$

一般说来介电常数的实部表示对电磁波的色散，虚部表示对电磁波的吸收。举例来说，金属铝的等离子体频率 $\omega_p = 2.24 \times 10^{16}$ rad/s，$\gamma = 2.24 \times 10^{14}$ rad/s，取 $\varepsilon_\infty = 1$ 便可以画出金属铝的相对介电常数曲线[10]，如图 1-3 所示。可以清楚的看到，在低频波段下金属的介电常数很大，远远大于一般介质的介电常数，但随着频率的增加，金属的介电常数逐渐减小。

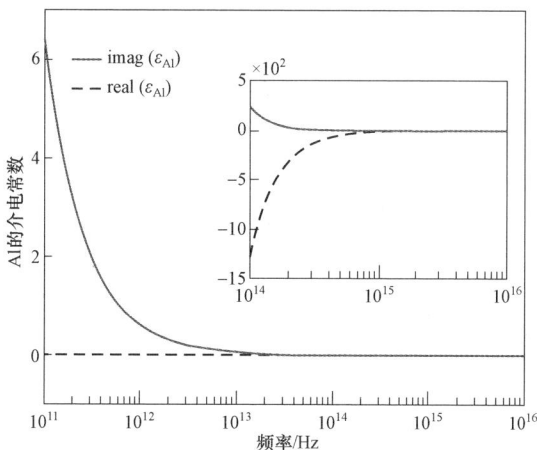

图 1-3　金属铝的介电常数与频率的关系曲线，插图为部分曲线的放大图

由于金属的介电常数为复数，根据公式（1-16），表面等离激元的波矢也为复数，即 $k_{spp} = k'_{spp} + ik''_{spp}$，将复数形式的金属介电常数代入色散关系公式中可得：

$$k'_{spp} + ik''_{spp} = k\sqrt{\frac{\varepsilon_d(\varepsilon'_m + i\varepsilon''_m)}{\varepsilon_d + (\varepsilon'_m + i\varepsilon''_m)}} \qquad (1-19)$$

对上式进一步化简，可得表面等离激元波矢的实部和虚部分别为：

$$\begin{cases} k'_{spp} = k\left[\dfrac{\varepsilon_d\varepsilon'_m}{\varepsilon_d + \varepsilon'_m}\right]^{1/2}\sqrt{\dfrac{\varepsilon_d(\varepsilon'_m + i\varepsilon''_m)}{\varepsilon_d + (\varepsilon'_m + i\varepsilon''_m)}} \\[4mm] k''_{spp} = k\dfrac{\sqrt{\varepsilon_d}}{\varepsilon_d + \varepsilon'_m}\dfrac{\varepsilon_d\varepsilon''_m}{2\sqrt{\varepsilon'_m(\varepsilon_d + \varepsilon'_m)}} = k\left[\dfrac{\varepsilon_d\varepsilon'_m}{\varepsilon_d + \varepsilon'_m}\right]^{3/2}\dfrac{\varepsilon''_m}{2\varepsilon'^2_m} \end{cases} \qquad (1-20)$$

因此表面等离激元的波长可定义为：

$$\lambda_{spp} = 2\pi / k'_{spp} = \frac{2\pi}{k}\sqrt{\frac{\varepsilon_d + \varepsilon'_m}{\varepsilon_d\varepsilon'_m}} = \lambda_0\sqrt{\frac{\varepsilon_d + \varepsilon'_m}{\varepsilon_d\varepsilon'_m}} = \lambda\sqrt{\frac{\varepsilon_d + \varepsilon'_m}{\varepsilon'_m}} \qquad (1-21)$$

其中 λ_0 为表面等离激元真空中的波长，λ 表面等离激元 $= \lambda_0 / \sqrt{\varepsilon_d}$ 为介质中的波长，由于金属的介电常数大于介质的介电常数 $|\varepsilon'_m| > \varepsilon_d$，代入到上式中可得 $\lambda_{spp} < \lambda$，即表面等离激元的波长小于光在介质中的波长。

利用公式（1-20）还可以得到表面等离激元在交界面上的传播长度 δ_{spp} 定义为功率（或强度）下降到 $1/e$ 的距离，以及分别在介质和金属中的穿透深度定义为 $\delta_{(d,m)} = 1/|k_z|$，这些特征参数都与入射电磁波的波长有着密切的关系[7,8]。

$$\delta_{spp} = 1/2k'_{spp} = \lambda_0\frac{\varepsilon'^2_m}{2\pi\varepsilon''_m}\left[\frac{\varepsilon_d + \varepsilon'_m}{\varepsilon_d\varepsilon'_m}\right]^{3/2} \qquad (1-22)$$

$$\delta_d = \frac{1}{k_z}\left|\frac{\varepsilon_d + \varepsilon'_m}{\varepsilon^2_d}\right|^{1/2}, \quad \delta_m = \frac{1}{k_z}\left|\frac{\varepsilon_d + \varepsilon'_m}{\varepsilon'^2_m}\right|^{1/2} \qquad (1-23)$$

以空气与金属铝的交界面为例，当入射光以波长为 $600\,\mu m$ 耦合到表面等离激元进行传输时，经计算，它的传播长度是 137 m，在空气和金属中的穿透深度分别为 160 mm 和 111 nm；然而，当入射的波长改为 800 nm，相对应的传播长度即为 $235\,\mu m$，在空气和金属的穿透深度分别为 $1.27\,\mu m$ 与 12.6 nm[11]。值得注意的是，电磁能量在金属一侧衰减幅度要远远高于介质一侧，因而大多研究一般只关注介质一侧的表面电磁场。

由公式（1-22）和公式（1-23）能够看出表面等离激元的电场强度随着交界面距离的增大呈现指数形式的衰减，倏逝波的衰减长度量化了表面波的传播深度。此外，这种表面电磁模式是一种 TM 极化波，即横波，其磁场矢量与传播方向垂直，与界面平行，电场矢量垂直于界面。这种在两种媒介交界面垂直方向上传播的能量场又称为近场或者是消逝场，说明表面等离激元在垂直于交界面方向上的能量被束缚在沿着交界面延伸方向上传输，使得该传输模式具有较强的场局域性和束缚性。

1.3　表面等离激元的激发与应用

1.3.1　激发方式

由金属－介质交界面的色散曲线图能够发现，表面等离激元的色散曲线总是位于光在介质中色散曲线的右侧，尤是靠近金属等离子体频率附件的光频段，入射光的波矢远远小于等离激元的波矢，导致了空间入射波无法直接激发表面等离激元。即使是以入射角为 θ 的掠入射光，其动量沿金属/介质表面的光在交界面上的投影 $k_x = k_0\sin\theta$ 也总是小于表面等离激元的传输波矢 k_{spp}，不能满足动量匹配条件。因此，要激励起表面等离激元，需要引入一些特殊的结构来补偿入射波波矢与表面等离激元波矢之间的失配，从而满足相位匹配条件，即通过设计一些特殊的结构将光波色散曲线右移。比较常见的方法有以下几种激发方式。

（1）棱镜耦合[13,14]：利用两种不同介电常数的电介质夹着一层金属薄膜的方式，通过在较高介电常数的一侧入射（一般为棱镜），与金属界面发生发射时，在金属与另一侧较低介电常数的交界面上能够实现波矢匹配，激发表面等离激元，如图 1-4（a）所示。主要可分为 Kretschmann 和 Otto 两种方法，前者是直接在棱镜的顶部蒸镀一层金属膜，入射光以大于全反射的临界角从棱镜一侧入射来激发；后者则是金属与棱镜之间隔开一个较窄的空气缝隙，使棱镜/空气界面全反射产生的倏逝波耦合到金属薄膜上来激发表面等离激元。

（2）光栅耦合[15-17]：在金属－介质的交界面上引入一个周期性结构，例如孔洞、凹槽或线栅，如图 1-4（b）所示。当光波以 θ 角度入射到这一周期性结构，必定会产生衍射效应，除了光波沿交界面的投影波矢 $k_0\sin\theta$ 外，还会有一个额外的光栅波矢 $k_g = 2\pi/a$，其中 a 为光栅结构的周期，这样就能够实现激发表面等离激元所需要的波矢匹配条件 $k_{spp} = k_0\sin\theta \pm Nk_g$，其中 N 为正整数。

（3）近场激发[18,19]：通常将光纤的端面打磨成针尖形状，当它靠近金属表面时，光纤中稳定传播的波导模式在针尖处分裂成多个模式并泄露出来，其中有部分模式的波矢与表面等离激元波矢相匹配，从而被耦合成表面等离激元沿金属表面传播，如图 1-4（c）所示。通常也可以利用其反向过程将传输过程中的表面等离激元采集到探针上，并配合电控平移台进行二维方向上的扫描，进而实现近场显微探测成像。此外，在粗糙或有缺陷的金属薄膜上产生的衍射效应也能够提供额外的动量来实现波矢匹配条件从而激发表面等离激元。

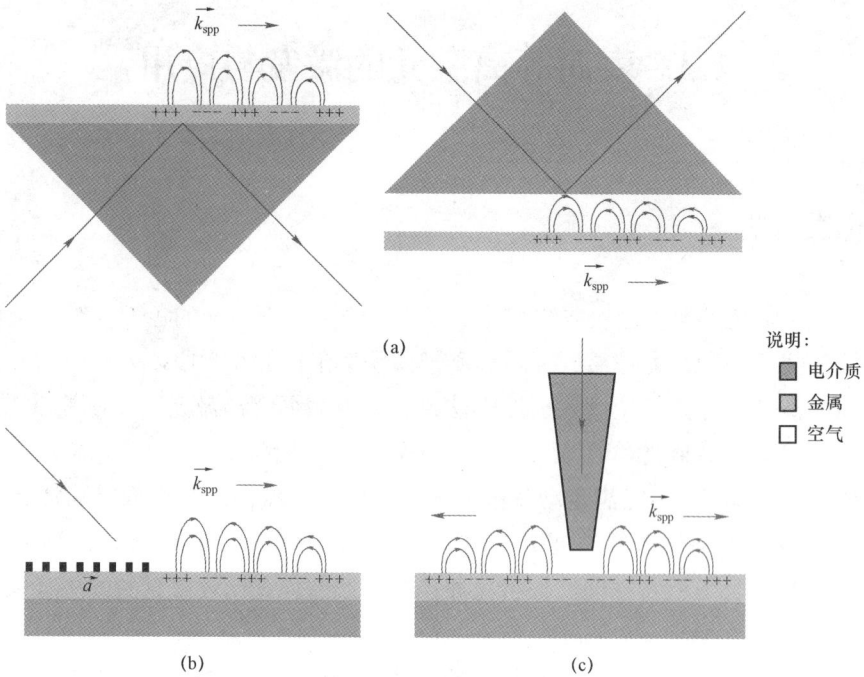

图 1-4 表面等离激元的激发方式[12]
（a）棱镜激发；（b）光栅激发；（c）近场激发

（4）基于人工微结构的激发方式[20-25]：如图 1-5 所示，自由地设计人工微结构的几何参数能够大大提高表面等离激元的设计自由度。L.Martín-Moreno 团队通过将布拉格反射光栅放置在狭缝的一侧，使得由狭缝激发的表面等离激元被反射到另一侧，从而实现了表面等离激元的单向激发，与此同时，如果利用弧形的光栅和狭缝结构则可以实现表面等离激元的单向汇聚[20]。Xiang Zhang 团队采用两个不同尺寸的磁偶极子天线单元以某种间距摆放同样也实现了表面等离激元的单向激发，其原理是利用两个天线单元的干涉效应，它们分别激发的表面等离激元在一侧相干相长，在另一侧相干相消[21]。Federico Capasso 团队采用相似的方法，使用两列互相垂直的狭缝孔结构代替天线单元，当以特殊间距放置时能够实现圆极化手性依赖的表面等离激元激发[22]。周磊教授团队利用相位梯度的工作原理，在微波波段下使用 H 型结构实现了反射体系下的高效激发[23]。同理，Shuang Zhang 团队和 Michael G. Nielsen 团队同样基于相位不连续的原理，分别实现了圆极化和线极化依赖的表面等离激元单向激发[24,25]。

1.3.2 探测与成像技术

对表面等离激元传播过程的直接可视化在实际的研究过程中是十分重要的，但由于表面等离激元波矢大于自由空间中的波矢，电磁场被束缚在金属－介质的交界面上，无法通

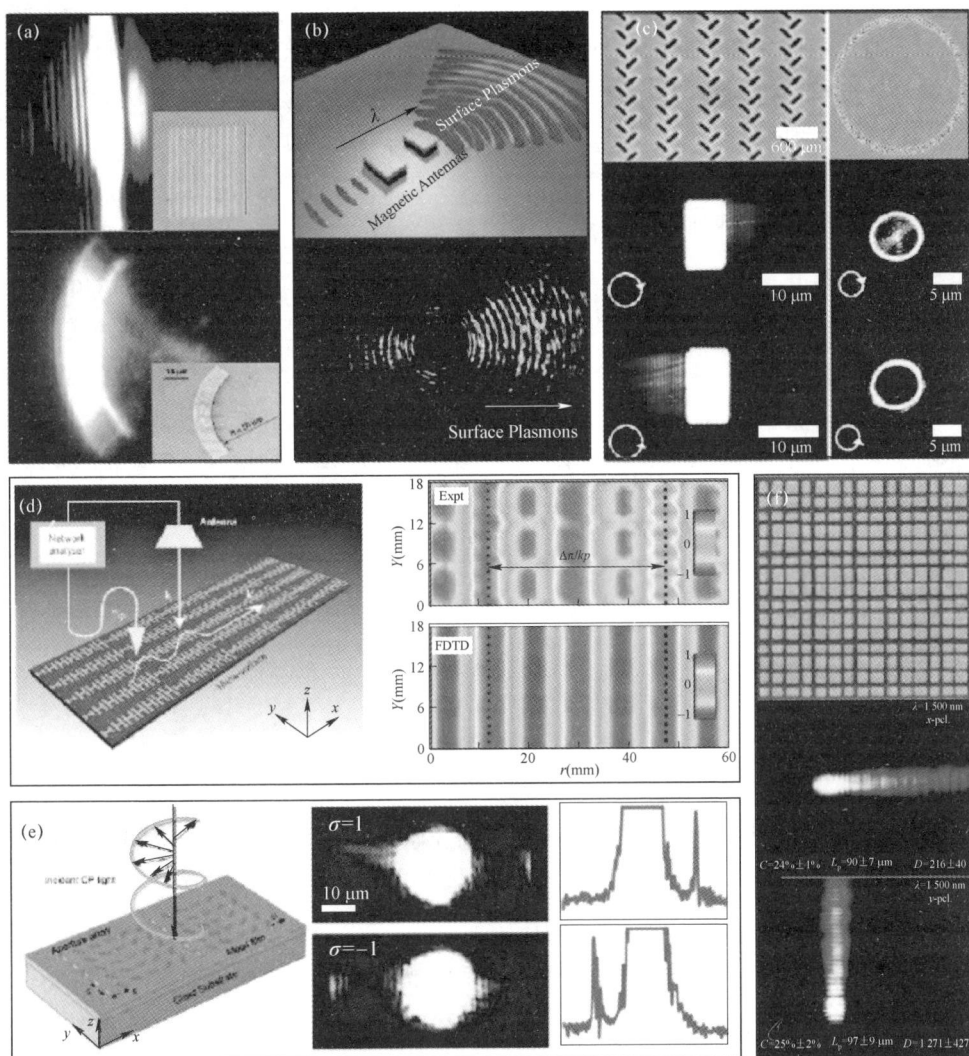

图 1-5　基于人工微结构的表面等离激元激发[20-25]

过在远场直接测量其相关信息。总体来说，表面等离激元探测技术分为两大类。一类是将近场束缚态信息反耦合回远场的间接测量。该方法利用与棱镜和光栅激发相反的过程，将表面等离激元反耦合回远场进行测量。例如 2008 年由英国巴斯大学的 F.J.García-Vidal 团队采用周期性的孔阵列，将太赫兹频段下的表面等离激元反耦合至空间后再测量其时域光谱[26]；2011 年由巴黎第十一大学的 Philippe Lalanne 团队通过使用高低不一的光栅实现了表面等离激元的单向激发，之后再利用周期性光栅作为反耦合器件表征其传输特性[27]。此外，将荧光分子放置于表面等离激元的倏逝场中，若表面等离激元的工作频率处于荧光物质的吸收光谱频带内，那么它们将会被激发并辐射荧光，且辐射强度与表面等离激元的场强成正比。例如 2002 年由 Ditlbacher 等人使用 700 nm 的激光照射金属纳米颗粒产生表面等离激元，样品表面涂有荧光分子进而在实验中观测到了表面等离激元的分束、反射和干涉等传播信息[28]。另外，在金属表面制造各种缺陷会导致表面等离激元的散射，通过对散射光的收集来实现对传输光的探测。以上方法通过将近场信息反耦合至远场，虽然能够灵活地与传统光电探测系统相结合，但缺点是无法表征表面等离激元的场强分布，而且测量的分辨率也受限于衍射极限。另一类表面等离激元探测技术是采用近场直接扫描的方式获取信息。该方法是采用高分辨率的探针在距离金属表面亚波长量级范围内二维扫描探测表面等离激元的电场强度、极化和相位等信息，在光频段采用近场光学显微镜（Near-field Scanning Optical Microscope，NSOM）探测方法，用到的探针通常是把光纤的端面经刻蚀或打磨等工艺制作成尖端，通过将表面等离激元的电场耦合至光纤内形成波导模式传输来收集光子[29-32]；太赫兹频段下近场探测的方法有共焦法、孔径法、波导耦合、散射法以及直接测量法等。值得注意的是由天津大学太赫兹研究中心开发的基于光电导天线探针的近场时域扫描系统具有高分辨率、系统集成度高和易于操作等优点[33-37]；微波频段下通常是采用基于矢量网络分析仪（Vector Network Analyzer）搭配二维电控平移台来组成近场扫描系统[38-40]。本书第五章和第六章的近场测量都是基于太赫兹和微波频段近场探测技术，相关细节会在本书第二章详细介绍。

1.3.3 应用

与传统光学器件相比，基于表面等离激元的光学器件具有亚波长尺度和高度局域的特性，使得它被广泛地应用在新型光子回路、远场透射增强与聚束、增强拉曼散射、高精度成像、光谱学与传感等众多领域。具体的应用如下。

（1）等离光子芯片[41-46]：表面等离激元能够将光场局域在突破衍射极限的空间范围内传输，并伴随有局域场增强的效果，被寄予厚望成为全光集成、更小、更快片上链路的基本结构，同时以光子作为信息载体能够实现超高速超宽带信息处理，打破传统微电子技术在提高信息处理速度、存储密度和片上可集成度等方面所面临的发展瓶颈。

（2）表面增强拉曼散射[47-51]：通过将待测分子吸附在粗糙的金属表面，与光发生相互作用后所产生的局域表面等离激元能够使待测分子的自激拉曼散射信号得到增强，该技术克服了普通拉曼光谱信号弱、灵敏度低等问题，已被广泛用于识别界面吸附状态、生物分子构型和生化传感与分析等领域。

（3）纳米光刻及超高分辨率成像[52-58]：随着对器件集成化和尺寸精细化的不断提高，传统光刻技术和成像系统由于自身的限制——衍射极限，使其精度和分辨率只能停留在波长量级。表面等离激元能够将电磁场高度局域在亚波长尺度，为高分辨率的光刻技术开辟出了新的途径。与此同时，利用表面等离激元的局部增强效应对倏逝波进行补偿，然后再通过近场耦合特性使增强了的波场在透镜的出射端复原出高分辨率的图像，进而可以几乎完美地再现物体的全部信息。

（4）光谱分析与生物传感器[59-62]：当特定波长的光或者光从特定的角度入射到棱镜中时，满足匹配条件的特定波长会在棱镜底面金属层激发表面等离激元，使得在反射光谱上出现一个共振吸收峰。表面等离激元对周围介质较为敏感，当周围介质折射率发生变化时，共振峰的频率也会发生偏移，基于该技术能够在生物医药、环境检测及食品安全等传感监测领域发挥重要作用。

1.4　人工微结构电磁材料简介

几乎所有的电磁现象和电磁元器件都缘于电磁波与物质的相互作用，材料的物理性质和结构决定着它的电磁响应，从这个角度来看，任何一项电磁功能的实现都是通过使用现有的材料并按照一定的机理设计材料的结构和几何尺寸，从而实现对电磁波的操控。成千上万种功能器件已经被科学家和工程师们制造并应用到各个领域中，如常见的天线、透镜、光栅、棱镜等，但是这些电磁设备的功能却有着一定的局限性，要么是受限于结构的带宽使得该设备不能覆盖整个电磁波波段，要么就是受限于材料本身的性质不能随心所欲的实现想要的功能。人工微结构电磁材料是一种具有自然界材料所不具备的、电磁特性可任意设计的人工复合材料。近十年来，人工微结构材料的研究引起了国内外学者的广泛关注，这种不受限制的、可任意修改并设计组成材料结构参数的特性能够创造出独特新颖的功能器件，从而实现对电磁波的传播随心所欲的操控，如亚波长超透镜，隐身衣等，这些功能几乎是无法利用传统的材料来实现。这些人工电磁超材料组成单元的尺寸远远小于入射电磁波的工作波长，它们的电磁响应依赖于材料的单元结构而不是组成的材料本身，亚波长尺度下的非均匀性在宏观上也可认为整个材料是均匀一致的，并且用均匀的、等效的结构参数来表征电磁特性。而当这种非均匀性的尺度与波长同数量级时，结构的响应则依赖于衍射和干涉效应，例如 X 射线衍射的晶体，光学波段下的光子晶体，微波波段下的相位阵列雷达。当非均匀性尺度进一步增大时，则结构的响应通常需要用几何光学和光线跟踪的方法来描述[63]。

自然界的材料与电磁波的相互作用通常使用介电常数 ε 和磁导率 μ 两个物理量来表征，前者用来表述材料对电场的耦合，后者用来表述材料对磁场的耦合，这两个参数与折射率 $n = \sqrt{\mu\varepsilon}$ 和阻抗 $Z = \sqrt{\mu / \varepsilon}$ 一起来作为材料宏观上的等效参数来表征材料对电磁波的平均响应。由于折射率和阻抗可以由介电常数 ε 和磁导率 μ 推导而出，因此前两者是最基本的物理量。介电常数和磁导率都是微观粒子在电场和磁场作用下运动效果的宏观反映，所以在组成单元为亚波长尺寸结构的超材料中，可以用等效的介电常数和磁导率来描述人工微结构与电磁波相互作用的效果，这两个参数的正负可以将人工微结构对电磁波的响应分为四个象限，如图 1-6 所示。介电常数 ε 的实部平行于参数空间的水平轴，磁导率 μ 平行于参数空间的垂直轴，所有可能的情况全部显示在参数空间中。传统的材料对于电磁波是可透射的，ε 和 μ 应都为正值，对应于参数空间中的第一象限，电场 E、磁场 H 和波矢 k 三者满足右手定则，这样的材料也可被称作右手材料，自然界中绝大部分的材料都属于这一类材料，且这种情况下的波矢量 k 和波印廷矢量 S 方向相同（即相速度与群速度的方向一致）。当 ε 和 μ 中有一个为负值时，即无论 ε 为负值还是 μ 为负值，都表明在材料中诱导激发的电场或磁场的方向与入射电磁波的方向相反，这种材料对于电磁波只能吸收或反射，这类材料被称为单负材料，如光波段下的贵金属 ε 为负值，铁电材料在其谐振频率下的 μ 为负值，它们分别对应参数空间中的第二象限和第四象限，不难发现这种材料中的电磁场为倏逝波，这种情况下的折射率为纯虚数，对电磁波是不透明的。当 ε 和 μ 同时为负值时，这时的电磁波也是可以透射的，但电场 E、磁场 H 和波矢 k 满足的是左手定则，通常称这类材料为双负材料或左手材料，电磁波在该材料中传播时波矢量 k 与波印廷矢量 S 的方向相反（即相速度与群速度的方向相反）。此外，除了双负材料和单负材料以外，零折射率材料和等离子体超材料也属于电磁超材料所研究的范畴，它们的共性是单元结构的尺寸远小于入射电磁波的波长[63]。

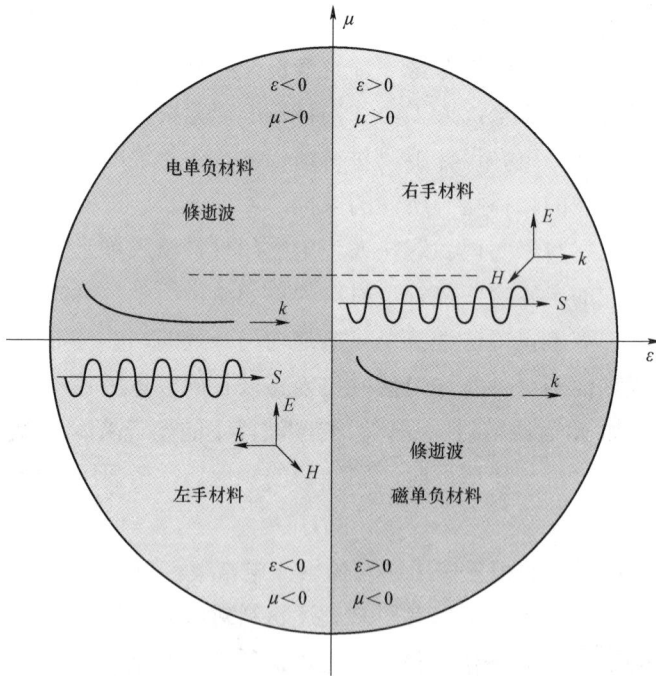

图 1-6　介电常数 ε 与磁导率 μ 所组成的参数空间

人工微结构电磁材料从研究本质上说将给电磁参数空间带来一场创新性的革命，所关注的焦点是创建人工合成材料，这些材料不违反麦克斯韦方程但又在自然界或者现有的材料中无从发现，如双负材料，利用扩展的参数空间来更好的操控电磁波。人工微结构电磁材料的研究是由三篇具有里程碑式意义的研究工作所慢慢发展起来的，第一篇是苏联科学家 Veselago 于 1968 年所发表的[64]，文中理论上假设了在左手定则下会发生超乎寻常的现象，但这并不违背经典电动力学，并且也明确指出这样的材料需要同时满足负的介电常数和负的磁导率。第二篇是 2001 年加州大学圣地亚哥分校的 D.R.Smith 与其合作者 Shelby 等人在平行波导中所做的一个非常著名的"棱镜折射实验"[65]，他们所用的复合左手材料是由金属细线阵列和金属开口谐振环阵列组合而成，并将整个材料做成楔形结构，由出射波与入射波的角度关系证实了此材料的负折射特性，这是一个非常具有说服力的实验，如图 1-7 所示，它是人工电磁材料由理论迈向实践的奠基石。第三篇是 J.B.Pendry 所设计的负折射率超透镜[66]，能够放大倏逝波使其也参与了成像，从而突破了衍射极限的限制，得到了近乎完美的像点，让超材料开始走向了实际的应用，如图 1-8 所示。此外，当电磁波在左手材料中传播时，会出现一些奇妙的物理现象，诸如反常多普勒效应[67]、反常契伦科夫辐射效应[68]、负古斯汉森相移[69]。

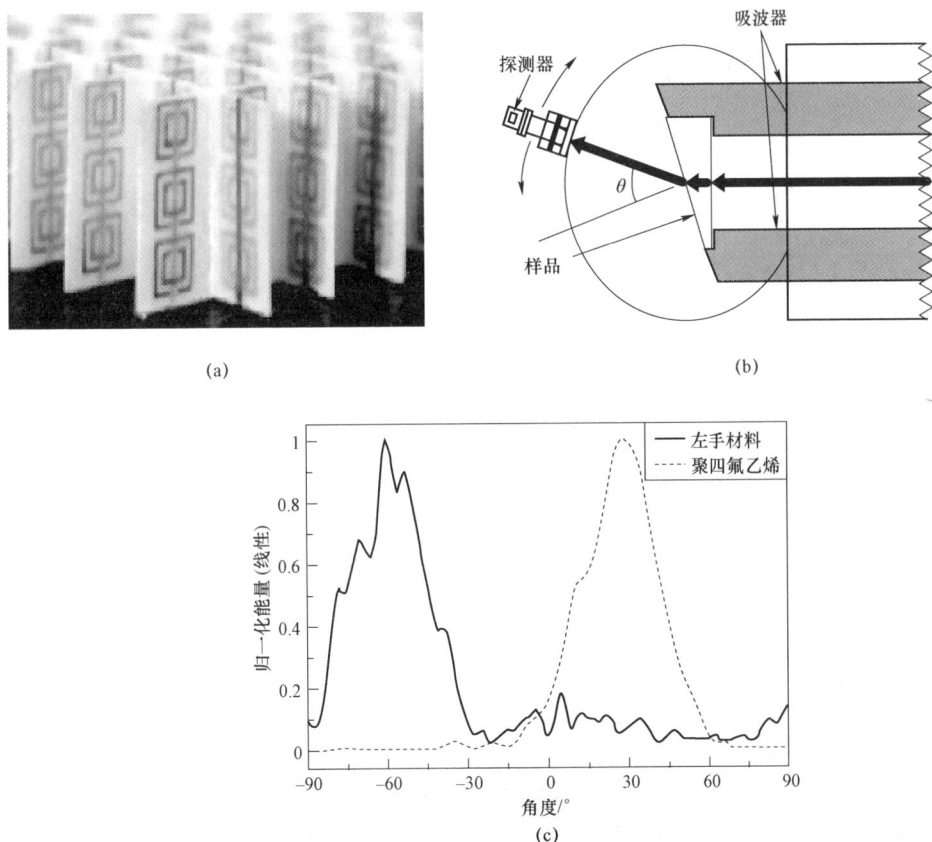

(a)

(b)

(c)

图 1-7 "棱镜折射实验"

（a）人工复合材料的实物图；（b）实验的测试装置；（c）实验结果[65]

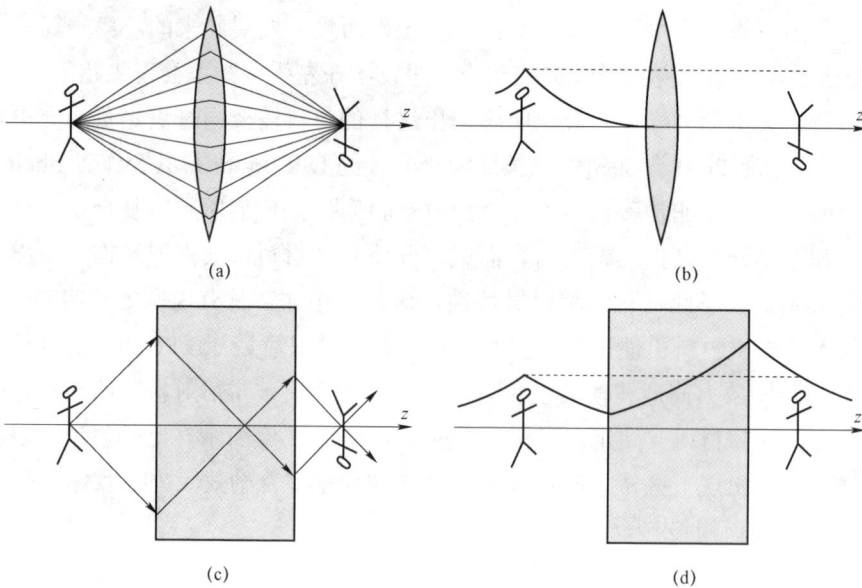

图 1-8　不同透镜的成像

（a）普通透镜的成像；（b）倏逝波通过传统透镜后被衰减；（c）负折射率平板的成像；

（d）倏逝波通过人工超材料后被放大[66]

1.5　人工表面等离激元及研究现状

传统 SPPs 的研究局限在近红外及可见光波段，随着工作波长的逐渐增大，尤其在太赫兹和微波等低频波段，金属的介电常数逐渐趋于无穷大，表现出理想导体（Perfect Electric Conductor，PEC）的特性，使得表面等离激元演变成掠入射的电磁波，无法形成强束缚性的传输场。2004 年由英国帝国理工大学的 Pendry 等人提出将平面金属进行结构化设计后在低频波段下所支持的人工表面等离激元（Spoof SPPs，SSPPs），同样可以实现类似光波段SPPs 的色散关系和强束缚特性，并且其色散特性能够通过改变结构的几何参数来调控[70]，如图 1-9 所示，其基本结构模型为在金属平板上刻蚀出一系列亚波长周期排列的方形孔，几何参数满足 $a<d\ll\lambda$，其中 a 为方形孔的边长，d 为孔的周期，λ 为入射电磁波的波长。在入射电磁波的激励下，金属板上的方形孔阵列能够等效为平面波导，使得部分电磁场能量可以进入到金属结构内部，从而支持表面电磁传导模式。虽然人工表面等离激元并不是由自由电子振荡所激发，但已经证明其特性与天然表面等离激元非常相似，其电磁场沿垂直于交界面的方向上呈指数衰减，而且能够沿着平行于交界面的方向上高效传播。通过设计结构化的金属表面（如挖孔或刻槽等方式）来改变有结构金属区域的有效等离体子频率，使其往低频靠拢，进而实现在低频波段下类似光波段表面等离激元的特性，同时可以通过改变金属结构的几何形状以及周围介质的介电常数来实现对人工表面等离激元色散特性的

有效调控。2015 年由埃克赛特大学的 Hibbins 等人在 Science 杂志上发表了关于人工表面等离激元的实验研究结果[71]，验证了人工表面等离激元波导结构所传播的表面电磁波模式具有于光波导表面等离激元模式等效的色散曲线。因此，人工表面等离激元是将表面等离激元的概念和特性推广到低频电磁波段（微波或太赫兹）的一种应用，由于亚波长量级的结构设计使得低频波段下的相关器件尺寸大大缩小[72-78]。

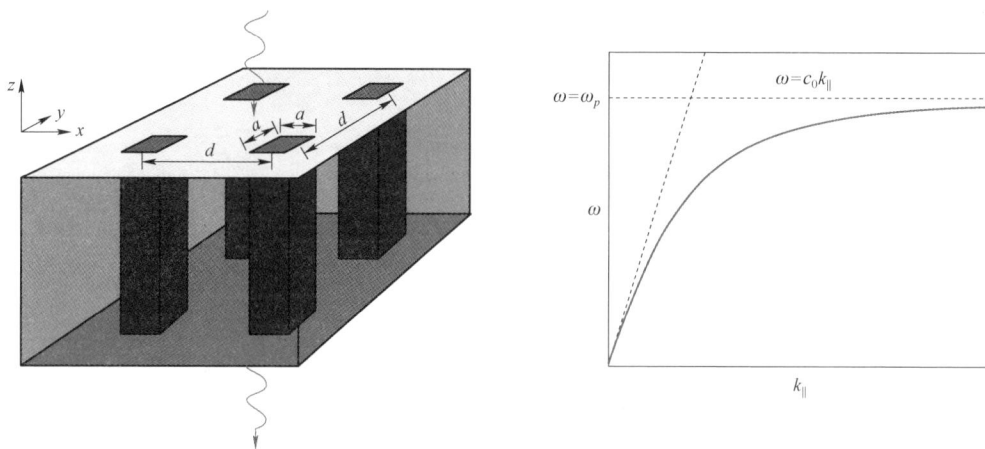

图 1-9　支持人工表面等离激元的结构设计与色散特性[70]

值得注意的是，借助人工微结构的概念，对平面金属进行结构化的设计所形成的人工表面等离激元具有和光学频段表面等离激元相似的特性，具体体现在如下几个方面：

1. 具有在传播方向上高度束缚的电磁场，传输波矢远大于在自由空间中电磁波的波矢，相应地波长远小于自由空间中传输电磁波的波长，有利于器件结构的紧凑化和集成化。

2. 在垂直于传播方向上具有亚波长尺度的电磁场分布，能量高度局域在交界面处，避免了传输波导密集排布所造成的互耦问题，提升相关器件的抗干扰能力，以及光子集成电路在高速通信中信号的完整性。

3. 可以自由地设计金属结构的几何形貌和尺寸等参数，实现对人工表面等离激元电磁场分布、色散曲线、截止频率等表面传输特性的任意调控。

4. 低频段下的人工表面等离激元电磁能量损耗较低，能够实现长距离的传输；而且工作波长较长，相应地亚波长单元结构尺寸较大，利用传统光刻工艺或印刷电路板等技术较容易实现。

5. 在两种媒介交界面上传输的人工表面等离激元与三明治结构的微带线相比，电磁场能量在介质区域的分布较少，因而相应传输线的损耗也会小得多。

图 1-10 给出了金属表面对不同频段下的表面等离激元束缚特性示意图[79]，微波波段下电磁场在平坦金属中的穿透深度几乎为零，此时的表面电磁模式表现为一种类似于 Sommerfeld-Zenneck 波的掠入射场[80]，场的束缚性几乎没有；而当频率处在金属等离子体频率附近的光频段时，表面等离激元能够很好地局域在平坦金属表面上的亚波长范围内传

播；通过在平坦金属上构建褶皱结构，使得从微波到远红外频段范围内的金属界面上也可以支持束缚态的表面电磁模式。

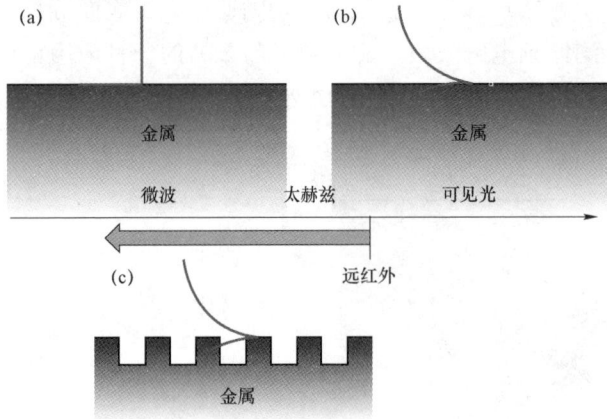

图 1-10　金属表面对场的束缚特性

（a）微波频段下场束缚能力弱；（b）光频段下场束缚能力强；
（c）结构化的金属表面可实现低频段下的场束缚特性[79]

相比微带线或共面波导等传统微波平面传输线，人工表面等离激元传输线具有独特的性能优势。微带线或共面波导结构大多是开放性的，对电磁场的束缚能量普遍较弱，因此当多条传输线放置距离较近时，邻近传输线之间会发生电磁耦合导致信号的相互串扰，严重影响射频集成电路的正常工作。基于人工表面等离激元所设计的传输线对表面电磁场具有强束缚特性，从而可以有效降低上述串扰问题。此外，微带线或共面波导结构虽然工作频带宽，但不具备频率选择功能，通常需要借助谐振器结构的互耦等其他手段间接实现。而支持人工表面等离激元的波导结构具有可控的色散特性，不需要引入额外的结构就可以实现慢波以及低通滤波特性的频率选择功能。更为重要的是，基于人工微结构的表面等离激元能够实现对表面波高效的激励和多样化的传输调控，因而在设计微波平面电路及功能器件时相比传统传输线的优势非常明显，在兼容 CMOS 工艺的同时有利于器件的紧凑化和集成化。

由于工作波长的增加，低频波段下的人工表面等离激元在应用过程中面临器件尺寸大、难以有效激发和无法与传统射频系统相融合等难题。2013 年由东南大学的崔铁军教授团队提出了由周期性矩形凹槽所构成的超薄可弯曲金属条带结构，并通过印刷电路板技术将其刻蚀在诸如商用介质基板或聚酰亚胺薄膜等衬底上[81,82]。如图 1-11（a，b）所示，该波导结构展示出了特有的柔性优势，而且表现出弯曲损耗和辐射损耗较低的特点，因而可以实现对电磁波的强束缚特性，此外还能实现电磁波沿弯曲、螺旋等不规则表面的传输。相对于传统的微带线等双导体微波传输线结构来说，这种金属条带的波导结构以其轻量化、灵活性和易加工等特点使其适用于共形电子电路的设计、集成与制造。

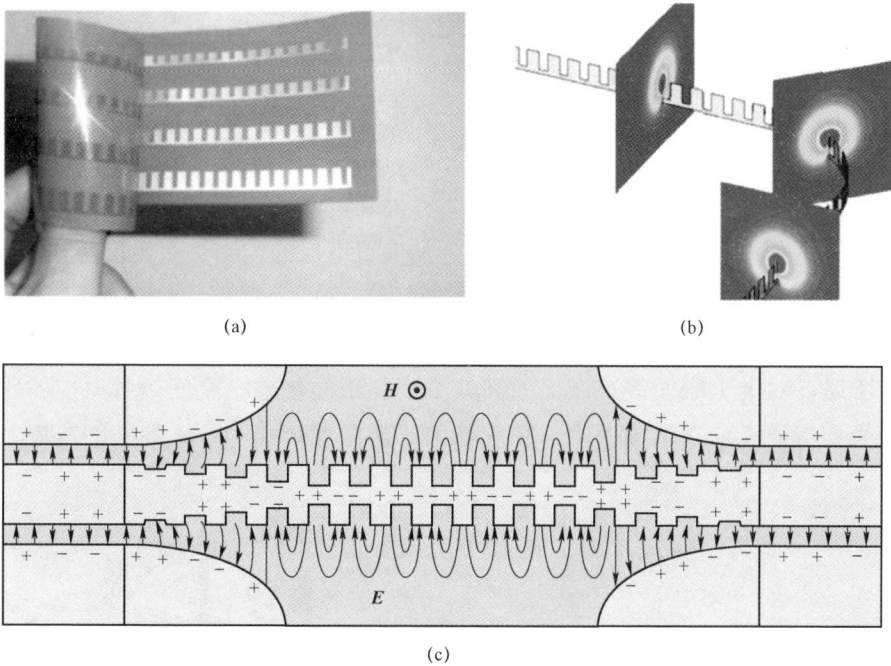

(a)

(b)

(c)

图 1-11 人工表面等离激元

（a）超薄人工表面等离激元结构设计；（b）波导弯曲时的电场分布；

（c）共面波导与人工表面等离激元平面结构之间的过渡设计[81,82]

　　为了实现激励源到人工表面等离激元模式的高效转化，崔铁军教授团队随后又提出了一种从共面波导结构到宽带人工表面等离激元波导的过渡设计方案，用于周期均匀刻槽的金属条带结构的高效激励[83,84]，如图 1-11（c）示，该方案主要由共面波导、类似 Vivaldi 天线的扩口结构和波导主体结构三部分组成，基于过渡渐变的思想实现了电场模式由准 TEM 到 TM 模式的转化以及表面波传播波矢的梯次匹配。随着人工表面等离激元的高效激发问题被解决后，相应的表面波功能器件得到了广泛的研究和拓展，包括滤波器[85-92]、功分器[93-99]、耦合器[100-107]，以及漏波天线[108-117]。由于人工表面等离激元存在高频截止特性，因此被看作天然的低通滤波器。通过在波导主体结构或其附近增加诸如（互补）开口谐振环之类的谐振单元，可以在固定频点实现陷波效果，若将多个谐振单元级联进而可实现宽阻带或多阻带效果。人工表面等离激元的单模传输特性还能够应用于改善带外抑制性能，提高阻带带宽，设计宽阻带特性的无源电路与器件。得益于强的场局域特性，功分过程中电磁能量的辐射损耗非常低。根据耦合模理论，在间距一定的情况下相邻的人工表面等离激元波导的耦合系数与频率相关，从而能够完成电磁能量在不同端口间的功率分配。通过引入广义斯涅尔定律的渐变折射率超表面设计原理，破坏形成人工表面等离激元模式稳定传输的条件，使其无法继续高效地束缚于波导表面传输，导致空间泄露或散射辐射，这种由局域传输模式到空间传输模式之间的转换能够很大程度上促进新型片上波导结构装置及相关功能器件的发展，为解决器件集成与互联提供新的解决途径。此外，基于人工微结构和超柔性人工表面等离激元波导的光子拓扑绝缘体实现了无反射的单向电磁能量传输，进而拓展了电磁表面波的调控手段，使得波导结构拥有了拓扑的特性[118-124]。

上述人工表面等离激元功能器件都是被动无源的，存在无源器件所固有的缺陷，即组成波导结构及谐振单元尺寸与形状一旦被设计好，相应功能也将被固定了，在造成资源浪费的同时也无法满足现代片上系统对于功能多样性和灵活性的需求。通过将可调电子元器件或者相变材料嵌入到原先的系统中，改变施加偏置电压的大小进而实现功能器件的动态调控[125-137]。与此同时，结合数字编码的思想，将人工表面等离激元的传播特性及相关功能进行实时数字化，有望在大规模集成电路及智能可穿戴设备领域发挥重要的作用[138-146]。

综上所述，对人工表面等离激元的高效激励及平面传输、空间辐射调控的研究对于推动人工表面等离激元在微波及太赫兹领域的等离激元链路和片上器件的发展具有重要意义。

第二章

样品制备工艺与实验表征技术

基于人工微结构的表面等离激元样品的设计流程一般可分为以下几个步骤：（1）确定应用领域和功能需求，如频率范围、散射特性和传输特性等；（2）建立电磁理论与仿真模型，根据所设计的功能建立相应的物理模型分析其内在机理，并使用电磁建模软件建立人工微结构的电磁模型，包括几何形状及参数、材料参数、边界条件和布局互连方式等；（3）仿真和优化，根据计算样品在远场的散射特性或者近场的谐振电磁场及表面电流分布特性不断优化结构的电磁模型；（4）加工与制备，根据优化好的结构，制备电磁功能器件样品，通常涉及传统光刻技术、印刷电路板（Printed Circuit Board，PCB）工艺、纳米制造技术等方法，根据设计要求选择适当的工艺和材料，并确保制备过程中保持设计的精度和准确性；（5）实验测量与性能表征，针对加工制备的样品要实现的电磁功能选用适应的实验系统进行测量，高效的性能表征不但可以直观地验证其功能效果，而且更重要的是根据实验测试的结果对人工微结构的仿真设计进行优化和调整，可能需要多次迭代，通过仿真、制备和测试的循环，逐步改进性能以满足特定的应用需求。

本章主要介绍本书后四章内容中涉及相关功能器件的制备工艺和性能测量系统，基于人工微结构的表面等离激元样品的设计流程是一个循环迭代的过程，需要不断地通过仿真、制备和实验测试进行调整和优化，这样可以确保电磁功能的设计符合要求，并在实际应用中展现出优异的性能。

2.1 样品加工制备方法

2.1.1 传统光刻工艺

太赫兹（$1\,\mathrm{THz}=10^{12}\,\mathrm{Hz}$）频段的频谱范围大约式从 $0.1\sim10\,\mathrm{THz}$（对应的波长是 $3\sim0.03\,\mathrm{mm}$）[147-152]，太赫兹频段下样品器件的尺寸在微米量级，因而通常选用传统的光刻加工工艺。光刻是利用照相复制与化学腐蚀相结合的工艺，将掩模版上的图案印制到基片上

/ 19 /

的加工技术，该技术已成为制作精密、微细以及复杂薄层图形的有效途径，如图 2-1 所示。本小节将对光刻的加工工艺做简要的概述和介绍，在后面的章节中会针对不同的样品给出详细的加工说明。光刻的三要素为掩模版、光刻胶和光刻机。

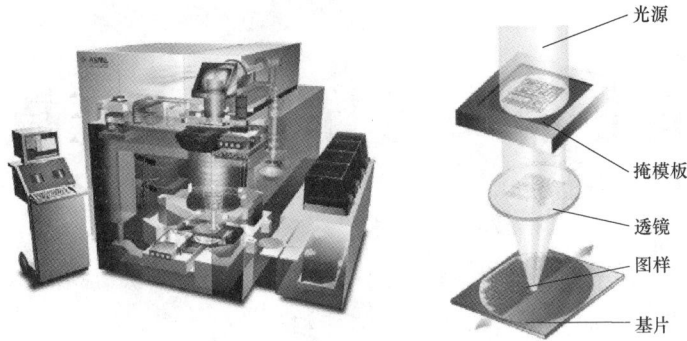

图 2-1　光刻机的结构示意图

掩模版的制作通常采用的是直写技术来实现，它是把计算机辅助设计与微机械扫描相结合，把设计的图案从计算机里刻画在覆有铬层的熔融石英板上。常用的直写技术有激光直写，电子束直写，聚焦离子束直写，精细程度由低到高。激光直写的精度一般在 1 μm 左右，很好的满足加工太赫兹波段下微结构尺寸的要求，而后两种方法的精度在纳米量级，常用于光波段和深紫外波段的加工。掩模版的使用大大提高了工业化生产的效率。

光刻胶又称光致抗蚀剂，是由感光树脂、增感染料和有机溶剂所组成的对光敏感的混合物，经光照射后的区域发生光固化反应，导致该区域的溶解性和亲和性发生改变，经显影的溶剂溶去可溶性的部分，得到所需的图形。根据光致反应的特性和显影机理，一般分为正胶和负胶，前者在光照后分解，由油溶性变为水溶性，溶于显影液；后者是在光作用下发生交联反应而形成耐蚀性的特点，不溶于显影液。

光刻机是通过特定波长的光透过掩模版或直接照射，将设计的图案成像在涂敷有光刻胶的基片表面上。按照成像的分辨率可分为紫外光刻和粒子束光刻。紫外光刻，按曝光的方式可分为接触式光刻、投影式光刻和激光直写式光刻。接触式光刻机结构简单，价格便宜，曝光速度快，常用于大规模的生产，而投影式和直写式光刻机虽然分辨率高，但曝光速度慢，通常用于小尺寸样品的加工。实际中，还需要考虑光刻胶的吸收光谱来选择不同曝光波长的光刻机。所有样品的加工制备都是将设计的结构图形制作成掩模版[169]，具体的光刻流程图如图 2-2 所示：

清洗（Cleaning）：无论是新的还是使用过的基片都必须先经过表面的清洗处理，清洗包括溶剂清洗、等离子清洗，常用的溶剂清洗液为浓硫酸:双氧水 = 3:1 的混合溶液，将基片放入混合溶液中加热到 120 ℃并维持 30 min，目的是去除表面有机物颗粒和残渣，但基片表面被氧化，必要时，需要用氢氟酸（HF）来进行处理；等离子清洗通常是用一定能量的等离子体物理轰击基片表面，去除顽固的杂质颗粒。

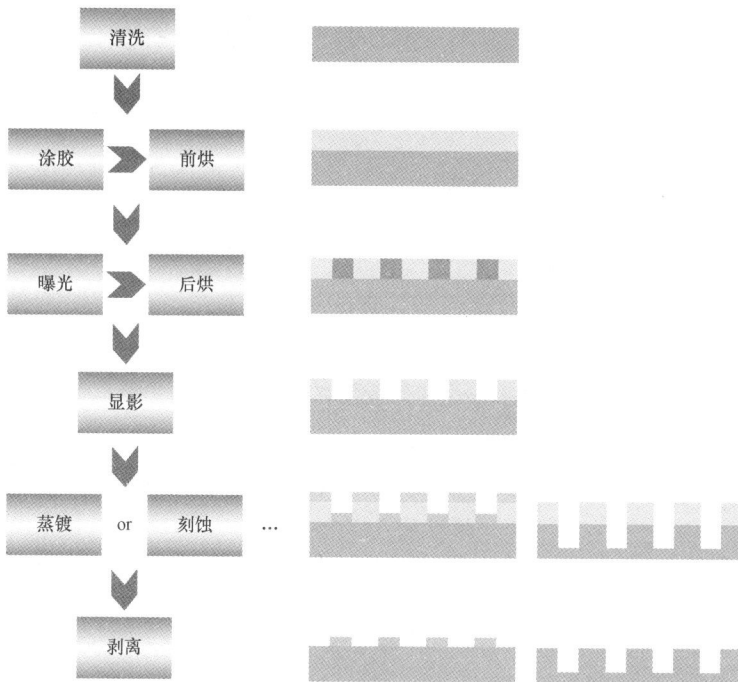

图 2-2　光刻加工工艺流程图

涂胶（Spin Coating）：利用旋转法，在基片表面上涂一层均匀的且厚度适当的光刻胶。为了增加光胶与基片的黏附力，通常在甩胶前先涂一层薄的助粘剂。甩胶包括加速，匀速和减速过程，在转盘旋转时产生的离心力和光刻胶自身的黏附力共同作用下，使光胶均匀的平铺在基片上，转速的快慢与光刻胶的厚度成反比，而且转速越快光刻胶越均匀。

前烘（Soft Bake）：将基片放在恒定温度的热板上，将光刻胶中溶剂蒸发，在此过程中，光刻胶中的残余内应力得到释放，充分固化后的光刻胶有助于提高光化学反应的灵敏度，前烘时间不足或过渡都会影响光刻胶的显影特性。

曝光（Exposure）：对涂有光刻胶的基片进行有选择性的光化学反应，使接受到光照的光刻胶的光学特性发生改变，曝光时掩模版有图形结构的一面朝下安装在光刻机的支架上，掩模版与基片的接触方式有三种：软接触（soft contact）、硬接触（hard contact）、真空接触（vaccum contact），虽然接触的越紧，曝光的精度越高，但也要考虑实际的情况，如果二次套刻，基片上已有结构，这时就要避免使用真空接触，防止结构被破坏。曝光量或曝光时间的设定取决于光刻胶的敏感度和厚度，以及光刻机的光能量密度。如果是二次套刻，则需要将基片上和掩模版上的对齐标志准确套和。

后烘（Post Bake）：有些正胶需要在曝光后再次烘烤，有利于曝光的光刻胶进行充分的化学反应，但此过程无需太长时间。事实上这一步主要是针对负胶而言，烘烤使得负胶交联反应完全，形成良好的抗蚀性。

显影（Development）：使用溶剂去除曝光部分（正胶）和未曝光部分（负胶）的光刻胶，在基片上形成所需要的光刻胶图案。影响显影速率的因素包括显影液的浓度、温度、光刻胶的前烘条件和曝光量。控制好显影的时间非常关键，显影不足或者过显都会影响后续的工艺精度。

蒸镀（Evaporation）：在整个基片上镀一层均匀的金属薄膜，一般分为热蒸镀、电子束蒸镀和磁控溅射，金属的致密性依次逐渐增强，同时导致剥离的困难程度逐渐增大，可根据后续的加工工艺来选择不同的镀膜方法。太赫兹波段下蒸镀金属的厚度需要大于两倍的趋肤深度。

刻蚀（Etching）：将没有光刻胶覆盖和保护的基片区域去除或减薄，目的是将光刻胶上的图形转移到基片上，一般分为干法刻蚀（Dry Etching）和湿法刻蚀（Wet Etching）。干法刻蚀是利用等离子的气体与刻蚀的材料进行反应的技术，特点是分辨率高且各向异性；湿法刻蚀是将刻蚀的材料浸泡在腐蚀液内进行腐蚀的技术，特点是各向同性和选择性强。

剥离（Lift-off）：此工艺也可认为是去胶过程，用丙酮来溶解掉显影时未脱落的光刻胶以及前面工艺中所残留下来的试剂，将掩模版的图案完全转移到基片上。

以上过程的结束也标志着一层结构的加工完成，若样品是多层结构，则需要多层套刻技术，之后的步骤将返回到最初的清洗，按照图 2-2 循环操作，直到多层样品的最终加工完成。

2.1.2 印刷电路板工艺

微波频段下样品器件的尺寸在毫米量级，因而可采用印刷电路板（Printed Circuit Board，PCB）工艺来制备样品。基板通常使用单面或者双面覆铜的高频电介质基板（如玻璃纤维强化环氧树脂复合材料、聚四氟乙烯等），这些材料具有较高的介电常数稳定性，较好的耐化学腐蚀性，能够提供良好的电气特性和信号传输性能，适用于高频和微波电路的设计和制造。

制备所设计的金属图案，然后通过在绝缘材料（通常是由玻璃纤维强化的环氧树脂）上形成导电路径，将电子元件组装在其中，并提供电气和机械支持。

具体的步骤如下：

（1）设计和布局：根据微波电磁功能器件的性能需求，确定周期性结构的参数和单元的布局。使用专业的 PCB 设计软件，在电路板上放置功能单元，并确定它们的相互连接方式。

（2）基板预处理：清洗基板，将基板浸泡在清洁剂中，去除表面的污垢和油脂；氧化处理：使用化学氧化剂或氧化锡等方法，在基板表面形成一层氧化物，提高铜层的粘附性。

（3）光绘制版：在基板上涂覆光阻，将光阻溶液均匀涂覆在基板上，形成一层光阻膜；然后曝光，将设计好的电磁功能图案通过曝光机，使用相应的掩膜进行曝光，使光阻在暴露区域发生化学反应；显影，使用显影剂去除未曝光的光阻，形成功能器件图案的光阻层。

（4）腐蚀刻蚀：将已经显影的光阻作为保护层，将整个基板放入腐蚀剂中，腐蚀去除暴露的铜层，形成超表面的周期性结构。

（5）去除光阻：使用相应的光阻去除剂，将光阻彻底去除，露出铜层的超表面结构。

（6）钻孔：根据设计要求，在需要连接的位置上，使用钻孔机进行钻孔，以便后续的连接和固定。

（7）金属化：清洗钻孔产生的碎屑和污垢，在整个电路板上进行金属化处理，通常是通过电镀的方法，在铜层上镀上一层保护性金属，如镍或金，以提高导电性和耐腐蚀性。

（8）涂覆保护层：为了保护电磁功能器件样品，可以在其表面涂覆一层保护性涂料，如聚合物涂料或聚氨酯涂料，增加其耐久性和抗腐蚀性。

PCB 的制造过程可以实现批量生产，具有高度的重复性和可扩展性，适用于大规模生产需求。此外，PCB 广泛应用于电子设备和系统中，如计算机、通信设备、消费电子、医疗设备、工业控制等，它是现代电子产品中不可或缺的关键组成部分，为电路连接和信号传输提供了重要的支持和保障。

2.2　光泵浦太赫兹探测时域光谱系统

光泵浦太赫兹探测系统（Optical Pump Terahertz Probe，OPTP）是一种用于太赫兹频率范围的探测和测量的技术系统，它利用光泵浦效应和太赫兹探测器来生成和探测太赫兹辐射[153-157]。本节介绍基于波面倾斜技术所产生的太赫兹强源，搭配电光采样技术组成光泵浦太赫兹探测时域光谱系统，可以用来实现两种功能，第一种是实现光泵浦作用下弱太赫兹探测的功能，不仅可以用来研究在不同光泵浦能量作用下的半导体载流子超快动力学过程，而且还可以用来测试光控太赫兹动态功能器件的性能；第二种功能是实现强太赫兹场作用下物质的非线性动力学过程，如石墨烯、掺杂的砷化镓等。

为了得到高能量的太赫兹辐射输出，很多研究小组将目光聚焦到非线性光学整流的方法，并取得了不少值得称赞的成果。通过非线性光学方法，可以产生高效率、高能量的太赫兹波，需要具备两个条件，第一，要有脉冲宽度窄、光谱宽度宽的高功率稳定输出的飞秒脉冲激光器；第二，需要非线性系数较大，易于实现相位匹配，并且在太赫兹波段的吸收系数较小的非线性晶体。目前，使用较多的非线性晶体有 DAST 晶体，$ZnGeP_2$ 晶体，GaSe 晶体，ZnTe 晶体，MgO：$LiNbO_3$ 晶体。这其中 MgO：$LiNbO_3$ 晶体综合性能较高，电光系数大且太赫兹吸收系数小，损伤阈值高，允许使用功率较高的激光进行泵浦，并能产生较高能量的太赫兹波。这是由于 $LiNbO_3$ 晶体的能带宽度非常的大，因 800 nm 泵浦光导致双光子吸收所生成的载流子对太赫兹波的吸收较小。另外，$LiNbO_3$ 晶体是单轴晶体，三角晶系结构，具有强烈的光折变效应，当在晶体中掺杂了 Mg（0.7%）后，能够大大提高该晶体的抗光折变效应的能力，同时也提高了太赫兹辐射的转化效率。当在 100 K 的低温下，$LiNbO_3$ 晶体的转化系数甚至超过了目前报道最大的 DAST 晶体[169]。

2.2.1 基于波面倾斜的强太赫兹源

用 800 nm 的飞秒脉冲激光泵浦 LiNbO$_3$ 晶体，基于二阶非线性效应所产生极化波的频率处在太赫兹频段范围下，这时产生的太赫兹波是以契伦科夫锥面的形式向空间辐射[158,159]，如图 2-3（a）所示。为了获得最大的非线性转化效率，需要满足相位匹配条件，即激发光脉冲的群速度要与产生的太赫兹辐射的相速度相等。但是对于 LiNbO$_3$ 晶体中太赫兹波的折射率要大于 800 nm 激发光的折射率几乎两倍，因而利用晶体的双折射效应已无法解决速度匹配问题。为了实现光整流效应的理想相位匹配，2002 年由 Hebling 等人提出波面倾斜入射技术[160]。通过对泵浦光进行一定的整形，使得传播方向与等相位面的夹角为 γ，该角度应等于在 LiNbO$_3$ 晶体中产生的太赫兹波传播方向与泵浦脉冲光的入射方向之间的角度，这时太赫兹波的相速度等于泵浦光等相位面的传播速度，如图 2-3（b），即泵浦光的群速度在倾斜波面上的投影，相位匹配条件可等价为：

$$v_{NIR}^{gr} \cos \gamma = v_{THz} \tag{2-1}$$

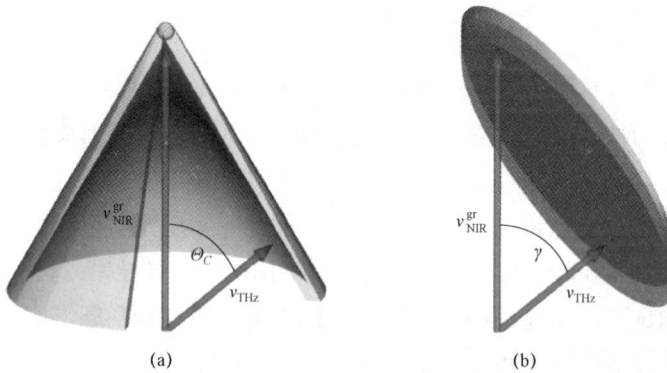

图 2-3 太赫兹的激发辐射方式
（a）以契伦科夫效应产生的太赫兹以锥面的形式向外辐射；（b）利用波面倾斜技术产生的太赫兹为平面波[160]

根据惠更斯原理可知，波面倾斜的角度（即相位匹配角）γ 应与契伦科夫辐射角 θ 相等，由晶体非线性效应所产生太赫兹波将会沿着垂直于激发脉冲光的波前方向传播[161-170]。波面倾斜技术相比直接激发产生太赫兹波的优势有以下几点，第一，泵浦光直接激发晶体将会以契伦科夫锥面（Cherenkov Cone）的形式向外辐射太赫兹波，这样不易被收集，从而限制了其应用；而波面倾斜方法所产生的太赫兹波则是以平面波的形式向外辐射，能够有效对太赫兹辐射进行整形，大大提高其利用率。第二，以契伦科夫锥面（Cherenkov Cone）辐射的太赫兹波只能在某个时刻下产生，不能与之后时刻所产生的太赫兹波发生干涉；而利用波面倾斜技术所产生的太赫兹平面波保持了时间和空间上的连续性，并能通过相互干涉来提高转化效率。第三，契伦科夫效应只能发生在泵浦光脉冲的束腰（ω）远远小于产生的极化波的波长（λ_{THz}）的情况下，即 $\omega \ll \lambda_{THz}$，使得要想增强产生太赫兹辐射的能量则不能通过增加泵浦脉冲光的光斑与功率来实现，相反，波面倾斜方法产生的太赫兹波能量与激发脉冲光的能量成正比。根据文献[163]可知，LiNbO$_3$晶体在 800 nm 泵浦激发光和产生的太赫兹波折射率分别为，$n_{800\,nm}^{gr} = 2.25$，$n_{THz} = 4.96$，由 $v = c / n$ 和公式（2-1）可得晶体的相位匹配角 γ 约为 63°。通常，采用光栅来改变光束的等相位面。

2.2.2 电光采样探测技术

探测光路一端采用电光采样的技术对太赫兹波进行时域光谱的扫描探测。经分束器反射的光通过一个安装在电控平移台上面的中空回射镜，出来的光再经透镜会聚到 ZnTe 晶体中，而且要保证探测光的焦点与太赫兹波的焦点在 ZnTe 晶体上重合。探测光然后被准直，依次经过四分之一波片，渥拉斯顿棱镜，最后被平衡探测器收集。电光采样技术实际上是光整流效应的逆过程，静态的电场在 ZnTe 晶体中产生的双折射率正比于所施加的电场幅度，因而可以通过测量场致双折射率来获得太赫兹的电场强度。具体的探测原理图如图 2-4 所示，当探测光脉冲通过没有太赫兹电场作用下的 ZnTe 晶体时，其线偏振的状态不发生改变，调节四分之一波片使其光轴的方向与探测光线偏振方向夹 45°，这时出来的圆偏振光通过渥拉斯顿棱镜后，产生的 o 光和 e 光大小相等，平衡探测器的输出为零；而当有太赫兹波作用 ZnTe 晶体，导致晶体中产生双折射并使得探测光脉冲的偏振方向发生偏转，后经过四分之一波片后由线偏振光转变为椭圆偏振光，由渥拉斯顿棱镜出来的 o 光和 e 光大小不再相等，通过测量这两个分量的强度差来表征太赫兹电场的强弱，即太赫兹电场越强，平衡探测器的强度差越大。由于太赫兹波的脉冲宽度（几个皮秒）相比探测光的脉冲宽度（几十飞秒）要大的多，根据等效采样的原理，通过移动延迟线来改变探测光脉冲和太赫兹脉冲之间的光程差，从而可获得太赫兹的时域波形。电光采样技术是一个纯光学手段的测量过程，其响应速度更快，灵敏度和分辨率更高，探测的太赫兹带宽更高。探测过程中可以避免来自由半导体作为基底材料的光电导天线所产生的各种热噪声，理论上该方法的信噪比更高。同时，我们选用 ZnTe 晶体作为探测晶体，主要是因为探测光的群速度和太赫兹波的相速度在晶体中大体相当，便于实现相位匹配，而且共线输出的探测光便于光路的优化[169]。

信号的提取和采集是基于锁相环技术，将太赫兹波转化为电信号。在泵浦光光路中安装一个斩波器，对泵浦光进行调制，调制的频率要避开日光灯的闪烁频率（50 Hz）或者其倍数，根据大量的试验后设定调制的频率为 370 Hz，该频率作为锁相放大器（SR830）的参考频率，此时高频的太赫兹信号也包含在调制的频率中，平衡探测器输出信号作为锁相放大器的输入信号，经过低通滤波，将除调制频率以外的其他频率全部滤除，得到调制频率下的信号强度与产生的太赫兹波强度成正比。由电脑同时控制电控平移台和锁相放大器的联动，平移台每步进 5 μm 后由锁相放大器采集此位置的信号并发送至电脑，反复多次循环，最终将太赫兹的时域波形显示在电脑的显示器上。

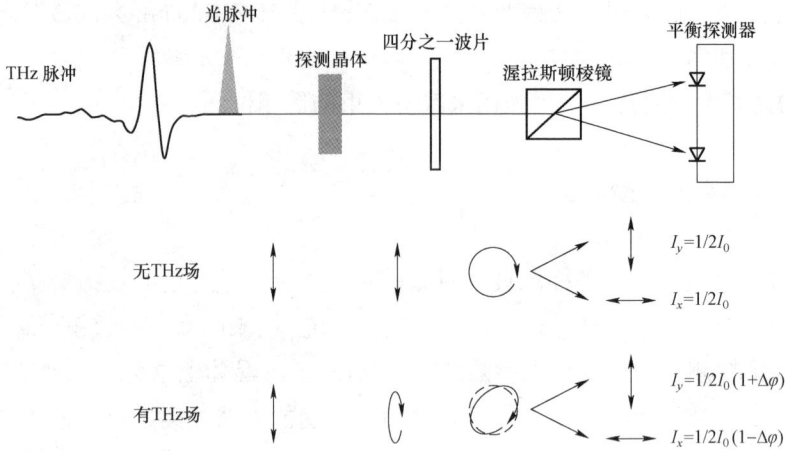

图 2-4　电光采样的原理图

2.2.3　OPTP 系统设计及性能

泵浦脉冲光源是由美国相干仪器（COHERENT）生产的 Legend Elite 系列钛宝石飞秒脉冲再生放大级激光器，该激光器采用功率 Evolution-HE 激光器作为标准泵浦光源，Vitara 振荡器作为种子光源，通过对种子光进行两级放大，单脉冲能量输出最高可达 8 mJ，脉宽为 40 fs，重复频率为 1 kHz，中心波长为 800 nm，谱宽为 30 nm。将输出的激光经薄膜分束器（9:1）分为两路，一路作为激发光（90%的光能量），通过波面倾斜技术将光束整形后，泵浦非线性晶体产生太赫兹波。另一路作为探测光（10%的光能量），采用电光采样方法来对太赫兹时域光谱进行扫描测量。整个系统的光路示意图如图 2-5 所示，由于 $LiNbO_3$ 晶体的光轴方向为垂直方向，因而只有垂直偏振的激发光才可以最大效率的激发太赫兹波，同时产生的太赫兹辐射的偏振方向也为垂直偏振的，则需要探测光的偏振方向与其保持一致。分束镜前的二分之一波片就是将激光器输出的水平偏振光转换为垂直偏振光。在泵浦光路中采用反射式光栅，并通过两个柱透镜 L1（焦距 $f_1 = 150$ mm）和 L2（焦距 $f_2 = 250$ mm）将波面倾斜的泵浦光成像到 $LiNbO_3$ 晶体中，晶体的切面为直角梯形，晶体角为 63°，考虑到波面倾斜的泵浦光脉冲在 $LiNbO_3$ 晶体中会进一步发生角度色散，导致波面的倾斜角变小，为了能够实现晶体内的相位匹配条件，最大效率的激发太赫兹波，两个柱透镜还起到了压缩泵浦光光斑在水平方向上尺寸的功能。同时利用修正后的相位匹配角 γ 与光栅衍射角 θ_d 的关系为[168,169]

$$\tan \gamma = \frac{m\lambda_0 p}{n_p^{gr}\beta_1\cos\theta_d} \tag{2-2}$$

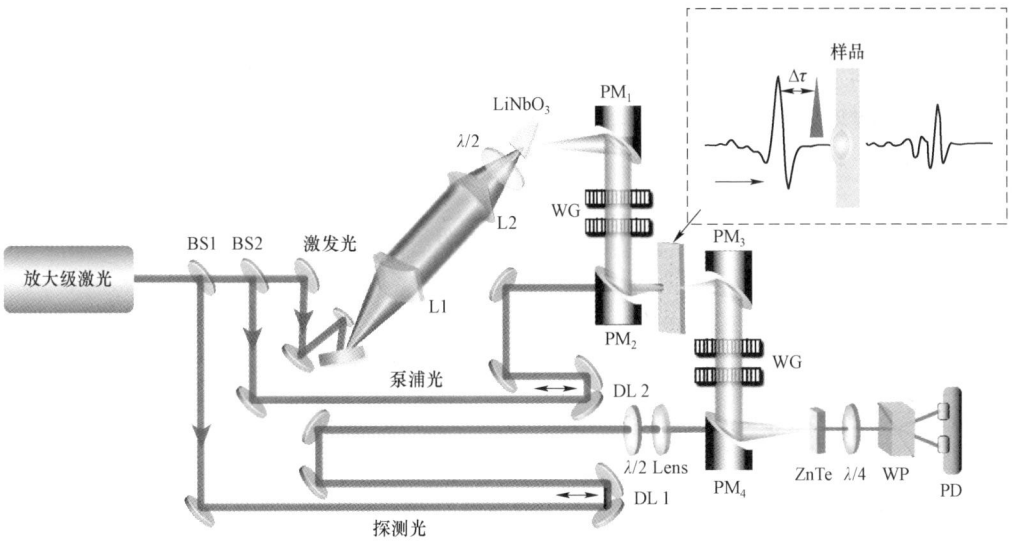

图 2-5　基于波面倾斜技术的光泵太赫兹探测光谱系统示意图

$\lambda/2$：二分之一波片；BS1 和 BS2：分束镜；L1 和 L2：柱透镜；PM：抛物面镜；WG：金属线栅；

DL1 和 DL2：光学延迟线；$\lambda/4$：四分之一波片；WP：渥拉斯特棱镜；PD：光电平衡探测器

其中 p、m、θ_d 分别为光栅的栅密度、衍射级和衍射角；λ_0、n_p^{gr} 分别为泵浦光的中心波长和泵浦光在晶体中的群折射率，β_1 为两个柱透镜对泵浦光光斑水平方向上的放大倍数，公式（2-2）中，$p = 1\,800\ \text{mm}^{-1}$，$m = 1$，$\lambda_0 = 800\ \text{nm}$，$n_p^{gr} = 2.23$，$\beta_1 = f_2/f_1 = 150\ \text{mm}/250\ \text{mm} = 0.6$，$\gamma = 63°$，可以计算出光栅的一级衍射角为 $\theta_d = 55°$。由光栅公式得到衍射角和入射角的关系

$$p\,(\sin\theta_i + \sin\theta_d) = m\lambda_0 \tag{2-3}$$

将公式（2-2）的结果代入到公式（2-3）中，得到光栅的入射角 θ_i 为 $38°$。

由 LiNbO$_3$ 晶体所产生的太赫兹波以较小的发射角垂直于晶体的表面射出，将太赫兹波近似看作是发散角较小的点源，后面接四个抛物面镜（$PM_1 = 101.6\ \text{mm}$，$PM_2 = 50.8\ \text{mm}$，$PM_3 = 50.8\ \text{mm}$，$PM_4 = 101.6\ \text{mm}$），组成标准的 8F 系统，四个抛物面镜共焦放置，其优点是不会产生像差和滤波，在抛物面镜 PM_2 和 PM_3 之间焦点处将太赫兹光斑压缩为晶体表面输出时的二分之一，以增强单位面积上太赫兹波的电场强度，此外压缩后光斑的束腰半径与频率几乎无关。放置于 PM_1 与 PM_2，PM_3 与 PM_4 之间的两对金属线栅能够自由的改变太赫兹发射与探测的偏振方向以及辐射能量。在激发端一侧用分束器（45:55）再引出一路作为光泵浦源，通过延迟线 Delay2 后，与太赫兹波在抛物面镜 PM_2 和 PM_3 之间的焦点处相聚，光泵端的光程应该与激发太赫兹波光路的光程相等，以此来保证相干探测，另外在样品处，泵浦光的光斑需要完全覆盖太赫兹波的光斑。

实验测得无样品时的太赫兹信号时域谱和频域谱如图 2-6 所示，时域谱的信噪比（信号的峰峰值/噪声信号的均方根值）达到了 3 000，谱宽为 3 THz。时域谱主峰后面的振荡来自水蒸气的吸收，当对太赫兹光路密封并通以干燥气时，这些振荡将会全部消失。为了测量该系统产生的太赫兹能量，在抛物面镜 PM_1 与 PM_2 之间，PM_3 与 PM_4 之间放置了 7 片 4 寸

抛光的硅片，硅片的材质选用的是本征高阻硅，阻值大于 5 000 Ω·cm，硅片的厚度为 500 μm，硅材料对太赫兹波具有高宽带透射响应的特性，而且还可以用来阻挡散射的泵浦光，单片硅片对太赫兹波的菲涅尔透射率大约为 70%，放置多片主要是为了衰减太赫兹波的能量。文献[168,169]的公式由平衡探测器可测得

$$\frac{I_x - I_y}{I_x + I_y} = \sin\theta \tag{2-4}$$

$$\theta = 2\pi n_0^3 r_{41} t_{ZnTe} t_{Si}^7 E_{THz} L / \lambda_0 \tag{2-5}$$

其中 $n_0 = 3.17$，$n_{Si} = 3.4$，$r_{41} = 4.04$ pm/V，$t_{ZnTe} = 4n_0/(n_0+1)^2 = 0.48$，$t_{Si} = 4n_{Si}/(n_{Si}+1)^2 = 0.7$，$L = 1$ mm，$\lambda_0 = 800$ nm，n_0 和 n_{Si} 分别为探测晶体和硅片的折射率，r_{41} 为探测晶体的电光系数，t_{ZnTe} 和 t_{Si} 分别为探测晶体和硅片的透过率，L 为探测晶体的厚度，λ_0 为探测光脉冲的中心波长，E_{THz} 为太赫兹波在 ZnTe 晶体处的电场强度，I_x 和 I_y 为由锁相放大器所读到的，分别为太赫兹时域波形峰值处平衡探测器两个端口的电压值。通过计算，最终可得系统所产生的太赫兹电场强度最高可达 305 kV/cm。通过测量抛物面镜 PM$_2$ 和 PM$_3$ 之间太赫兹焦点处的信号强度的半高全宽，得到焦点处太赫兹光斑的直径为 1.8 mm。本论文中所有的实验测量均是将样品放在此处，透过样品信号的频谱记为 $E_s(\omega)$，同时参考信号记为 $E_{ref}(\omega)$（一般是超材料的基底或空气），二者的比值可得样品的透过率为 $T(\omega)$：

$$T(\omega) = |T(\omega)| e^{i\varphi(\omega)} = \frac{E_s(\omega)}{E_{ref}(\omega)} \tag{2-6}$$

利用此式可以同时得到样品的振幅和相位信息，这是太赫兹时域光谱技术的一大优势。

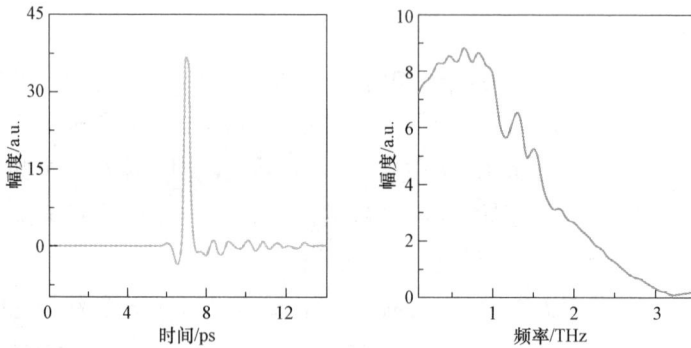

图 2-6　无样品时系统测得的时域谱和频域谱

2.3　太赫兹近场光谱系统

对于太赫兹人工表面等离激元的片上功能器件相关性能的表征，太赫兹近场探测技术至关重要，更为重要的是近场探测技术能够突破衍射极限，达到亚波长的空间分辨率。基

于光导天线的太赫兹产生和探测技术发展起来的太赫兹时域光谱系统（Terahertz time-domain spectroscopy，THz-TDS）是通过扫描太赫兹的时域脉冲信号进而同时获得振幅和相位两种信息，目前已经商品化并且在太赫兹功能器件表征和应用研究领域具有非常高的价值，该技术的成熟应用对于发展太赫兹近场探测技术具有非常重要的借鉴意义，此外太赫兹近场探测技术能够提升太赫兹成像的分辨率以及拓宽其应用范围。

2.3.1　光导天线产生与探测太赫兹波原理

利用光导天线来产生太赫兹辐射最早是由被誉为"太赫兹之父"的 D.Grischkowsky 带领的团队提出的[171]，其原理是通过超短飞秒激光脉冲激励光导天线来获得亚皮秒量级的脉冲信号，其中光导天线是由半导体基底上的两根平行金属线构成，如图 2-7（a）所示。当一束激光聚焦到两根金属线之间且光子频率大于基底材料的禁带宽度时，会在聚焦区域产生光生载流子，在两条金属线上加上直流偏置电压，光生载流子将会被驱动做加速运动，由公式 $E_{THz} \propto dJ/dt$ 可知，光导天线将会向外辐射电磁波[172]，其出射偏振态为垂直于两条金属线的线偏振。该出射电磁波的频率范围由激发光脉冲宽度和基底的载流子寿命所决定，当激发光脉宽为飞秒量级，基底提供的载流子寿命在百飞秒量级，这时所产生的电磁波脉冲宽度就会处在亚皮秒量级，即太赫兹脉冲。通常被选用光导天线的基底材料有低温生长的砷化镓（GaAs）、铟镓砷（InGaAs）以及蓝宝石上硅（SOS）等。此外，影响光导天线产生的太赫兹波性能的因素还包括激励光的参数（包括中心波长、脉冲宽度和强度）、加在金属线上的电压大小、光导天线自身的参数（包括金属线的几何形状以及基底材料参数）等。

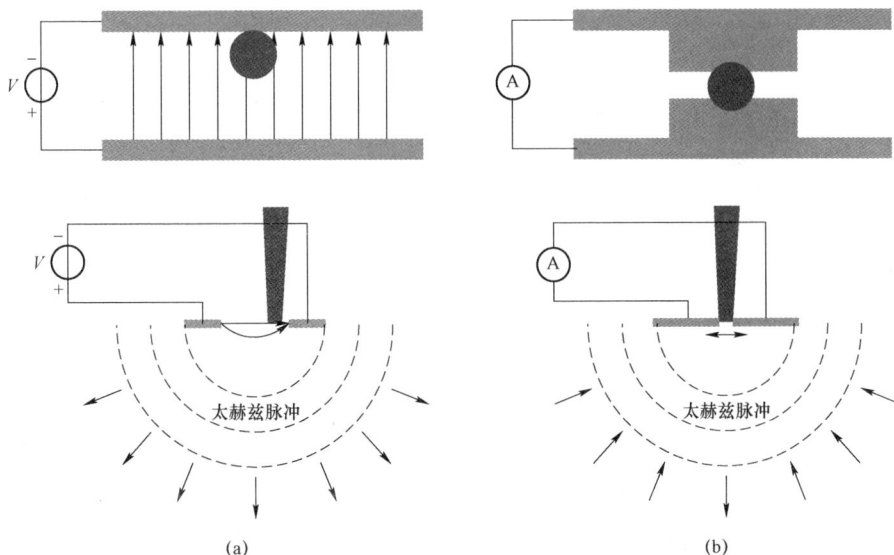

（a）　　　　　　　　　　　　　　（b）

图 2-7　光导天线产生与探测太赫兹脉冲原理图

基于光导天线探测太赫兹脉冲的原理与产生原理相反，而且探测天线相较发射天线的结构在两条金属线中间多了一个结，如图2-7（b）所示。将一束飞秒激光脉冲聚焦到该结所在的位置时，会像发射天线一样在聚焦区域激发出光生载流子。当太赫兹信号入射到该结所在的位置时，而且太赫兹波的偏振方向垂直于金属线，光生载流子会被太赫兹电场驱动产生电流，电流的大小正比于太赫兹信号的强弱，通过探测电流的大小来获得太赫兹电场的振幅。由于太赫兹脉冲的宽带为皮秒量级，激励光脉冲宽带为飞秒量级，根据相干探测原理，改变两脉冲之间的光程差，使得飞秒光脉冲与太赫兹时域脉冲上不同时刻的信号同时作用到光导探测天线上，这样就可以得到太赫兹整个时域脉冲信号，再通过傅里叶变换得到振幅和相位信息。

2.3.2　近场光导探针工作原理

传统意义上说近场光学是一种为了克服光学远场测量中不可避免的衍射效应、追求较高的空间分辨率而发展起来的一种测量方法[173]。近场光学中的探测方法是通过将小于波长的探针（如光纤尖端、针尖或者小孔等）置于距离样品表面几个波长的范围内，即倏逝场中，带有超分辨信息的倏逝波通过探针探测后转变成可测量的传播信息，被置于远场中的接收器接收并显示，实现超分辨显微。表面等离激元沿金属表面传播，要测量其电场分布，

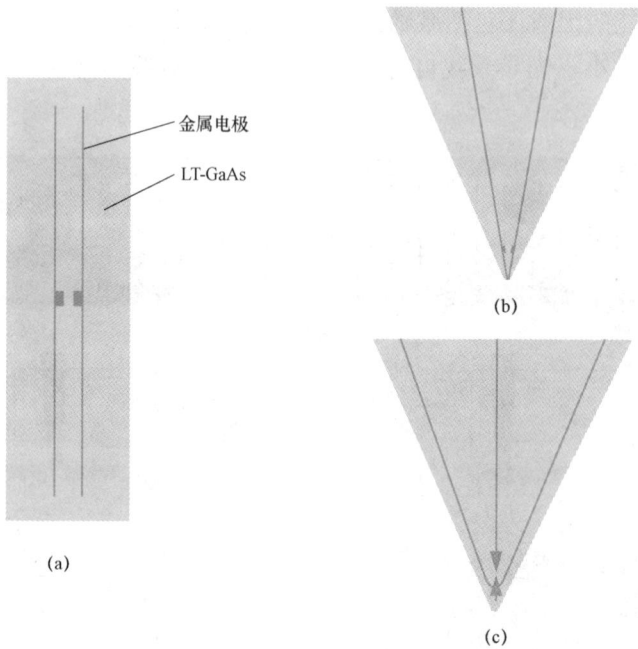

图 2-8　光导天线的远场和近场结构示意图

（a）远场天线；（b）探测横向电场（面内 E_x, E_y）的近场探针；（c）探测纵向电场（面外 E_z）的近场探针

需要将探针安装在二维可控平移台上进行扫描采样。因此，近场光导探针相比远场探测天线的结构在底端呈三角锥形，锥形尖端的尺寸在亚波长量级，而且在扫描过程中针尖距离样品表面的距离也为亚波长量级[174]。为了满足不同倏逝波场方向的探测，探针结构上的金属结方向分为沿水平方向和垂直方向两种，前者用来测面内的电场如 E_x，E_y，后者用来测面外的电场如 E_z。通过针尖与近场的耦合作用，将不同形式的电场转换为可探测的电流进行收集。

2.3.3　NSTM 系统设计及性能

太赫兹近场光谱系统（Near-field Scanning Terahertz Microscopy，NSTM）本质上也是一种太赫兹时域光谱系统，它是基于光导天线产生和近场探针探测的工作机理，其系统设计原理图如图 2-9 所示。整个系统采用全光纤化的设计，光纤化的系统相比空间光路在便携性、灵活度、易组装等方面更具优势。一台中心波长为 1 550 nm 的飞秒光纤激光器输出首先通过一个分束器（BS）分成两束光。一束用来激发由 InGaAs/InAlAs 作为基底的光导天线产生太赫兹波，光导天线由方波电源（SWPS）来供电，产生的太赫兹波通过金属线栅来进行调节偏振方向，并由透镜聚焦照射到样品上产生表面等离激元。另一束用来做探针的激励光，由于目前商业化的探针基底材料为低温 GaAs，被泵浦光为 1 550 nm 的激励光照射后无法产生光生载流子，需要将 1 550 nm 的激励光先从光纤耦合到空间[175,176]，然后通过频率倍增模块（FDM）转换为 780 nm，最终经过聚焦反射镜汇聚到探针上。两条光路满足相干探测原理，由发射光路上的光纤延迟线（FDL）来调整光程差。待测样品安装在附有三维电控平移支架（3-D TSH）上，探针模块则固定在二维电控平移台（2-D TD）上，这样的设计使得系统能够完成两种功能。第一种是固定样品扫描探针，可用于探测激发起来的人工表面等离激元在二维传输过程中的特性。第二种是固定探针扫描样品，用于探测待测样品不同区域处的人工表面等离激元的激发特性。由探针采集到的电流信号通过电流阻尼放大器（CDA）和锁相放大器（LIA）进行信号放大和低通滤波处理后由数据采集卡（DAQ）收集，并将收集到的时域信号发送给计算机。通常为了获得更加丰富的细节信息，测量过程在时域上通过增加样品基底的厚度来增加太赫兹时域脉冲的信号长度，同时在空间域中沿 x 和 y 方向分别以 100 μm 的步长进行精细化扫描以实现高分辨的成像。此外，若待测样品的激发需要圆偏振太赫兹照射时，可以在金属线栅之后放置四分之一波片，通过旋转四分之一波片的角度，便可以让入射太赫兹波的偏振态实现从左旋圆偏振态到右旋圆偏振态之间的相互转化。

为了验证太赫兹近场光谱系统 NSTM 的性能，使用横向探针（测量 E_x，E_y 电场）测量无待测样品情况下的太赫兹信号，这时由光导天线产生的太赫兹波经透镜准直为平面波，横向探针移动到与光导太赫兹产生天线和透镜共轴的位置处，扫描的时域信号如图 2-10（a）所示，经傅里叶变换得到频谱信息如图 2-10（b）所示。观察谱形的整体效果，可以发现该

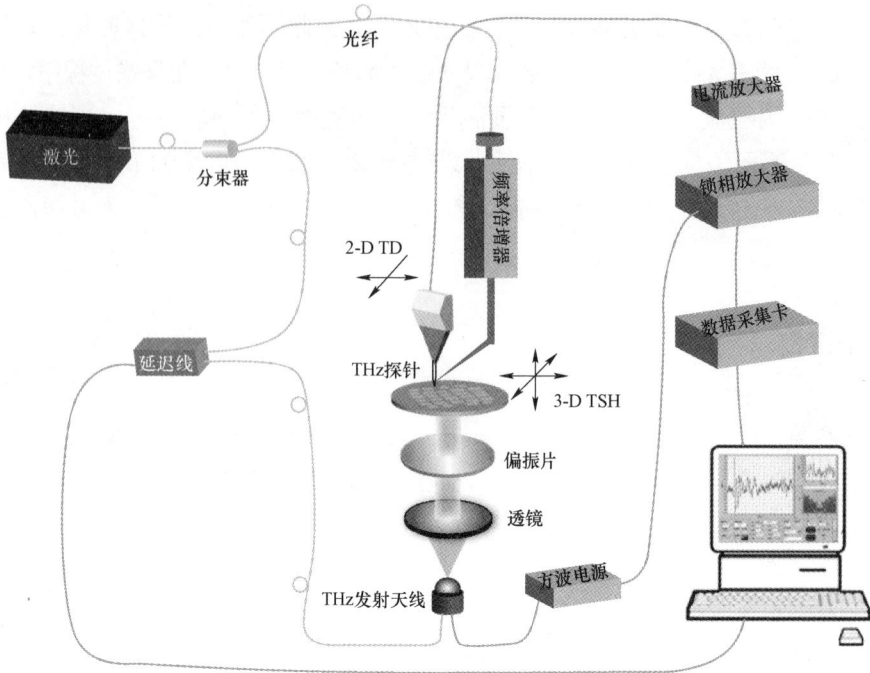

图 2-9　光纤化的太赫兹近场光谱系统示意图

NSTM 系统的信噪比约为 1 500:1，谱宽可以覆盖 0.2～1.5 THz，也就是说该系统可以用来测量特征频率在 0.2～1.5 THz 的样品。

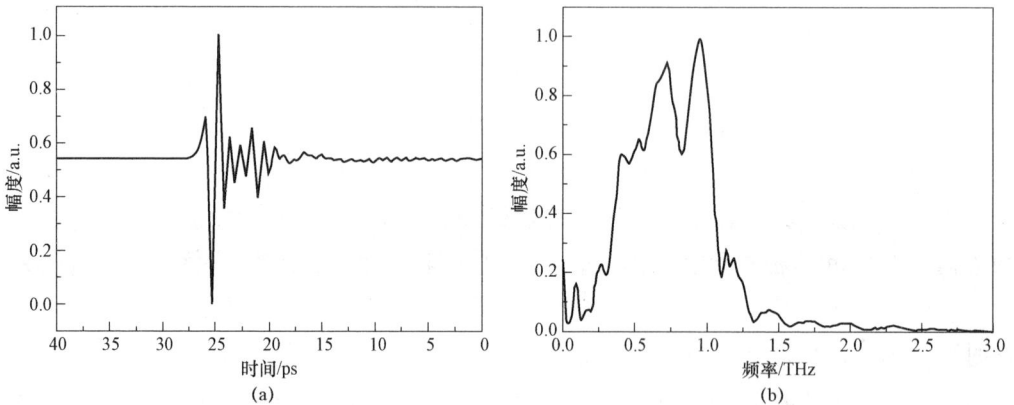

图 2-10　NSTM 系统信号性能

（a）时域信号；（b）频域信号

此外，为了探究由光导发射天线产生的太赫兹光斑是否为理想的光斑以及获得该光斑的尺寸，将用横向探针在太赫兹波的出射截面上做二维逐点扫描，采集每个位置上的时域信号并数据处理得到该平面的场分布情况。在此测量过程中，每一点的时域信号的扫描长度设置为 17 ps，扫描的整个二维区域为 6 mm×6 mm 的范围，控制探针的扫描步长为 0.1 mm。如图 2-11 所示分别给出了 NSTM 系统在 0.75 THz 处太赫兹光斑的强度分布效果和相位分布效果，能够进一步得到太赫兹光斑在 0.75 THz 的直径约为 5 mm，且强度分布接近理想的圆形光斑，结合相应的相位分布图可以发现相位分布相对均匀，因此该 NSTM 系统具有很好的系统性能。

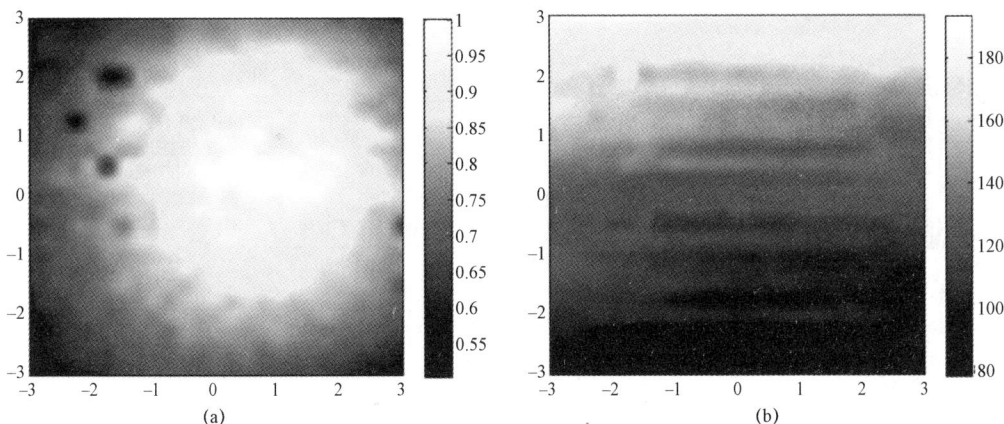

图 2-11　NSTM 系统光斑性能
（a）光斑强度分布图；（b）光斑相位分布图

2.4　微波近场测量系统

为了充分验证所设计的微波频段下人工表面等离激元样品的工作特性，通过使用微波近场测量系统来对样品在界面处的倏逝场进行自动化扫描成像，同时进一步可通过近场分布来计算不同频率下的导波波长从而反推出其单元结构的色散特性，该系统的测试结果可作为人工表面等离激元模式存在的直接证据。微波近场成像系统是一种使电磁波成像的技术，通过机械装置控制平台或探针的移动扫描并测量不同位置电磁波的幅度和相位，从而得到电磁波的场分布。该系统一般是由四大部分构成：上位机、矢量网络分析仪、二维电控平移台、电机驱动控制器。系统采用的矢量双端口量网络分析仪是安捷伦公司的 N5230C 型矢量网络分析仪，其带宽为 0~40 GHz，动态范围是 108 dB，轨迹噪声为 0.004 dB，测量速度为小于 4.5 μs/点，其端口 1 与激励源相连，用于激发特定的人工表面等离激元模式，端口 2 与一个安装在移动平台上的探测探针相连，用于接收指定位置处的电场信号；二维电控移动平台可以在上位机驱动控制下实现在固定平面内的二维移动；上位机主要用于发送步进电机移动以及数据存储等指令。在大多数测量方案中，是将激发端口和待测样品固定，移动二维电控平移台上的探针来扫描测量倏逝波的振幅和相位。

系统实物图和原理图如图 2-12 所示，从矢量分析仪发出的激励信号，该激励信号作用与仿真中的电偶极子相同，或者通过连接器跟样品相连接，通过像共面波导＋过渡渐变结构转化为人工表面等离激元。以半钢线作为探测探针在整个样品表面的平面内二维移动，每移动一个步长，基于 Labview 图形编程语言环境的上位机从矢量网络分析仪采集该位置的数据并保持，最终完成完成整个平面内的数据采集全过程。借助于该专用测试平台，只需将经过匹配处理的待测样品和探针分别放置于测试平台和待测平面内，系统即可按照设定的扫描范围和步进完成自动化近场扫描，并获得待测样品在特定频段内的近场模式分布。

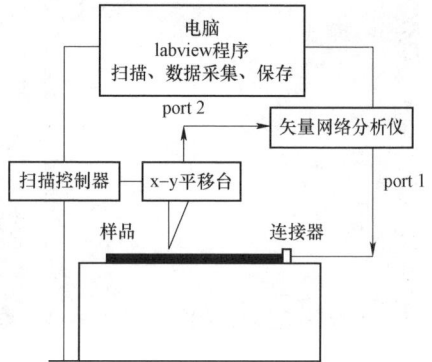

图 2-12　微波近场测量系统的实物图与工作原理图

第三章

局域型表面等离激元的耦合调控

局域表面等离激元共振（localized surface plasmon resonance）指的是金属纳米颗粒及团簇，或人工微结构与电磁波的近场耦合作用，其共振频率与强度受材料或结构的组成、尺寸、形貌、介电环境等多种因素的影响，可用于增强激光拉曼散射和高分辨率成像等[177-182]。在电磁功能材料的设计中，通常利用人工微结构之间的近场相互作用将电磁场局域在深亚波长尺度上，并且伴随有巨大的近场增强效应。不同几何形状的人工微结构会激发出不同的谐振模式，使得这些结构作为了次辐射源，由它们所辐射的场在近场范围内发生相干、相消、共振等耦合作用，从而影响着电磁功能材料宏观的电磁性能。这里所说的近场，是相对于远场而言，主要研究距离辐射源或物体一个波长范围内的电磁场分布。对于电磁功能材料而言，往往是通过电磁波远场的振幅和相位信息来表征其电磁性能，并得到整体结构的等效介电常数和等效磁导率，作为设计功能元件的理论依据。但近场的重要性同样不能被低估，因为它包含了电磁波与人工微结构相互作用时电场与磁场的近场分布，它为研究结构的耦合机制和验证远场的电磁响应提供了重要的线索。此外，电磁功能材料的电磁特性不仅依赖于组成基元自身的电磁响应，例如基元几何尺寸、形状、介电常数、磁导率，而且还与周围的介质，以及组成二维或三维阵列时各基元之间、各阵列之间的耦合谐振有着非常重要的关系。当基元的尺寸远小于电磁波的波长时，邻近基元之间的近场相互作用变得非常的关键，其电磁响应相比各个基元单独作用时有着巨大的不同，出现了很多有意义的物理现象，如电磁诱导透明，异常透射，连续体束缚态[183-185]等效应。认识和理解人工微结构本征的谐振模式以及相互耦合对于特殊功能器件的设计有着非常重要的作用，由于目前针对结构近场的模式耦合还没有一套较为完善的理论，因而在某些功能设计方面存在着很多的缺陷和问题。此外，目前大部分的研究工作局限于通过改变组成基元结构的几何尺寸、基元结构之间的间距来被动的操控近场间的耦合谐振作用[186-189]，而关于主动的调谐人工微结构间的模式耦合报道还很少。

在本章中，将围绕局域型表面等离激元中人工微结构的谐振模式分析及相互耦合的物理机理，开展利用可控的敏感材料嵌入到人工微结构中间，通过改变外界条件动态调控它们彼此之间的谐振和近场耦合，进而动态调控了其在远场的宏观响应，具体表现在透过率、特征频率及群速度等电磁参数的动态变化，本章工作对于深入理解组成电磁功能材料人工微结构单元之间的耦合机制有着非常重要的意义，同时也为设计主动式的电磁功能器件提供了一种新颖的途径和思路。

3.1　近场耦合模式的主动控制

本节提出了一种新颖的光控模式耦合的局域型表面等离激元，人工微结构单元是三个不同尺寸的同心金属方环，相邻的方环之间靠光敏的硅结构相连，通过改变照射的光能量大小，使得光敏硅的电导率发生变化，金属方环谐振器之间耦合方式将发生改变，从而实现了该电磁功能材料在宏观电磁性能的动态调控[190,191]。

3.1.1　方环的电磁响应与多个方环之间的近场谐振耦合

三个不同尺寸的闭合金属方环其边长分别为 104 μm、72 μm、52 μm，线宽为 5 μm，分别记作模式 M1、M2、M3，如图 3-1（a）所示。金属方环选用铝作为材质，其电导率为 3.72×10^7 S·m^{-1}，金属结构层的厚度为 200 nm，选用厚度为 500 μm 的蓝宝石作为基底。由于蓝宝石是各向异性材料，有快慢轴，介电常数 ε 设为 9.48、11.69、11.69，这里整个结构的周期 $P = 125$ μm，使用周期性的边界条件，并且入射的太赫兹波为平面的线偏振波，电场方向平行于 y 轴，波矢量的方向平行于 z 轴，将所有这些参数设置输入到 CST 电磁仿真软件中，如图 3-1（b）所示。图 3-1（b）给出了三个金属方环的透射谱，对应的谐振频

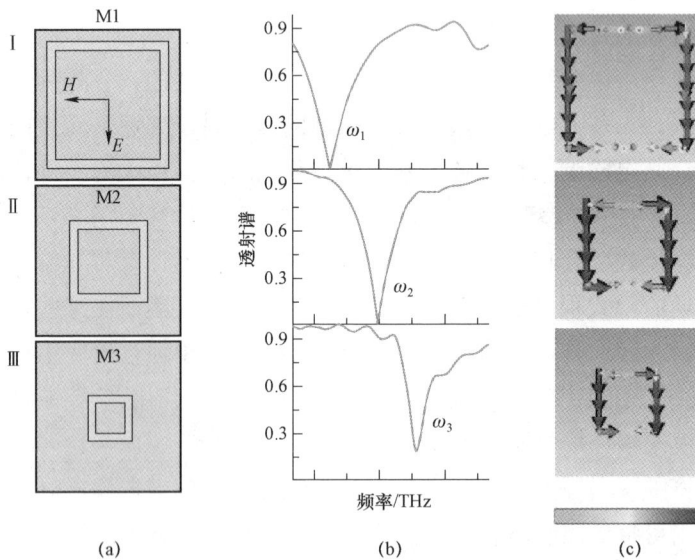

图 3-1　三个不同边长的金属方环的电磁响应

（a）结构示意图；（b）模拟的透射谱；（c）模拟的近场下结构表面电流分布

率分别为 $\omega_1 = 0.357$ THz，$\omega_2 = 0.593$ THz，$\omega_3 = 0.771$ THz，可以看出，当金属方环的边长逐渐减小而其他设置保持不变的情况下，谐振频率有明显的蓝移。图 3-1（c）给出了方环在谐振频率下的表面电流分布，由于方环结构相对于 y 轴对称，金属方环上的自由电子将在电场的驱动下运动，激发出与电场方向一致的表面电流，此时的谐振模式属于局域化的表面等离激元－电偶极子谐振。

通过将三个金属方环两两组合，仍同心放置，如图 3-2（a）所示，研究其金属方环之间的谐振耦合作用。将 M1 和 M2 组合在一起，形成耦合模式 M12，从结构的透射频谱图 3-2（b）可以看出在 ω_1 和 ω_2 之间的 $\omega_{12} = 0.461$ THz 处出现了一个透过率很高的透明窗口，同时在模式 M1 和 M2 的耦合作用下，各自的谐振频率分别产生出微弱的红移和蓝移。图 3-2（c）给出了谐振频率 ω_{12} 处结构的表面电流分布，M1 和 M2 上的表面电流方向相反，这是由于在外加的太赫兹电场作用下，两个方环之间发生了强烈的电容耦合，而发生电容耦合作用的方向与外界电场的方向相反，因此可以理解为两种作用发生了相干相消，在频率为 $\omega_{12} = 0.461$ THz 时产生出明显的透射峰。归结于近场的耦合效应，谐振模式 M12 的出现并不是简单的模式 M1 和模式 M2 的叠加。相似的耦合效应也发生在模式 M2 和模式 M3 的组合、模式 M1 和模式 M3 的组合，相应耦合模式 M23 的透射频率为 $\omega_{23} = 0.659$ THz，耦合模式 M13 的透射频率为 $\omega_{13} = 0.631$ THz。这两种组合下内外环的表面电流方向相反。此外，如果将三个环同心组合，这时的耦合模式定义为 M123，基于两组邻近模式 M1 和 M2，M2

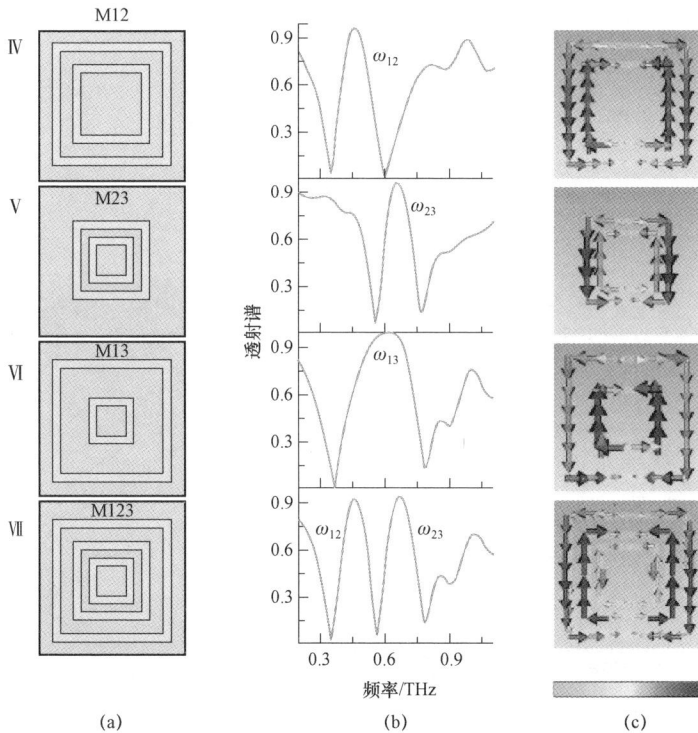

图 3-2　三个金属方环在不同的组合下的电磁响应

（a）结构示意图；（b）模拟的透射谱；（c）模拟的近场下结构表面电流分布

和 M3 之间的近场耦合作用，透射谱出现了两个透射峰，透射的频率依然为 $\omega_{12}=0.461$ THz 和 $\omega_{23}=0.659$ THz，这时的模式 M1 和 M3 由于距离的差距相比前面的两组耦合作用强度弱，对整体的电磁响应贡献很小，因而在多个方环组合的情况下，结构宏观的电磁响应主要取决于邻近环之间的耦合作用，同时也证明了结构之间的空间距离越小，近场耦合作用就越强。

3.1.2　主动控制耦合模式的结构设计与模拟

当三个金属方环同心的组合在一起，宏观的电磁响应依赖于邻近方环之间的电容耦合，如果用电导率可变的材料将环与环连接起来，通过调控材料的电导率，就可以主动的控制方环之间的模式耦合，从而操控整个结构的电磁响应。基于这个设计思路，选用蓝宝石上硅（SOS）作为方环的基底，原因是该基底表面上的硅材料在无光照的情况下，表现为电介质性，而在光的泵浦作用下，会产生电子–空穴对，光生载流子数目的增多会直接导致硅层电导率的上升，从而使硅层的金属性增强，电介质性减弱。通过刻蚀的工艺，将硅层刻蚀出不同尺寸和形状的结构，通过将这些硅结构镶嵌到三个同心金属方环中的不同位置处，分别用来连通模式 M1 和模式 M2，模式 M2 和模式 M3，以及同时连通三个模式 M1、M2、M3，来实现对三种耦合模式 M12、M23 和 M123 的动态调控，相应的结构可记为 AC-M123-12，AC-M123-23 和 AC-M123-123，其相应的单元结构如图 3-3～图 3-5 所示。

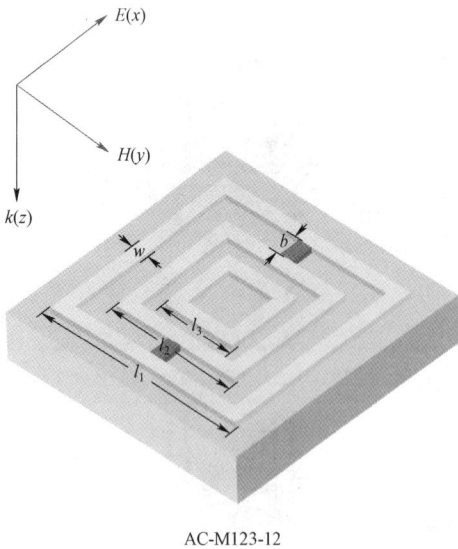

AC-M123-12

图 3-3　耦合模式 M12 主动调控的结构设计与
入射电场方向示意图

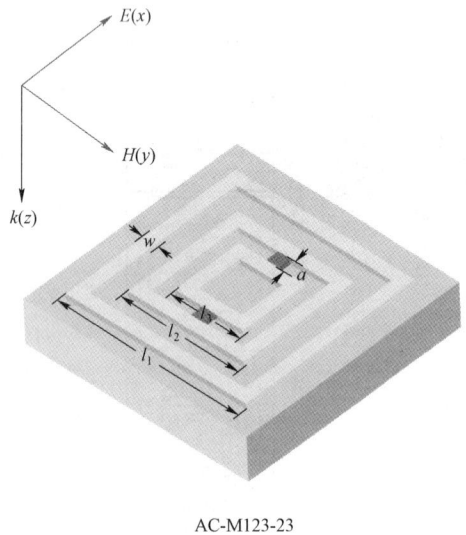

AC-M123-23

图 3-4　耦合模式 M23 主动调控的结构设计与
入射电场方向示意图

首先通过 CST 软件模拟来研究三种情况下的电磁响应，在波长为 800 nm 的光照射下，蓝宝石基底上的硅层载流子浓度的变化可以用电导率来表征，不同的光泵能量所对应的电导率不同，所以将电导率 C_s 作为一个变量输入到 CST 中，而硅层的介电常数设为 11.9，厚度为 500 nm，根据以往的工作经验，将没有光照情况下硅层的的电导率设置为 25 S·m^{-1}，将硅沿着 y 轴的方向将相邻的金属方环对称的上下全部连接起来，入射的太赫兹电场方向与硅的连接方向一致，基底蓝宝石的相关参数和前面的设置一样。为了去除结构表面的反射影响，我们用单独蓝宝石的透过率作为所有模拟结果的归一化信号。如图 3-6 所示，由结构 AC-M123-12 的透射谱随电导率变化可以

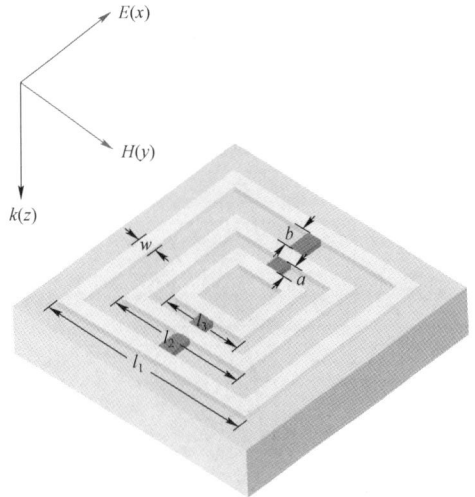

图 3-5 耦合模式 M123 主动调控的结构设计与入射电场方向示意图

看出低阶的耦合模式 M12 实现了动态的调控，硅在无光照下，整个结构的透射谱中两个透射峰 ω_{12}、ω_{23} 和三个谐振谷 ω_1、ω_2、ω_3 和与前面没有硅结构时的结果基本一致，说明此时的硅对结构内部的谐振耦合没有任何的影响。随着电导率的逐渐增加，模式 M12 耦合强度逐渐减弱，但该模式下的谐振频率 ω_{12} 保持不变，当电导率变为 22 000 S·m^{-1} 时，模式 M1 和模式 M2 之间的近场耦合作用所产生的透射峰基本消失，同时在整个动态调制的过程中，模式 M2 和模式 M3 之间的近场耦合作用所产生的透射峰和谐振频率 ω_{23} 都基本保持不变，即结构内部的近场耦合模式 M23 没有受到任何的影响。这个结果表明结构 AC-M123-12 的模式 M12 能够通过光控来实现单独的开关效应，并且邻近的耦合模式 M23 不受任何干扰，最终结构所得到的电磁响应是连通的耦合模式 M12 与模式 M3 之间的耦合效应。同样的，图 3-6 也给出了结构 AC-M123-23 随电导率变化的透射谱，证明了模式 M2 与模式 M3 之间的近场耦合模式 M23 实现了动态的调控，而耦合模式 M12 在主动调制过程中同样不受影响，最终的电磁响应是模式 M1 与连通的耦合模式 M23 之间的耦合作用。对于结构 AC-M123-123，模拟结果显示了两个近场耦合模式 M12 和 M23 实现了同时的动态调控，当电导率达到 40 000 S·m^{-1} 时，两个透射峰 ω_{12} 和 ω_{23} 全部消失，三个金属方环在硅的作用下处于相互导通状态，形成了一个类似单个方环时的偶极子谐振谷。三种结构下，完成等幅度的调制时所设置的电导率不同，这是由于每种情况下硅的尺寸不同所致，近而可以推测实验测量时每种情况下所加的光泵能量应该也有所不同。

根据以上的模拟结果，能够得出近场模式耦合的主动调控归因于硅的电导率的变化，硅在光泵的作用下，由电介质性逐渐实现了金属性的转变，从而使连接的两个结构之间的耦合方式由电容耦合转变成了电导耦合。如图 3-7 所示，以两个邻近的模式 M1 和模式 M2 之间的动态耦合为例，对整个调控的过程给出详细的分析与解释。在无光照情况下，硅表

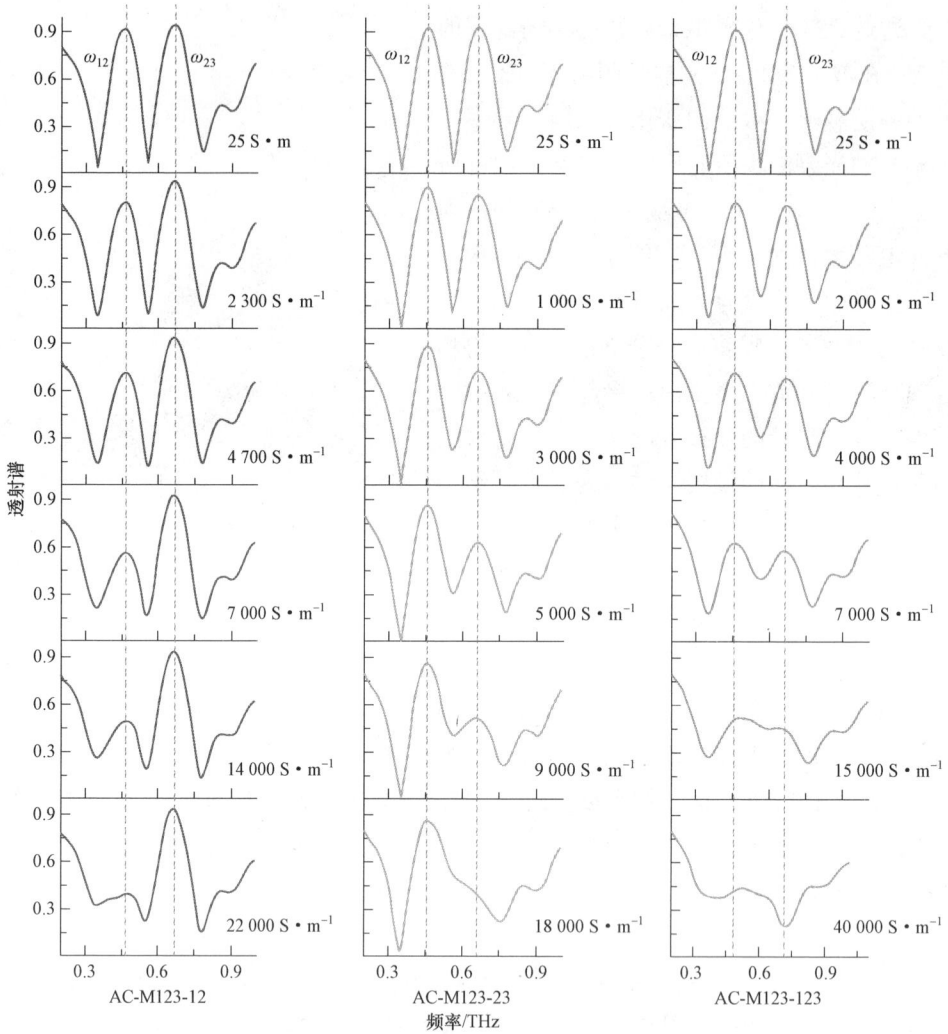

图 3-6 三种光控模式耦合超材料的透射谱随电导率变化的模拟结果

现出电介质性，受入射太赫兹电场 E（y 轴方向）的激发下，模式 M1 和模式 M2 在各自的谐振频率 ω_1 和 ω_2 处都表现出偶极子谐振，但在频率 ω_1 附近模式 M1 的谐振强度比模式 M2 的大，使得模式 M1 对模式 M2 之间电容耦合（Capacitive Coupling）作用要强于入射电场对模式 M2 的作用，此时在模式 M2 上电容耦合作用占主导，其表面电流的方向与模式 M1 的电流方向相反。在频率 ω_1 和 ω_2 之间的某处 $\omega_{12} = 0.461$ THz 下，两种作用强度相等，发生了相干相消，产生出透射峰。随着硅电导率的逐渐增加，模式 M1 和模式 M2 之间的电容耦合作用逐渐减弱，由于硅的导通作用，使得两个模式之间的电导耦合（Conductive Couplig）作用逐渐增强，频率 ω_{12} 下的透射强度逐渐减小，当硅的电导率增大到一定程度时，硅表现出的金属性足够将模式 M1 和模式 M2 之间完全的导通，频率 ω_{12} 下的透射峰消失，在入射的太赫兹电场下，表现出整体的局域等离子体谐振。如图 3-7 显示了结构在电容耦合和电导耦合下电荷的分布和电流的方向。

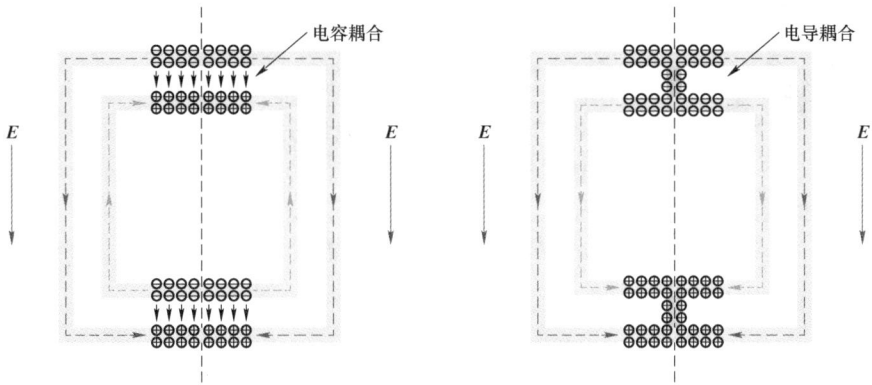

图 3-7　在无光照和光照最强的两种情况下邻近的模式 M1 和模式 M2 之间的耦合方式

3.1.3　样品的制备与实验测量

光控近场模式耦合样品的制作过程包括光刻工艺、刻蚀工艺、以及蒸镀工艺，相关工艺操作简单介绍如下：

第一步，热蒸镀加工同心的金属方环结构。

采用传统的光刻工艺，在 SOS 基底上加工出同心的金属方环结构，金属为铝，厚度为 200 nm。

第二步，加工 SOS 基底表面的硅结构。

利用光刻胶和金属结构作为刻蚀硅工艺的保护层，同时这一步需要进行二次对准，尽量保证左右两个光镜上看到的对齐状态相同。采用反应离子刻蚀技术（RIE），为了使 SOS 上刻蚀的硅结构能完全连接上相邻的金属方环，在做刻蚀硅掩模版的时候，将不透明区域的尺寸在 y 方向上下各多留出 2.5 μm，对应结构中的尺寸 $a=10$ μm，$b=18$ μm，线宽 $w=5$ μm。有三种硅结构，分别对应主动的耦合模式 AC-M123-12，AC-M123-23，AC-M123-123。

制作好的样品如图 3-8 所示，其表面的平整度和光滑性比较好，结构的几何尺寸与设计的尺寸在误差范围内基本一致，很好的达到了测试研究的要求。

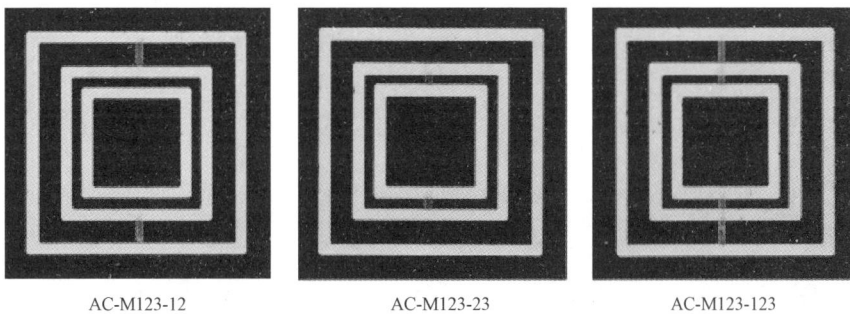

AC-M123-12　　　　　　　AC-M123-23　　　　　　　AC-M123-123

图 3-8　三种光控模式耦合超材料的样品显微镜图片

实验上采用光泵太赫兹探测时域光谱系统（OPTP）来进行测量，该系统的相关细节已在第二章介绍过。太赫兹波正入射到样品上，聚焦的面积大概有 2 mm，泵浦光斜入射到样品上，光斑的直径为 10 mm 且全部覆盖太赫兹区域。此外，由于 SOS 基底的载流子光照生成时间在飞秒量级，复合的时间在纳秒量级，所以需要移动光泵一路的延迟线，保证太赫兹波到达样品时硅上的光生载流子已经充分生成，而又没有达到复合。蓝宝石基底为各项异性的材料，所有样品测量过程中，蓝宝石的慢轴方向（也即硅连接金属方环的方向）与入射的太赫兹偏振方向平行。样品的透过率定义为 $|\tilde{t}(\omega)|=|\tilde{E}_S(\omega)/\tilde{E}_R(\omega)|$，其中 $\tilde{E}_S(\omega)$ 和 $\tilde{E}_R(\omega)$ 分别为样品和参考信号的频谱，实验中用裸的蓝宝石基片作为一切样品测量的参考信号。

如图 3-9 所示，对于样品 AC-M123-12，光敏的硅连接了模式 M1 和 M2，随着光泵能量的增加，M1 和 M2 之间的近场耦合模式 M12 实现了主动的调控，不加光泵的时候，由

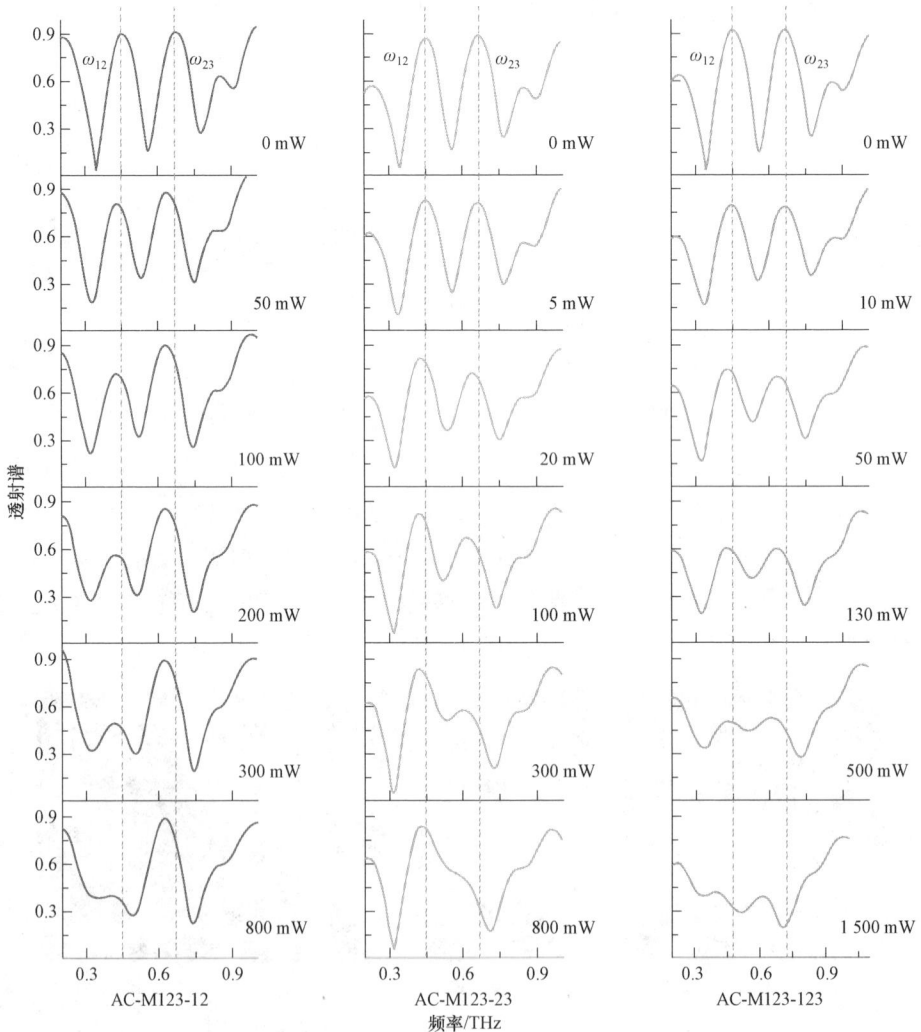

图 3-9　三种光控模式耦合超材料的透射谱在光泵照射下的实验结果

耦合模式 M12 和耦合模式 M23 产生的透射峰 ω_{12} 和 ω_{23}，以及三个谐振谷 ω_1、ω_2、ω_3 均与模拟时的结果相一致，在光泵的调制过程中，由于基底硅介电性质的变化，透射峰的幅度线性的减小，谐振频率 ω_{12} 略有红移，同时近场耦合模式 M23 的透射强度基本保持不变，而谐振频率 ω_{23} 也有少许的红移，随着硅金属性的增强，模式 M1 和模式 M2 之间的耦合逐渐由电容耦合转变成了电导耦合，当光泵浦功率增加到 800 mW 时，近场耦合模式 M12 产生的透射峰 ω_{12} 消失，这时样品的电磁响应是由与已导通的模式 M1、M2 与模式 M3 之间产生的电容耦合作用的结果。而对于样品 AC-M123-23，光敏的硅连接的是模式 M2 和模式 M3，高频的近场耦合模式 M23 在不同的光泵能量下完成了主动的调控。同样的，整个调控过程中，对邻近的耦合模式 M12 基本没有产生干扰，当泵浦光功率增加到 800 mW 时，近场耦合模式 M23 的透射峰消失。对于样品 AC-M123-123，三个金属方环被光敏的硅所连接，两个近场耦合模式 M12 和 M23 同时被主动的调控，当泵浦光功率达到 1 500 mW 时，两个近场耦合模式的透射峰一起消失，整个结构的电磁响应表现为一个谐振谷，这是由三个连通的金属方环一起与 y 方向偏振的太赫兹电场所作用而产生的偶极子谐振的结果。在每种结构下，实验的结果基本与模拟的结果相吻合，而光泵过程中信号所产生的红移，可能是由于加工的缺陷和测量时没有严格的正入射所导致，也有可能是硅层在光泵过程中电导率增加的同时，其介电常数的实部产生了微弱的减小所致。

3.1.4 理论模型计算与结果分析

为了阐明三种结构主动调控所潜在的物理机理，运用耦合的洛伦兹模型来解释在不同的光能量照射下三个模式自身的谐振特性与模式间的近场耦合特性。三个金属方环的谐振方程可以分别表示为：

$$\ddot{x}_1 + \gamma_1\dot{x}_1 + \omega_1^2 x_1 + \kappa_{12}x_2 = g_1 E$$
$$\ddot{x}_2 + \gamma_2\dot{x}_2 + \omega_2^2 x_2 + \kappa_{12}x_1 + \kappa_{23}x_3 = g_2 E \qquad (3\text{-}1)$$
$$\ddot{x}_3 + \gamma_3\dot{x}_3 + \omega_3^2 x_3 + \kappa_{23}x_2 = g_3 E$$

方程中的 x_1、x_2、x_3、γ_1、γ_2、γ_3、ω_1、ω_2、ω_3 分别代表模式 M1、M2、M3 谐振的振幅、阻尼率和谐振频率，κ_{12} 代表谐振模式 M1 与 M2 之间的耦合系数，κ_{23} 代表谐振模式 M2 与 M3 之间的耦合系数，g_1、g_2 和 g_3 则分别代表三个金属方环与入射电场 E 相互作用时的系数。通过求解式（3-1）可得到三个金属方环谐振的振幅为：

$$x_1(\omega) = \frac{g_1\kappa_{23}^2 - g_3\kappa_{12}\kappa_{23} - C_2C_3g_1 + C_3g_2\kappa_{12}}{C_3\kappa_{12}^2 + C_1\kappa_{23}^2 - C_1C_2C_3}\tilde{E}(\omega)$$
$$x_2(\omega) = \frac{C_3g_1\kappa_{12} - C_1C_3g_2 + C_1g_3\kappa_{23}}{C_3\kappa_{12}^2 + C_1\kappa_{23}^2 - C_1C_2C_3}\tilde{E}(\omega) \qquad (3\text{-}2)$$
$$x_3(\omega) = \frac{g_3\kappa_{12}^2 - g_1\kappa_{23}\kappa_{12} - C_1C_2g_3 + C_1g_2\kappa_{23}}{C_3\kappa_{12}^2 + C_1\kappa_{23}^2 - C_1C_2C_3}\tilde{E}(\omega)$$

其中， $C_i = -\omega^2 + j\omega\gamma_i + \omega_i^2$ ， $(i = 1, 2, 3)$ 。

样品的电磁极化率可表示为：

$$\chi_e(\omega) = \tilde{P}(\omega) / \varepsilon_0 \tilde{E}(\omega) \propto x(\omega) / \tilde{E}(\omega) \tag{3-3}$$

$P(\omega)$ 是金属方环的电极化强度， ε_0 为真空的介电常数，整个结构所表现出来的电磁谐振特性是每个金属方环谐振特性线性叠加的结果，所以样品在与电磁场作用下的谐振振幅 $x(\omega) = x_1(\omega) + x_2(\omega) + x_3(\omega)$ ，通过将公式（3-2）代入到公式（3-3）中，样品的电磁极化率就可用每个方环自身的相关电磁特性参数 γ_i 、 ω_i 、 g_i , $(i = 1, 2, 3)$ 和方环之间的耦合系数 κ_{12} 、 κ_{23} 来表示，厚度为 d 的金属方环结构的面极化率可表示为 $\tilde{\chi} = \tilde{\chi}_e / d$ 。在测量中，获得的振幅透过率可以表达为

$$|\tilde{t}(\omega)| = |\tilde{E}_S(\omega) / \tilde{E}_R(\omega)| = |\tilde{t}_{\text{active-layer}}(\omega) / \tilde{t}_{\text{air-sap}}(\omega)| \tag{3-4}$$

其中 $\tilde{t}_{\text{air-sap}}(\omega)$ 为空气与裸的蓝宝石基片界面的透过率，可以用菲涅尔公式直接计算出：

$$\left| \tilde{t}_{\text{air-sap}}(\omega) \right| = \left| \frac{2}{1 + n_{\text{sap}}} \right| \tag{3-5}$$

根据等效介质理论，金属方环结构、光敏的硅和基底表面所组成的等效介质层厚度可认为非常的薄，入射的太赫兹波在这个等效介质层中会发生法布里–珀罗干涉，其透射率可表示成

$$\left| \tilde{t}_{\text{active-layer}}(\omega) \right| = \left| \frac{4 n_{\text{active}} \exp(i\omega d n_{\text{active}} / c)}{(n_{\text{active}} + 1)(n_{\text{active}} + n_{\text{sap}}) + (1 - n_{\text{active}})(n_{\text{active}} - n_{\text{sap}}) \exp(i2\omega d n_{\text{active}} / c)} \right| \tag{3-6}$$

式中的 $\tilde{n}_{\text{active}} = \sqrt{1 + \tilde{\chi}}$ 和 $n_{\text{sap}} = 3.42$ 分别为有效介质层和蓝宝石基底的折射率， c 为真空中的光速。

由于 $d \sim 500$ nm 远小于入射的太赫兹波长，所以可以对公式（3-6）中的 $d \to 0$ 取极限，并化简为：

$$\lim_{d \to 0} |\tilde{t}(\omega)| = \lim_{d \to 0} \left(\frac{|\tilde{t}_{\text{active-Layer}}(\omega)|}{|\tilde{t}_{\text{air-sap}}(\omega)|} \right) = \left| \frac{c(1 + n_{\text{sap}})}{c(1 + n_{\text{sap}}) - i\omega \tilde{\chi}_e} \right| \tag{3-7}$$

由公式（3-7）所拟合出来的三个结构的透过率如图 3-10 所示，在各个泵浦光功率下，拟合的结果与实验结果、数值模拟的结果相吻合。由于模式 M1 和模式 M3 的耦合强度相比邻近的耦合模式 M12、M23 弱的多，所以耦合的洛伦兹模型中只考虑了邻近的耦合模式 M12 和 M23。

对于结构 AC-M123-12，AC-M123-23 和 AC-M123-123，在所有参数的拟合结果中，每个谐振模式的阻尼率 γ_i $(i = 1, 2, 3)$ ，以及邻近模式间的耦合系数 κ_{12} 、 κ_{23} 随泵浦光功率的变化最为明显，具体的变化趋势如图 3-11 所示。对于结构 AC-M123-12，光敏的硅连通了模式 M1 和 M2，谐振模式 M1 和 M2 的阻尼率 γ_1 、 γ_2 都随光功率的增加而增大，由于环 1 的

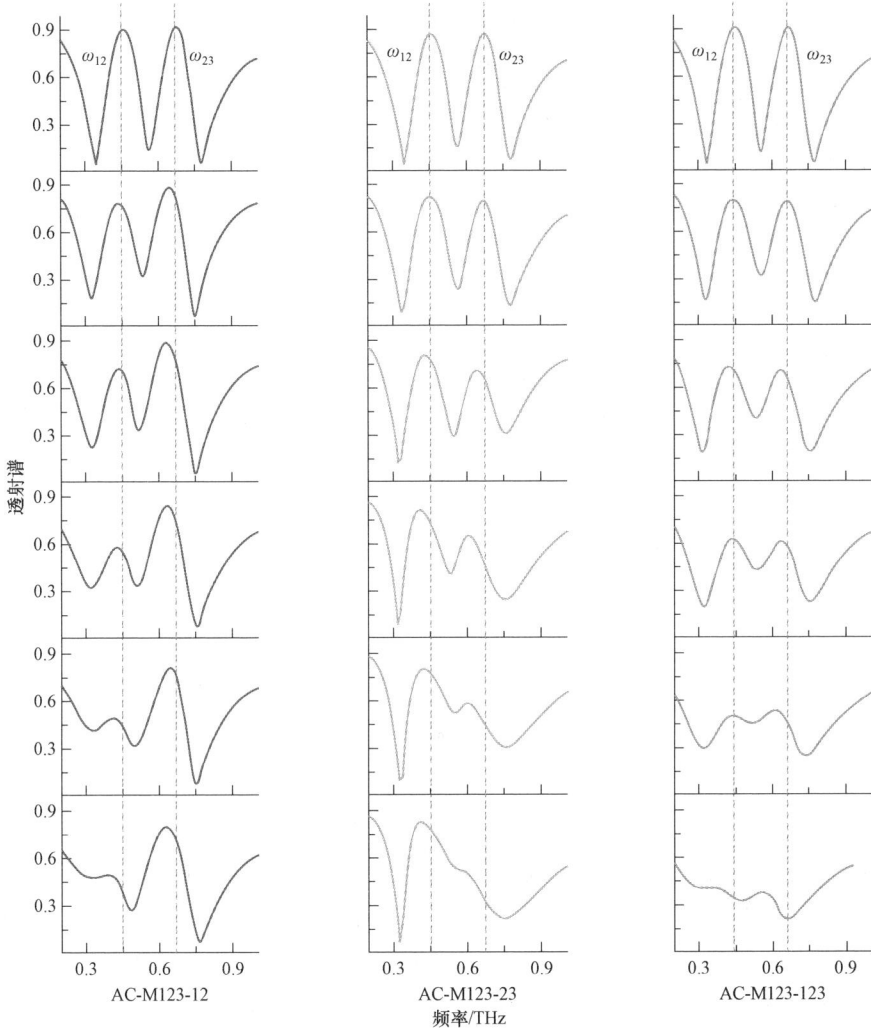

图 3-10　三种光控模式耦合超材料的透射谱在洛伦兹模型下的理论拟合结果

几何尺寸较大，相应损耗也会较大，因而 γ_1 的变化斜率要高于 γ_2，阻尼率 γ_1、γ_2 的增大导致模式 M1 和 M2 的耦合系数 κ_{12} 随光功率的增强而减小，在此过程中，耦合模式 M3 的阻尼率 γ_3 基本保持不变。此外，伴随着谐振模式 M1 和 M2 的减弱，谐振模式 M3 逐渐增强，使得模式 M2 与 M3 的耦合系数 κ_{23} 随着光泵能量的增加略微增强。对于样品 AC-M123-23，模式 M2 和 M3 被光敏的硅所连通，随着光功率的增加，谐振模式 M2 和 M3 对应的阻尼率 γ_2、γ_3 迅速增大，两个模式的耦合系数 κ_{23} 迅速减小。即使谐振模式 M1 在光控的过程中逐渐增强，但模式 M1 和模式 M2 之间的耦合并没有变强，部分原因是由于模式 M1 和模式 M2 的间距要比模式 M2 和模式 M3 的要大，综合两个效果反而使得模式 M1 和模式 M2 之间的耦合系数 κ_{12} 略微的减小。对于样品 AC-M123-123，所有的参数 γ_1、γ_2、γ_3、κ_{12} 和 κ_{23} 在光的激发下，变化都非常的剧烈。由于光敏的硅将三个环全部连接了起来，三个环的谐振模式 M1、M2 和 M3 的阻尼率随光功率的增加都明显的增大，这也导致了它们邻近间的模式耦合系数 κ_{12} 和 κ_{23} 也都明显的减小。所有参数的变化趋势进一步说明近场模式耦合的主动调控主要基于各个被光敏硅所连接的环自身谐振的损耗，以及邻近环之间的耦合。所以，当泵浦光足够的强，那么增强的阻尼率 γ_i（$i=1, 2, 3$）不仅抑制了自身模式的谐振激发，而且还使得邻近模式之间的耦合强度也减弱，最终导致了由邻近模式耦合所产生的透射窗口的关闭。

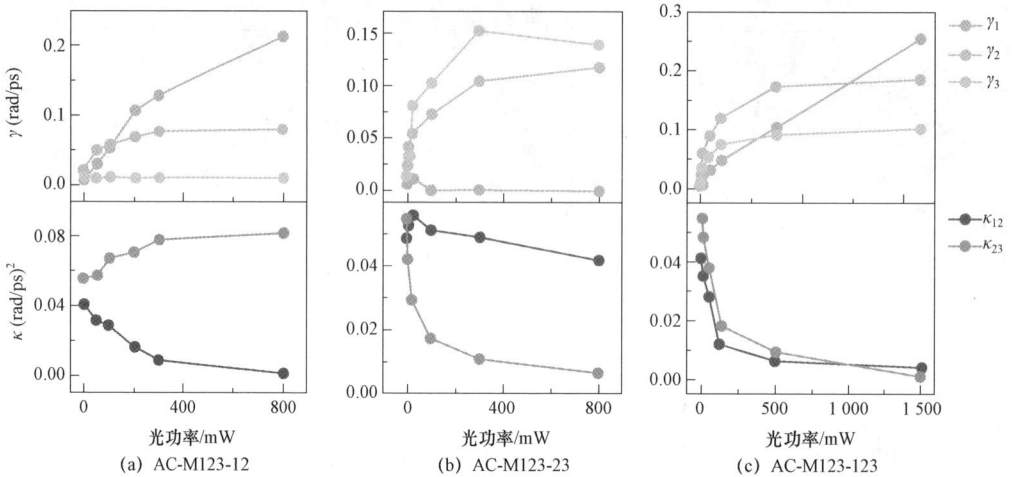

图 3-11　三种光控模式耦合超材料的模型参数随光泵能量的变化

本节证明了一种动态的模式耦合效应，它提供了主动并且快速的方式去控制谐振器之间的近场耦合，实现了功能和特性可重构的太赫兹电磁功能材料。因此这种使用对外界环境敏感的物质嵌入到人工微结构中来组建的表面等离激元可以实现谐振耦合的动态操控，该机制为未来设计主动的成像、传感、滤波、空间调制、偏振转化等功能开启了一扇大门。

3.2　光控宽带的电磁诱导透明效应

电磁诱导透明的性质原本发生在量子领域内拥有三能级的原子系统中，而最近已被广泛的应用到电磁功能材料的设计中。电磁诱导透明（Electromagnetically Induced Transparency，EIT）的效应能够显著的改善不透明介质的散射特性，在新颖的功能器件设计领域内显示出了前所未有的前景。表面等离激元中的电磁诱导透明现象是源于不同的金属微结构之间谐振耦合所导致的相消干涉，从而使电磁响应特性表现为在较宽的吸收带宽中出现一个很窄的透明窗口，效应非常适合制作光开关器件。基于 Kramers-Kronig 关系可知各频率对电磁波吸收的强弱与该频率处的等效折射率相关，即在 EIT 效率的透明窗口位置处传播光的群速度增大，导致相应的等效折射率增加，从而实现了慢光现象。此外，基于电磁诱导透明的功能材料在高品质因数传感、光开光以及慢光器件等方面有着非常重要的应用价值[191-198]。

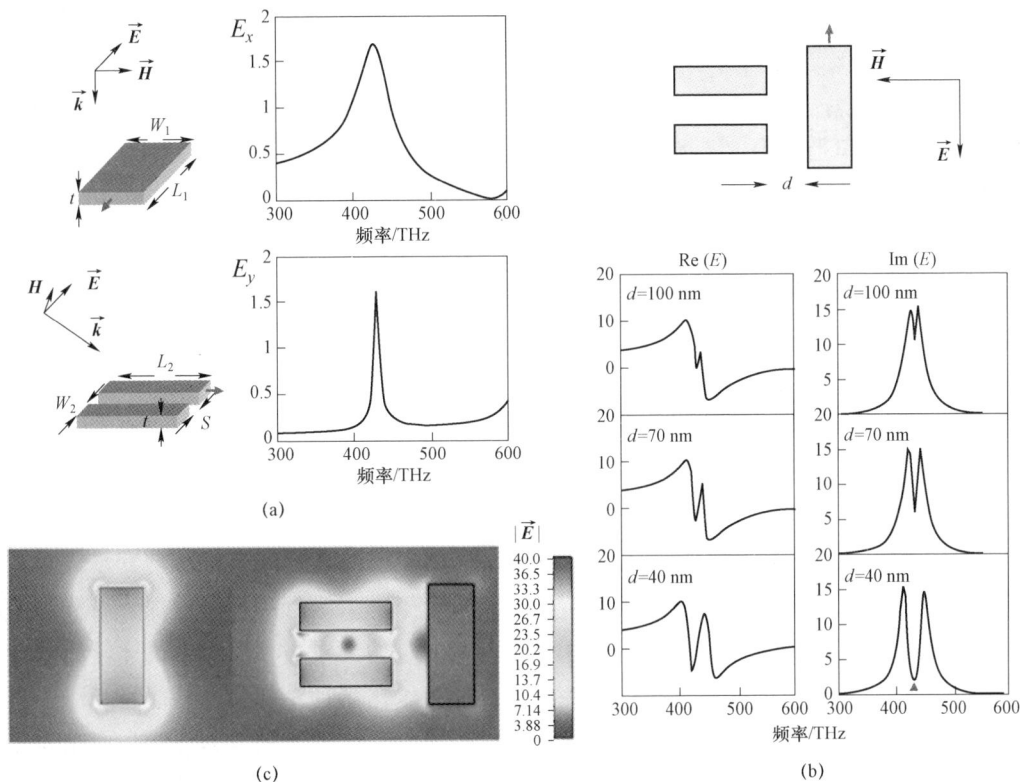

图 3-12　利用人工微结构首次实现 EIT 效应[192]

在利用人工微结构实现 EIT 现象方面，最早是 2008 年英国伯明翰大学的张霜教授利用品质因数（Quality Factor，Q 值）不同的两组局域表面等离激元谐振器实现了 EIT 效应的类比[192]。如图 3-12 所示，激发光在正入射时能够与品质因数较低的谐振器（即明模）耦合产生出一个较宽的吸收峰，与品质因数较高的谐振器（即暗模）不能发生耦合，但激发光在倾斜入射时可以与暗模耦合产生一个较窄的吸收峰，通过结构设计能够将明暗模谐振器的谐振频率优化到同一频率附近。将明暗模谐振器组合在一起并且适当调节它们之间的距离来改变耦合强度，能够在明模较宽的吸收峰里出现一个较窄的透过窗口。同时，EIT 效应发生时电场主要局域在暗模的位置处，这时电场的实部在谐振频率处变化比较剧烈，意味着该频率处的群速度较小，表现为慢光效应。利用微结构来实现 EIT 效应需要满足以下几个条件：发生耦合的谐振单元应具有相等的谐振频率和振幅；不同的谐振带宽（即不同的 Q 值）。

如今，基于 EIT 效应的电磁功能材料的发展已到了一个瓶颈阶段，主要是基于以下两个原因：第一，电磁功能材料的发展已经不再仅仅局限于传统的设计、仿真和实验测试，正逐步应用到相关的系统集成和工业生产中，所以对其本身的性能提出了更高的要求，能够实现功能的可重构和动态操控。但大部分的 EIT 电磁功能材料的散射特性主要依赖于结构的几何尺寸，一旦这些尺寸被确定，那么透明窗口的散射特性也就相应的被确定了，缺乏一定的灵活性和调谐性。虽然已有一些工作报道了利用超导材料的常温电介质性－低温金属性实现了 EIT 透射响应的温度控制，然而，整个动态的操控过程却要求非常的苛刻，需要极低温的环境，而且由于设备升温和降温需要的时间较长，造成该主动的 EIT 超材料的时间响应速度相当的慢，满足不了工业化和实际的应用[199,200]。第二，大部分的 EIT 电磁功能材料所实现的透明窗口带宽较窄，从而限制了诱导透明超材料的应用范围和功能，虽然有报道证明了通过 41 层的结构来实现宽带的 EIT 散射特性，但结构非常的复杂，而且加工起来也异常的繁琐和困难。

基于上面的问题，本节主要介绍光控宽带 EIT 电磁功能材料的相关研究，其中一方面通过设计增加暗模谐振器的数量来增大电磁诱导透明响应的带宽，带宽最终可达 0.28 THz；另一方面，通过将光敏材料巧妙的嵌入到宽带的人工微结构中，从而实现了室温下宽带的透明窗口随泵浦光能量变化的动态调谐。本节首先通过 CST 电磁仿真模拟软件对主动宽带的 EIT 工作单元结构进行了参数最优化，确定了结构最终的几何参数，结构中嵌入的光敏硅是基于蓝宝石上硅（SOS）基底，在光泵下，硅由介质性逐渐向金属性转变，成为主动调控的关键因素。之后通过传统的光刻、刻蚀和蒸镀工艺来进行对样品的加工。样品的测量采用光泵太赫兹探测时域光谱系统（OPTP），其测量的结果与模拟的结果非常的吻合。最后通过耦合的洛伦兹谐振模型对该器件的调控过程给出了理论的解释，而且还进一步分析了该器件的慢光效应。这种主动的调谐宽带太赫兹群延迟时间的能力在宽带通讯和传感方面起着非常重要的作用[190,201]。

3.2.1　主动宽带 EIT 的结构设计与模拟

如图 3-13 所示，宽带 EIT 电磁功能材料的单元结构是由两对尺寸相同、开口相对的 U 形金属环以及一根金属棒组成，而且两对 U 形金属环对称的分布在中央金属棒的两侧。单元结构的具体参数为：$l=86\ \mu m$，$a=28\ \mu m$，$b=48\ \mu m$，$\omega=4\ \mu m$，$D_x=26\ \mu m$，$D_y=10\ \mu m$。金属的材质为铝，铝的电导率为 $3.72\times10^7\ S\cdot m^{-1}$。金属结构的基底选蓝宝石上硅（Silicon On Sapphire，SOS）基片，蓝宝石为各向异性材料，介电常数为 9.48，11.69，11.69，厚度为 500 μm，硅层的厚度为 500 nm，介电常数 ε 为 11.9，在 800 nm 光照下会产生光生自由载流子，致使电导率上升，使硅层的金属性增强，电介质性下降。将光敏的硅设计成结构将每一侧相对的两个 U 形金属环连接起来。根据以往的设计经验，硅的电导率可作为一个变量 σ_{Si}，在无光照时最小为 $25\ S\cdot m^{-1}$，光照最强时可达 $5\,000\ S\cdot m^{-1}$。整个单元结构的尺寸为 $P_x=114\ \mu m$，$P_y=134\ \mu m$。将这些参数输入到 CST 软件中，设置垂直入射的太赫兹偏振方向为 x 轴方向，即平行于金属棒的方向。

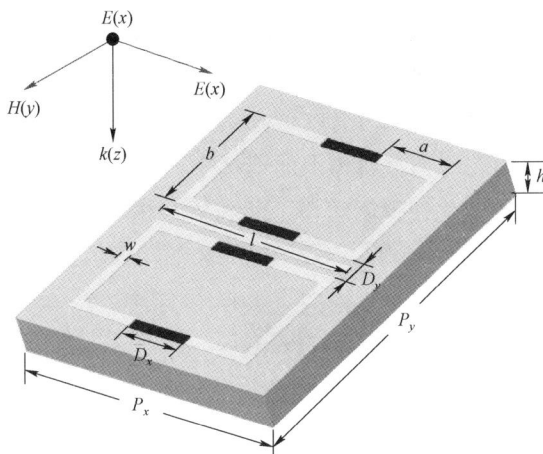

图 3-13 光控宽带 EIT 工作单元结构示意图

主动宽带 EIT 工作单元结构中的光敏硅在电导率σ_{Si}为 25 S·m^{-1}，1.6×10^4 S·m^{-1}，5.0×10^4 S·m^{-1}情况下，相应的远场透射谱如图 3-14（c）所示。在无光照情况下（硅层的电导率$\sigma_{Si} = 25$ S·m^{-1}），一个很显著的宽带透射窗口被观察到，谱宽覆盖了从 0.54 THz 到 0.82 THz 的范围，中心频率为 0.68 THz。随电导率的增加，宽带的透明窗口幅度逐渐减小，在电导率为 5.0×10^4 S·m^{-1} 时变为吸收谷。同时也给出了在三种电导率下，中心频率 0.68 THz 处宽带 EIT 工作单元结构所对应的电场分布与表面电流分布如图 3-14（a）和图 3-14（b），可以明显的看出，在没有光照的情况下，电场与表面电流主要集中分布在四个 U 形金属环上，随着光敏硅电导率的增加，U 形金属环上的场分布逐渐减弱，中央金属棒上的场分布逐渐变强，在电导率为 5.0×10^4 S·m^{-1} 时，此时的电场与表面电流主要集中分布在了中央金属棒上。因而从模拟仿真上实现了对宽带 EIT 电磁功能材料的透射谱以及表面的场分布的动态调控。

根据 EIT 效应的作用机理，针对上面的模拟结果我们做出如下的分析。在整个 EIT 电磁功能材料中，金属棒谐振器作为可被入射电磁场直接激发的明模，在其谐振频率 0.66 THz 处表现为典型的局域化表面等离激元共振现象，而 U 形金属环作为不能被入射电场直接激发而只能被明模的电磁场来间接激发的暗模，在其谐振频率 0.71 THz 下表现为电感–电容（LC）谐振。明模比暗模的谐振振幅强，但品质因数却比暗模的小，设计的 EIT 工作单元结构单元是由一个明模和四个暗模共同来组成，四个暗模自身的谐振相互作用再加上与明模之间增强的谐振耦合导致出现了宽带的 EIT 透射窗口。由于明暗模之间的耦合作用而导致在明模金属棒上的场分布发生相干相消，使得在 EIT 窗口的频率下只表现出暗模的场分布，而明模金属棒上的场被抑制，这也是结构在无光照情况下的表现，此时连通 U 形金属环的硅表现出的电介质性对明模和暗模的谐振以及之间的耦合不起任何干预。光敏硅的电导率随光泵能量的升高而逐渐增大，硅的金属性增强使四个 U 形金属环 LC 谐振减弱且谐振频率发生了平移，EIT 效应受到了一定的抑制，中央金属棒的偶极子谐振开始逐渐变强，

即电导率为 $1.6 \times 10^4\,\mathrm{S \cdot m^{-1}}$ 时，结构既表现出中央金属棒偶极子谐振，又表现出四个 U 形金属环上的电容-电感（LC）谐振。当电导率增大到 $5.0 \times 10^4\,\mathrm{S \cdot m^{-1}}$ 时，四个 U 形金属环的 LC 谐振以及与金属棒之间的耦合相消作用被完全的抑制，电场和表面电流又重新集聚到中央的金属棒上，整个结构表现为金属棒上的偶极子谐振，宽带的 EIT 透明窗口完全消失。模拟结果证明了硅的电导率变化使得明暗模之间的耦合相消作用发生改变，是实现宽带 EIT 效应主动调控的本质。

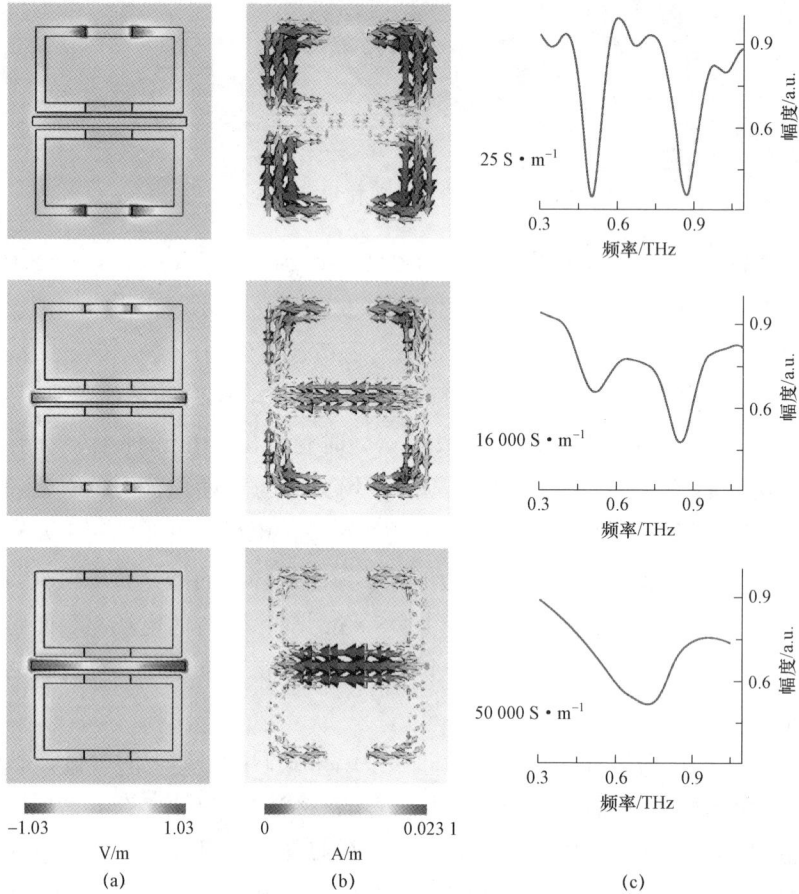

图 3-14　主动宽带 EIT 工作单元结构在硅的电导率 σ_{Si} 为 $25\,\mathrm{S \cdot m^{-1}}$，
$1.6 \times 10^4\,\mathrm{S \cdot m^{-1}}$，$5.0 \times 10^4\,\mathrm{S \cdot m^{-1}}$ 情况下的电磁响应
（a）电场分布；（b）磁场分布；（c）归一化的透射谱

3.2.2　宽带 EIT 工作单元结构参数优化与解析

如图 3-15 所示，通过数值模拟来进一步解释了 U 形金属环的数量和排布对于加宽 EIT 窗口的影响。很明显的，由单个 U 形金属环和金属棒组合而成的 EIT 工作单元结构显示出非常窄带的透射峰。当引入两个 U 形金属环，相对的放置在中央金属棒的同侧或者对称的

放置在中央金属棒的两侧时，透明窗口的带宽和强度都得到增大。当把 U 形金属环的数量增加到四个且对称的分布在金属棒的两侧时，EIT 效应进一步增强，透明窗口的带宽增加到了 0.28 THz。在这些组合的结构中，模拟入射的太赫兹偏振方向沿水平方向（x 轴），能够强烈的激发中央金属棒的偶极子谐振，使其充当为明模，而所有 U 形金属环的谐振不能直接被入射电场激发，因而充当为暗模。每种组合下 EIT 工作单元结构在频率为 0.68 THz 的电场和磁场分布如图 3-15（c）和图 3-15（d）所示，进一步揭示了 EIT 效应的作用机理。对于单个 U 形金属环和金属棒组合的情况下，U 形金属环的 LC 谐振同时被金属棒的电场和磁场所激发。对于两个 U 形金属环且对称的分布在中央金属棒的两侧，这两个 U 形金属环通过磁场的相互作用增强与金属棒之间的谐振耦合。对于两个 U 形金属环且相对的分布在中央金属棒的同侧，这两个 U 形金属环则是通过电场的相互作用增强与金属棒之间的谐振耦合。从这两种情况来看，分布在中央金属棒同侧的两个 U 形金属环要比异侧的 EIT 效应强，透明窗口的带宽宽。当 U 形金属环的数目再增加一倍时，U 形金属环之间电场和磁场的共同作用使得与中央金属棒的谐振耦合作用进一步增强，因而导致更宽带的 EIT 效应。所有组合下，电场强度和磁场强度全部都集中在暗模结构上，同时也发现在这种组合下，模拟结果显示了将光敏的硅嵌入到两对 U 形金属环之间后对 EIT 结构的响应几乎没有任何影响。

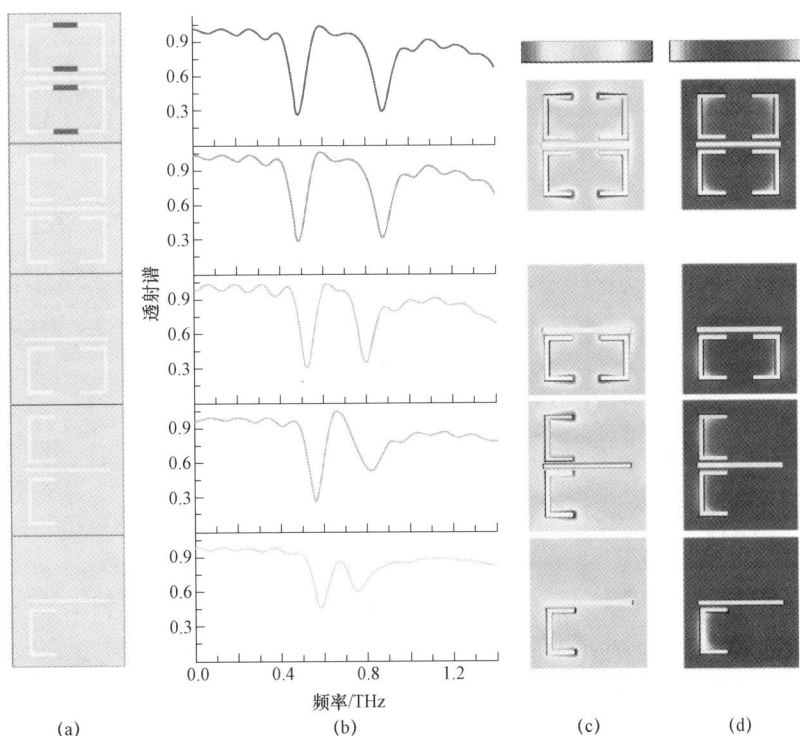

图 3-15 U 形金属环的数量和排布对于加宽 EIT 窗口的模拟分析

（a）结构示意图；（b）归一化的透射谱；（c）电场分布；（d）磁场分布

进一步对四个 U 形金属环之间的间距做了参数优化。如图 3-16 所示，显示了 EIT 工作单元结构随几何参数 D_x 和 D_y 变化的透射谱。可以看出，D_x 的变化不会影响 EIT 透明窗口的带宽，而减小 D_y 能够很显著的增加 EIT 效应的响应带宽同时振幅基本保持不变，原因是由于 D_y 的减小有利于增强 U 形金属环激发的磁场相互作用。U 形金属环自身的缺口大小 g 也对 EIT 效应有一定的影响。通过对这些参数的优化和模拟找到了最佳的几何参数 $D_x = 26\,\mu\mathrm{m}$，$D_y = 10\,\mu\mathrm{m}$，$g = 38\,\mu\mathrm{m}$，为最终在实验上实现主动宽带的 EIT 效应提高了宝贵的理论支持。

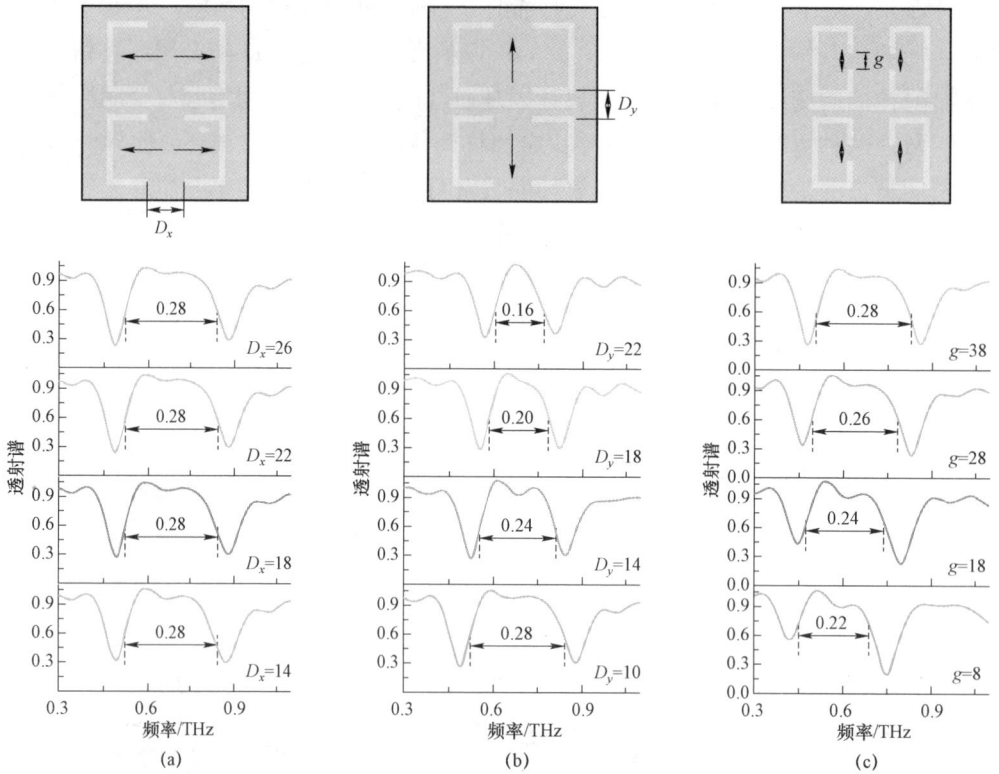

图 3-16　结构参数 D_x，D_y，g 对于宽带 PIT 的影响

3.2.3　样品加工与实验测试

光控宽带 EIT 电磁功能材料的样品整个加工的工艺包括传统的光刻工艺，刻蚀工艺，以及蒸镀工艺，具体的加工步骤如下。

第一步，SOS 基底上金属结构的加工。

甩胶：最好在甩胶之前，将清洗过的 SOS 基片用等离子去胶机处理，可增强基片表面对光胶的黏附性。采用的光刻胶为正胶 PR1-4000A，这种光胶的颜色较深，有利于显影过程中观察光胶的溶解效果。根据以往的经验，甩胶机的转速设定为 3 000 rpm，时间为 40 s，为了保证光胶的平整度，在设定转速时，使甩胶机有一个缓慢加速、匀速、减速的过程，缓慢加速是为了让光胶平铺到样品的每个角落，匀速是为了让光胶达到要求的厚度，减速则是为了防止甩胶机突然的制动导致样品飞出，并且有利于保护设备。光胶最终达到的厚度为 3 μm，然后在 100 ℃下烘烤 15 min，使光胶固化。

曝光：利用接触式光刻机对样品进行曝光，宽带光源 365～420 nm，最小的精度可达 0.7 μm，曝光时采用 vacuum contact，曝光的时间为 35 s。

显影：将曝光后的样品浸入到显影液 RD6 中，并轻轻的摇晃，在这个过程中，曝过光的光胶不断的溶解到显影液中，样品表面未被曝光的结构形状越来越清晰的显现，当表面由于厚度不均匀而出现的牛顿环被观察到时，再显影 5～10 s 即可显影完全，整个显影过程大概 50 s，之后用去离子水冲洗样品表面，并用干燥空气吹干完成整个光刻过程。

热蒸镀金属：蒸镀的金属为铝，厚度为 200 nm，在我们关心的波段内已大于该波段在金属的趋附深度。在此之前，最好也用等离子去胶机处理一下，主要是为了去除表面没有被显影掉的残余光胶，增加蒸镀的均匀性和光滑性。热蒸镀需要先对靶金属加热，此过程需要较长的时间。此外，热蒸镀出来的金属层致密性相比磁控溅射工艺的差，但容易剥离，如果用金属来做电极时，则一般选用磁控溅射方法。

剥离：将样品放入到装有丙酮溶液器皿中，并使器皿放到超声环境下，剥离掉所有的光刻胶及其上面的金属，第一次时间为 15 分钟，如果没剥离干净，则再进行 5 分钟，直到剥离干净为止。

第二步，SOS 基底上表面硅结构的刻蚀。

甩胶：此处具体的操作过程与第一步相同，这里不再重复。

曝光：这里采用二次套刻的工艺，利用蒸镀工艺后在基底上留下的金属结构的对齐标，与第二块刻蚀硅结构的掩模版上的对齐标进行对准，在做多层结构时，掩模版的设计则需要注意上一层的结构的对齐标要比下一层的大一圈，一般为 3 μm，便于肉眼分辨。曝光和烘烤的操作过程与上一步一样。

显影：此处具体的操作过程与第一步相同，这里不再重复。

刻蚀：采用反应离子刻蚀（RIE）工艺，将 SOS 样品上没有光胶结构区域的硅刻蚀掉。用光胶作为保护层，光胶和硅的刻蚀速率之比为 1:50，SOS 上硅层的厚度为 500 nm，光胶的厚度为 3 μm。所以当硅层全部刻蚀完后，光胶有很大的剩余，刻蚀的气体为 SF_6，它对蓝宝石基底反应很小，刻蚀气体的气流量设置为 100，刻蚀的时间为 12 s。同时，金属结构下面的硅也被保护了下来，这时 SOS 表面除了有光胶和金属的区域外，大部分区域由淡淡的浅红色变成了透明色，这时表明硅已刻蚀完全。

清洗：将刻蚀好的样品放入到丙酮溶液中浸泡，去除上面起保护用的光胶，留下用来连接 U 形金属环的硅结构。

制作好的样品如图 3-17 所示，其表面的平整度和光滑性比较好，结构的几何尺寸与设计的尺寸在误差范围内基本一致，很好的达到了测试研究的要求。

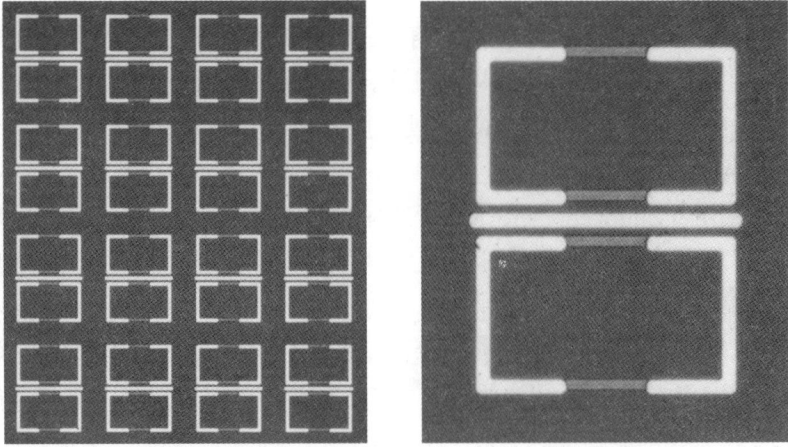

图 3-17 光控宽带的 EIT 样品显微镜照片

注意：为了使 SOS 上刻蚀的硅结构能够完全连接上相对的两个 U 形金属环，在做刻蚀硅掩模版的时候，将硅结构的尺寸在 x 方向上左右各多留出 2.5 μm。

本实验采用光泵太赫兹探测实验系统（OPTP），实验示意图如图 3-18 所示。实验中采用一块裸的蓝宝石基片来作为 EIT 样品的参考信号。随着泵浦光功率的逐渐增加，样品的时域和频域响应也都在不断的变化，样品的透过率定义为 $|\tilde{t}(\omega)| = |\tilde{E}_S(\omega)/\tilde{E}_R(\omega)|$，其中 $\tilde{E}_S(\omega)$ 和 $\tilde{E}_R(\omega)$ 分别为样品和参考信号的频谱，实验测得的透过样品的时域波形和归一化后的振幅频谱如图 3-19（a）和图 3-19（b）所示。可以很清晰的看到，随着泵浦光功率的逐渐增加，样品的频谱透射强度逐渐变小，带宽却保持不变。当泵浦功率增加到 800 mW 时，宽带的 EIT 透明窗口基本消失，而当光能量达到 1 200 mW 时，整个频谱只剩下一个较宽的局域表面等离子谐振谷。整个宽带 EIT 透明窗口的振幅在光控下能够实现从 91% 调制到 55%。此外，还可以进一步观察到一个有意思的现象，在无光照时，样品的时域波形主脉冲后有很多的小振荡，这些振荡随着泵浦光功率的增加，振荡的幅度逐渐减小。与此同时，在频域上，透射窗口的强度也随光能量的增加也减小，从中可以做出这样的判断，透明窗口所对应的频段也正是这些次脉冲振荡波形傅里叶变换后的频谱，这些频段的信息在光照控制下实现了群速度的改变，因而在时域上，EIT 效应能够产生减慢波的传播速度的特性，从而实现波束的控制和整形，这种慢光效应是伴随着 EIT 效应的产生和消逝。

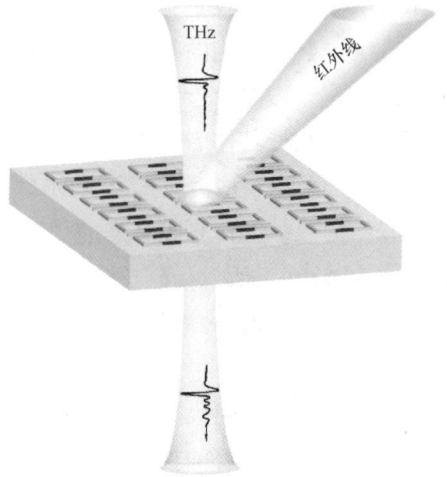

图 3-18 实验测量的示意图

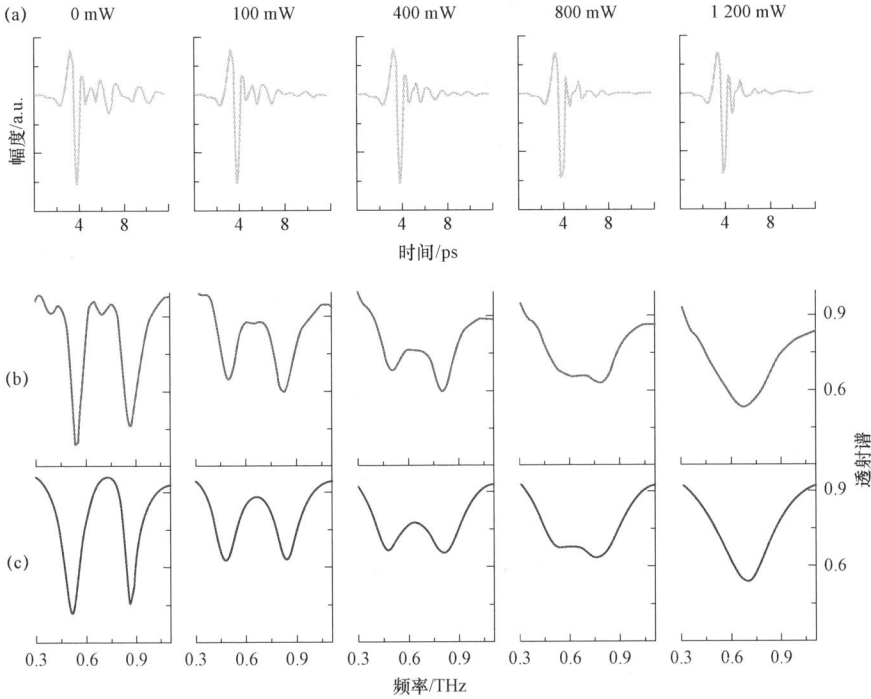

图 3-19　光控宽带 EIT 样品的实验结果

（a）太赫兹时域谱信号；（b）归一化的频谱；（c）样品透射频谱的拟合结果

3.2.4　理论模型分析与验证

为了弄清楚主动宽带 EIT 样品的调制机制，理论上使用耦合的洛伦兹谐振模型来理论解释宽带 EIT 工作单元结构在光泵激发下明模与暗模之间的动态耦合特性。与量子物理中的三能级系统相似，如图 3-20 所示，整个模型涉及一个基态|0＞，两个激发态|1＞和|2＞，分别代表明模和暗模，允许的跃迁方式|0＞－|1＞意味着明模可以被入射电场直接激发，而禁止的跃迁方式|0＞－|2＞意味着暗模不可以被入射电场所直接激发，只能通过|0＞－|1＞－|2＞来间接激发，|1＞－|2＞代表明模与暗模之间的谐振耦合，由于激发态|2＞处于亚稳态，有跃迁回激发态|1＞的趋势，因而整个系统存在两种激发方式|0＞－|1＞和|0＞－|1＞－|2＞－|1＞，两种作用方向相反，相互抵消，并且能够大大抑制辐射的损耗，反映在透射频谱上则表现为谐振频率位置处出现一个较强的透射峰，同时电场和表面电流集中分布在暗模上，这是 EIT 现象的典型特征。

中央金属棒（明模）与 U 形金属环（暗模）之间的谐振以及耦合作用可以用以下的方程来表述：

$$\ddot{x}_1 + \gamma_1 \dot{x}_1 + \omega_0^2 x_1 + \kappa x_2 = gE$$
$$\ddot{x}_2 + \gamma_2 \dot{x}_2 + (\omega_0 + \delta)^2 x_2 + \kappa x_1 = 0$$

（3-8）

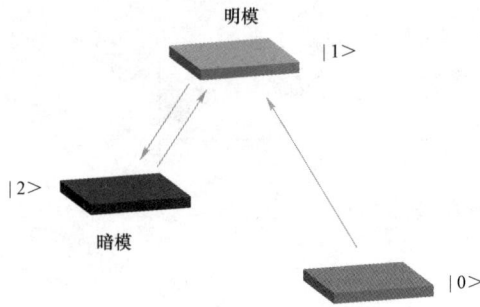

图 3-20　EIT 耦合的洛伦兹谐振模型可以等效为三能级系统

其中，x_1、γ_1 和 x_2、γ_2 分别代表明模和暗模谐振器的振幅和阻尼率，$\omega_0 = 2\pi \times 0.66$ THz 和 $\omega_0 + \delta = 2\pi \times 0.71$ THz 则分别是明模和暗模的谐振频率，δ 是 U 形金属环和金属棒谐振频率之差，一个很小的值 0.05 THz，κ 是两个模式之间的耦合系数，g 是代表明模与入射电场 E 之间的耦合系数，由于暗模不能由入射电场所直接激发，所以等式的右侧为 0，对公式（3-8）求解，可得

$$\tilde{x}_1(\omega) = \frac{gB}{AB - \kappa^2} E \tag{3-9}$$

其中

$$A = -\omega^2 + i\omega\gamma_1 + \omega_0^2$$
$$B = -\omega^2 + i\omega\gamma_2 + (\omega_0 + \delta)^2$$

样品的电磁极化率可以表达为 $\tilde{\chi}_e = P / \varepsilon_0 E \propto x_1 / E$，把公式（3-9）代入后能够将样品的电磁极化率 χ_e 用参数 γ_1、γ_2、δ、κ、g 来表示。厚度为 d 的 EIT 结构面极化率为 $\tilde{\chi} = \tilde{\chi}_e / d$。根据等效介质理论，EIT 结构层的厚度足够的薄，需要用法布里–珀罗多次干涉理论来求解 EIT 结构层的透过率，可以表达为

$$|\tilde{t}_{\text{EIT-Layer}}(\omega)| = \left| \frac{4n_{\text{EIT}} \exp(i\omega d n_{\text{EIT}} / c)}{(n_{\text{EIT}} + 1)(n_{\text{EIT}} + n_{\text{Sap}}) - (n_{\text{EIT}} - 1)(n_{\text{EIT}} - n_{\text{Sap}}) \exp(i2\omega d n_{\text{EIT}} / c)} \right| \tag{3-10}$$

实验中使用裸的蓝宝石作为参考信号，空气–蓝宝石界面的透过率通过菲涅尔公式来得到：

$$\left| \tilde{t}_{\text{Air-Sap}}(\omega) \right| = \left| \frac{2}{n_{\text{Sap}} + 1} \right| \tag{3-11}$$

公式中的 $n_{\text{EIT}} = \sqrt{1 + \tilde{\chi}}$ 和 $n_{\text{Sap}} = 3.42$ 分别为 EIT 层和蓝宝石基底的折射率，c 为真空中的光速。由于厚度 d 远小于入射的太赫兹波长，所以可以对公式（3-10）中的 $d \to 0$ 取极限，并化简为：

$$\lim_{d \to 0} |\tilde{t}(\omega)| = \lim_{d \to 0} \left(\frac{\left| \tilde{t}_{\text{EIT-Layer}}(\omega) \right|}{\left| \tilde{t}_{\text{Air-Sap}}(\omega) \right|} \right) = \left| \frac{c(1 + n_{\text{Sap}})}{c(1 + n_{\text{Sap}}) - i\omega\tilde{\chi}_e} \right| \tag{3-12}$$

由公式（3-12）所拟合的光控宽带 EIT 样品的透射率如图 3-19（c）所示，在不同能量的光

照激发下，理论计算所得的曲线与实验测得曲线相吻合。随光泵能量变化其拟合的各参数值如表 3-1。我们从中能够看出一定的规律，明模的阻尼系数 γ_1，明模与暗模谐振频率之间的差值 δ，以及两种模式之间的耦合系数 κ 随泵浦光功率的增加变化趋势均不明显，而只有暗模的阻尼系数 γ_2 变化异常剧烈，光泵浦的功率变化从 $0\sim1\,200$ mW，相应的 γ_2 从 0.025 迅速增加到了 0.871。这一结果表明光能量的增强能够增大四个 U 形金属环自身的辐射损耗，从而抑制了暗模的谐振激发，最终导致明模与暗模之间的相消干涉作用被破坏，从而实现了宽带 EIT 透射强度的主动控制。

表 3-1　不同的光激发下由耦合的洛伦兹模型计算所得的参数

光泵浦/mW	γ_1 /rad·ps^{-1}	γ_2 /rad·ps^{-1}	κ/ rad^2·ps^{-2}	δ/ rad·ps^{-1}
0	0.095	0.025	0.233	0.061
100	0.101	0.135	0.232	0.011
400	0.091	0.275	0.234	0.010
800	0.084	0.421	0.223	0.013
1 200	0.089	0.871	0.221	0.013

3.2.5　群速度计算与慢光效应分析

慢光性质是 EIT 效应所产生的另一个显著的特点，而主动的控制慢光特性一直以来是当前的研究热点，利用 EIT 效应来实现慢光已成为控制光束的一种有效途径。通过测量太赫兹波透过样品时的群延迟时间 Δt_g 来表征慢光效应的效果，

$$\Delta t_g = \frac{d}{v_g} = d\frac{\mathrm{d}k}{\mathrm{d}\omega} = \frac{\mathrm{d}\varphi}{\mathrm{d}\omega} \tag{3-13}$$

由公式（3-13）可得，在不同的泵浦光能量下，测得的样品透过率中相位信息对频率取微分运算来求出此时的群延迟时间，用这种方法来计算解决了 EIT 工作单元结构等效介质层的厚度无法精确估算的问题。用 $\Delta t_g^{\text{EIT}} - \Delta t_g^{\text{Air}}$ 来表示太赫兹波通过相同厚度的 EIT 样品和空气后的延迟时间差，在 EIT 透明窗口内频率 0.64 THz 处，延迟时间高达为 5.21 ps，相当于波在自由空间中传播了 1.56 mm 的距离。随着光泵能量的逐渐增加，慢光特性逐渐消失，当光泵能量达到 1 200 mW 时，EIT 样品表现出了局域化表面等离子体振荡的群延迟特性。如图 3-21 所示，有实验测得的结果与模拟计算的结果基本一致。实验中透明窗口中心出现的谷包可能是由于样品的加工尺寸与理论设计结构尺寸有一定差异所致。此外，设计的宽带 EIT 结构在无光照情况下的慢光效应所造成的延迟时间比文献[198]要小，也说明了 EIT 的带宽越宽，慢光效应变弱，即对光的束缚能力变小。

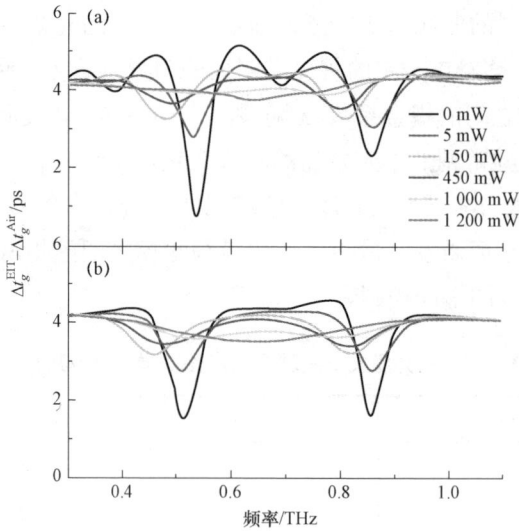

图 3-21　光控宽带群延迟

（a）实验结果；（b）根据公式（3-13）计算的理论结果

　　本节提出了一种在太赫兹波段下可以实现光控的宽带电磁诱导透明电磁功能材料，该材料的单元结构是由一根中央的金属棒以及环绕其四周的四个 U 形金属环组成，并且该结构加工在 SOS 基底上，硅层被刻蚀成了结构镶嵌在 EIT 工作单元结构中，宽带透明窗口的振幅随光照能量的增加实现了动态的操控。理论与数值模拟的结果显示了主动调制的机制主要归结于暗模 LC 谐振激发在光照下逐渐被抑制，从而阻碍了明暗模之间的谐振耦合作用。此外，还对该样品的慢光特性做了研究与分析，该材料的提出在主动器件的设计以及非线性光学、滤波、传感等方面，具有较大的应用前景。

3.3　光控频率可调谐的电磁诱导透明效应

　　上节所介绍的利用人工微结构实现等效的 EIT 现象拥有工作频率可自由设计以及不需要苛刻的实验条件等优点，已经在可见光、太赫兹以及微波频段都成功地得到了理论和实验的证明，并且观测到了显著的慢光效果，这些研究成果引起了众多研究团队的兴趣。基于对 EIT 效应实现过程中明暗模谐振器之间的耦合机理的深度解析后，研究人员将一些主动的材料（如液晶、光敏硅、YBCO、砷化镓、石墨烯等）嵌入到那些被动的人工微结构之中，通过改变外界条件，使得那些主动材料的物理特性（如电导率）发生变化，从而影响明暗模谐振器自身的谐振特性以及之间的耦合，最终实现对 EIT 效应的动态调制[202-208]。2012 年由天津大学太赫兹中心的谷建强等人开创性地将金属微结构与光敏硅组合在一起，利用在泵浦光下光敏硅的电导率升高逐渐呈现金属性的特点，实现了 EIT 透明窗口的开光调节，而且通过改变泵浦光的光功率还实现了慢光的动态调谐[198]。

目前大多 EIT 的主动控制工作主要集中在调节 EIT 特征频率的振幅，即透明窗口和慢光效应由开到关的控制，很少工作有报道 EIT 特型频率的动态调制。本节首先利用电磁仿真对以一个金属棒和两个 U 形金属环为 EIT 工作单元的结构组合进行了设计，金属棒作为明模，两个 U 形金属环作为暗模，分别分析了各自谐振频率随几何参数的变化关系，通过参数优化得到了一个窄带的 EIT 透射峰，然后将光敏硅分别巧妙地嵌入到金属棒和两个 U 形金属环的结构之中，通过改变泵浦光功率使得明暗模谐振器的谐振频率同时产生了等间隔的偏移，这样就在新的频率处重新得到了一个窄带的 EIT 透射峰。之后，通过传统的光刻、刻蚀和蒸镀工艺来进行对样品的加工，样品的测量依旧采用光泵太赫兹探测实验系统（OPTP），其测量的结果与模拟的结果非常的吻合。这种室温下便可实现的超快全光调节具有非常大的潜力应用于无线通信中信号的频率调制器件[209]。

3.3.1　频率可调谐 EIT 的结构设计与电磁仿真

如图 3-22 所示，使用全波电磁仿真设计软件 CST 进行仿真建模，用来实现 EIT 效应的金属棒（Cut Wire，CW）和 U 形金属环结构（U-shaped Split-ring Resonator，USR）的几何参数为 $l = 75\ \mu m$，$w = 5\ \mu m$，$a = 36\ \mu m$，$b = 25\ \mu m$，$s = 8\ \mu m$，$d = 25\ \mu m$，周期 $px = 100\ \mu m$，$py = 110\ \mu m$。整个结构以蓝宝石上硅 SOS 作为基底，即在 495 μm 厚度的蓝宝石上有 0.5 μm 厚的未掺杂本征硅，蓝宝石和硅分别被设置为介电常数 $\varepsilon_{sapphire} = 9.48$ 和 $\varepsilon_{Si} = 11.7$ 的无损介质，金属微结构的材料设置为电导率为 $3.72 \times 10^7\ S \cdot m^{-1}$ 的金属铝。仿真计算时的设置采用时域求解器，沿 x 和 y 方向的边界条件设为周期性边界条件，z 方向为理想匹配层 open 边界条件，采用平面波作为激发源从 $-z$ 方向即基底的一侧入射，偏振方向沿着金属棒的长边方向，在 $+z$ 方向即金属结构的一侧距离结构表面约为 1 500 μm 的位置处放置探针（Probe）来获取透射谱信息，金属棒和 U 形金属环结构的谐振特性可以通过在谐振频率处设置场监视器（Field Monitor）来获取电场分布。

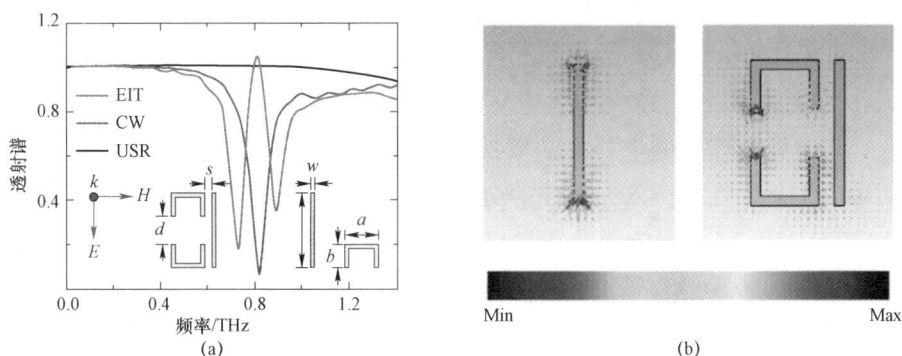

图 3-22　窄带 EIT 效应的仿真设计示意图及场分布
（a）明暗模谐振器和 EIT 结构的示意图和透射谱；（b）EIT 谐振频率的场分布结果

金属棒谐振器作为明模，当偏振方向沿金属棒长边方向的太赫兹波入射会激发出金属棒的电偶极子谐振，表现为其单独存在时透射谱会在 0.81 THz 频率处有一个吸收谷；而在相同偏振入射波情况下，作为暗模的两个 U 形金属环结构单独存在时与太赫兹波相互作用后，在 0.81 THz 频率附近处没有表现出明显的谐振特性；将金属棒和两个 U 形金属环组合在一起形成 EIT 工作单元时，同样的偏振方向入射时会在原先的吸收谷频率位置处打开一个透明窗口，这样就成功的利用人工微结构的耦合实现了 EIT 效应。通过观察谐振频率处的场分布情况，可以清晰的发现作为明模的金属棒单独与入射光相互作用时，其两端的电场局域性最强，这是电偶极子谐振特性的典型表现；而在 EIT 工作单元中金属棒与入射波相互作用时存在两种激发路径，第一种是入射光与金属棒直接耦合激发电偶极子谐振入射光→金属棒，第二种是借助近场耦合效应，入射波→金属棒→U 形金属环→金属棒，但两种激发路径发生了干涉相消导致金属棒的电偶极子谐振特性并未表现出来，而是 U 形金属环通过近场耦合激发出了 LC 谐振，表现为在两条侧臂的末端有明显的电场增强。基于以上的谐振特性以及场分布分析，如果将光敏硅放置在那些电场增强的地方，通过增加泵浦光能量使得光敏硅逐渐由介质性转变为金属性，即等效为谐振器在这些位置的有效长度增大，这势必会改变明暗模谐振器的谐振频率，使得金属棒和 U 形金属环的谐振频率会同时向低频移动，从而使得 EIT 的特征频率也向低频移动。

基于上述的分析和讨论，如图 3-23 所示，在金属棒和 U 形金属环的末端分别放置长为 8 μm，宽为 5 μm 的光敏硅，通过参考本章前两节基于 SOS 光控的工作，在仿真计算中设置光敏硅在增加光泵浦能量过程中其电导率从 1 变到 50 000 S·m^{-1}，即表征光敏硅从介质性逐渐转变为金属性。值得注意的是，这里利用 U 形金属环在 x 偏振入射波激发下产生的 LC 谐振变化等效其在近场耦合过程中的谐振特性变化，虽然二者的激发存在细微的频率差异，但仍然可以用来表征光泵过程中暗模的频率变化。从仿真结果能够清楚地看出光敏硅电导率从 1 逐渐增加到 50 000 S·m^{-1} 时，明暗模谐振器的谐振强度都是先减弱后增强，并且伴随着谐振频率显著地向低频移动。这种变化过程可以解释为光敏硅的电导率刚开始增强的时候阻尼较大，即光敏硅的欧姆损耗较大，导致谐振器的谐振强度减弱，随着光敏硅的电导率继续增大，光敏硅的欧姆损耗逐渐减小，谐振强度也逐渐由弱变强，同时谐振电场也逐渐向光敏硅位置处局域。经过优化明暗模谐振器和光敏硅的几何参数，可以做到在改变电导率的情况下明暗模谐振各自谐振频率的偏移量基本一致，均为 0.12 THz。当把植入光敏硅的金属棒和 U 形金属环结构重新组合在一起构成新的 EIT 工作单元时，从仿真的结果可以清楚地看到光敏硅的电导率从 1 S·m^{-1}、7 000 S·m^{-1}、15 000 S·m^{-1} 变化到 50 000 S·m^{-1} 时，EIT 的特征频率从 0.81 THz 逐渐移动至 0.77 THz、0.73 THz、0.69 THz，从而证明了所提出方案的可行性。图中为了方便对比仿真结果，电导率为 15 000 S·m^{-1}、7 000 S·m^{-1} 和 1 S·m^{-1} 的频谱分别沿 y 轴上移了 0.6、1.2 和 1.8。

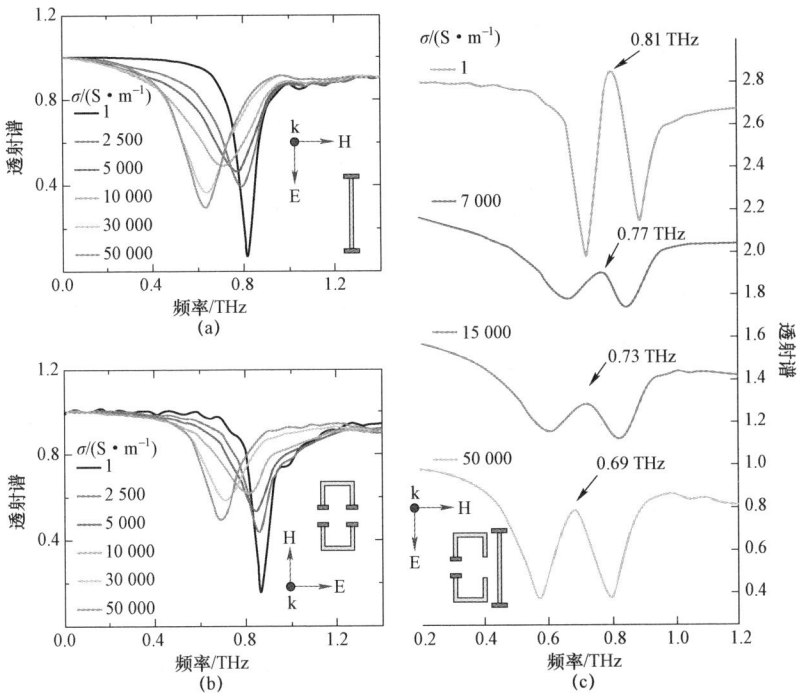

图 3-23 明暗模谐振器及 EIT 工作单元在光敏硅电导率变化下的透射谱

（a）金属棒 CW 的透射谱；（b）U 形金属环结构 USRs 的透射谱；（c）EIT 工作单元的透射谱

3.3.2 样品加工与实验测试

经过仿真设计确定了最终 EIT 工作单元的几何参数后，利用传统的光刻工艺来制备样品。图 3-24 给出了样品的示意图，蓝色部分代表 SOS 基底，黄色部分代表用金属铝做的明暗模谐振器 CW 和 USRs，橙色部分代表光敏硅。整个加工工艺流程需要进行二次套刻工艺，第一次光刻工艺主要是在 SOS 基片上直接蒸镀明暗模金属谐振器，并在基片的边缘位置处留下对齐标志，如图 3-24（b）所示，具体的加工流程为：

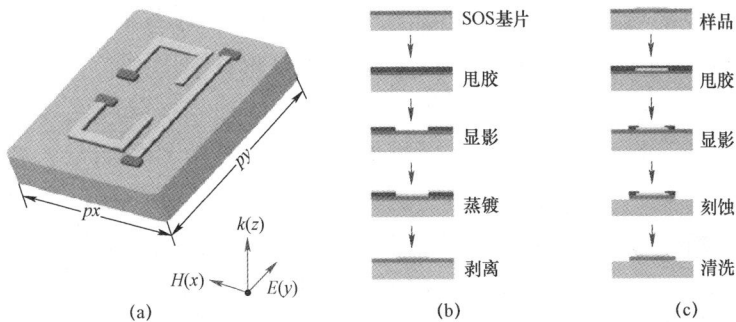

图 3-24 样品示意图及加工流程

（a）最终加工完的样品示意图；（b）第一次光刻蒸镀金属结构；（c）第二次光刻刻蚀光敏硅结构

（1）制作掩模版 1，其目标结构是图 3-24 中的黄色金属部分以及对齐标 1；

（2）清洗 SOS 基片，使用丙酮、异丙醇、去离子水进行循环冲洗，并用干燥气枪吹干表面；

（3）在 SOS 基片上旋涂光刻胶，采用正胶，并烘烤直至光刻胶性质趋于稳定；

（4）将掩模板 1 和涂有光刻胶的 SOS 基片置于光刻机中曝光，有金属结构区域的地方光刻胶被曝光；

（5）显影，将曝光后的 SOS 基片置于显影液中，被曝光的光刻胶被溶解，之后用去离子水冲洗后吹干；

（6）利用蒸镀机在 SOS 基片上蒸镀 200 nm 厚的金属铝，其中显影区域金属铝直接镀在基片上，而其他区域金属铝镀在了光刻胶上；

（7）剥离，将蒸镀好的基片置于丙酮溶液中，并一起放在超声机上，由于光刻胶会溶解到丙酮中，因而会将其上面的金属铝剥离下来；

（8）用异丙醇和去离子水冲洗好上面的基片并吹干表面。

第一步光刻工艺结束后成功地将目标金属结构加工在了 SOS 基片上，包括金属棒和 U 形金属环结构，以及对齐标结构；第二步光刻工艺则是根据对齐标志精准曝光留下设计的光敏硅结构，刻蚀掉剩余的硅，如图 3-24（c）所示，具体的加工流程如下：

（1）制作掩模版 2，其目标结构是橙色光敏硅部分以及对齐标 2，对齐标 2 和对齐标 1 能够完美的匹配；

（2）在 SOS 基片上旋涂光刻胶，采用负胶，并烘烤直至光刻胶性质趋于稳定；

（3）将掩模版 2 和涂有负胶的 SOS 基片置于光刻机中曝光，观察并平移样品，直到掩模版 2 的对齐标 2 与样品上的对齐标 1 完全匹配后曝光，这时目标光敏硅结构区域上面的光刻胶被曝光；

（4）待负胶进行烘烤定性后，浸入到相应的显影溶液中将未被曝光的光刻胶完全清洗掉，并用异丙醇和去离子水冲洗后吹干；

（5）刻蚀 RIE，由于金属结构和光刻胶可以充当保护层，能够保护其下面的光敏硅不被刻蚀，而其他区域的光敏硅全部被刻蚀掉；

（6）用丙酮去除掉光刻胶，并用异丙醇和去离子水冲洗基片后吹干，得到最终的样品。

最终加工完成的样品如图 3-25（a）所示，实验测量采用前面已经介绍过的光泵太赫兹探测实验系统（OPTP）。值得注意的是，800 nm 的飞秒泵浦光脉冲和太赫兹脉冲一起照射到样品上，前者的光斑覆盖区域要大于太赫兹信号的测量区域，而且泵浦光与光敏硅相互作用后产生的光生载流子寿命大约是 2 ns，太赫兹脉冲的周期是 1 ms，这就需要调节泵浦光路使得太赫兹脉冲信号作用到样品上时务必得在光生载流子的寿命以内。由于在 1 300 mW 功率的泵浦光作用下裸 SOS 基片上光敏硅的电导率能够达到 50 000 S·m^{-1}，基本呈现金属性，因而探测的太赫兹信号会几乎完全消失，通过调节泵浦光路的光程来实现对太赫兹信号的调节，进而确定太赫兹信号是在光生载流子寿命之内通过样品的。此时固定好泵浦光的光路只改变泵浦光的功率，测量 EIT 样品的太赫兹时域信号。

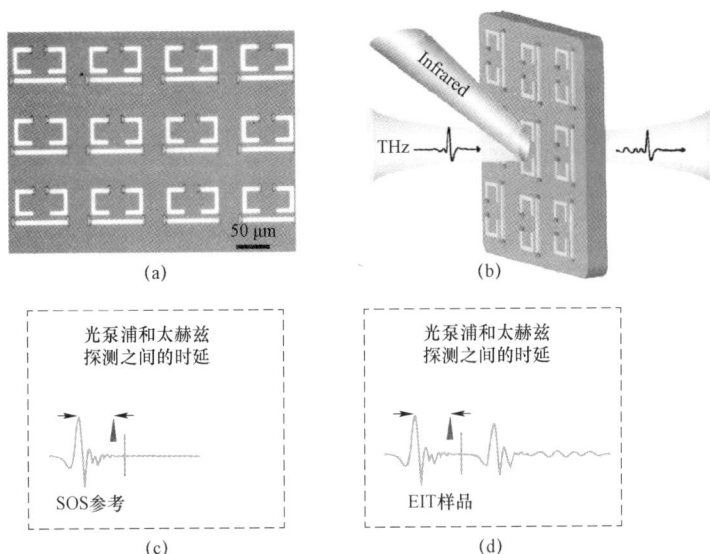

图 3-25 光控频率可调谐 EIT 样品实物及测量
（a）样品 SEM 照片；（b）实验测量示意图；（c）裸 SOS 基片在光泵下的太赫兹信号；
（d）EIT 样品在光泵下的太赫兹信号

3.3.3 测量结果分析与群延时计算

如图 3-26 所示，实验中一块裸的蓝宝石基片和 SOS 基片不加光泵时的太赫兹时域信号基本一致，二者均可以作为 EIT 样品的参考信号，从实验测得的参考信号可以很清楚地看出太赫兹主脉冲信号之后较为平坦，说明对太赫兹波的调制较小。之后测量 EIT 样品在泵浦光功率分别为 25 mW、200 mW、1 300 mW 时的信号，能够看出这些信号在主脉冲之后有明显的调制，对应 EIT 特征频率的慢光效应以及随泵浦光能量变化下 EIT 特征频率的偏移。对这些时域信号分别做傅里叶变换得到频谱信息，样品的透过率定义为 $|\tilde{t}(\omega)|=|\tilde{E}_S(\omega)/\tilde{E}_R(\omega)|$，其中 $\tilde{E}_S(\omega)$ 和 $\tilde{E}_R(\omega)$ 分别为不同泵浦光情况下样品信号和参考信号的频谱。由于经过傅里叶变换处理后得到的是与频率相关的复数，因此该信息同时包括了振幅信息和相位信息。图 3-27 给出了不同情况下透射信号额振幅信息，在不加光泵时，EIT 样品的特征频率出现在 0.82 THz，随着泵浦光功率的逐渐增加，EIT 样品的透明窗口在振幅保持基本不变的情况下，特征频率逐渐向低频移动，即泵浦光能量在 25 mW、200 mW、1 300 mW 分别对应 EIT 特征频率 0.79 THz、0.76 THz、0.74 THz，成功实现了 EIT 效应的主动调频（为了方便对比结果，泵浦光功率为 0、25 mW、200 mW 的频谱分别沿 y 轴上移了 0.6、1.2 和 1.8）。

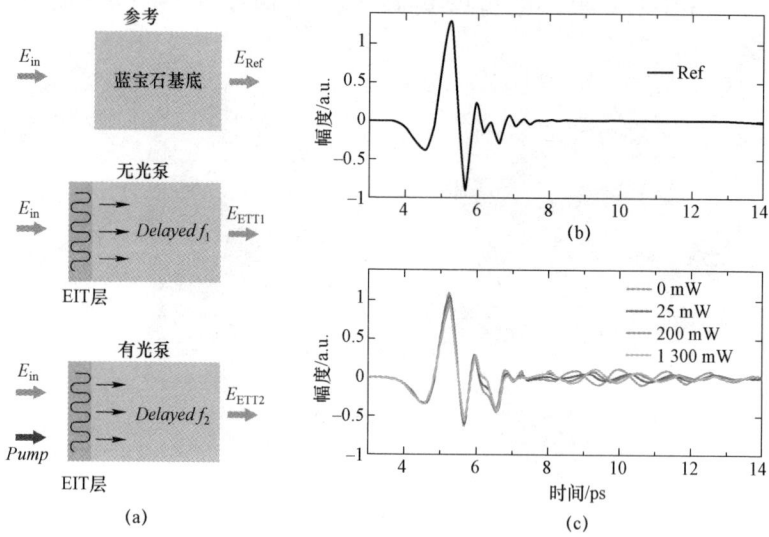

图 3-26　不同样品测量示意图及时域信号

（a）三种样品的测量示意图；（b）裸的蓝宝石基片的太赫兹时域信号；
（c）EIT 样品在改变泵浦光功率下的太赫兹时域信号

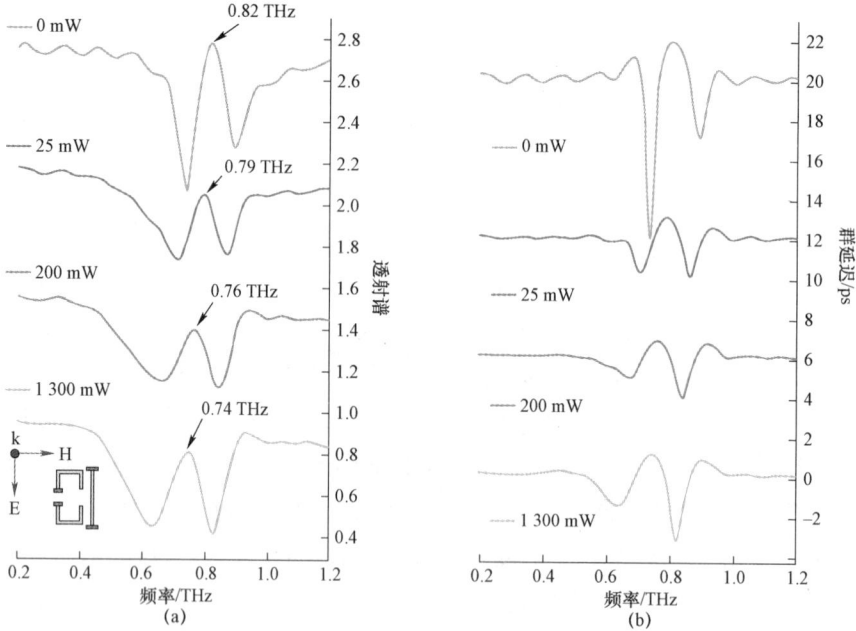

图 3-27　不同光泵浦能量下时域信号的数据处理

（a）频谱信息；（b）群延时

值得注意的是，与前面一节介绍的宽带 EIT 主动调制的太赫兹时域脉冲信号不同的是，主动调频 EIT 样品在不同泵浦光能量作用下测得太赫兹时域主脉冲后的振荡调制信息不会随着泵浦光能量的增加减小振荡的幅度，而是这些次脉冲的振荡波形会随着泵浦光能量的增加而发生平移，对应到频谱信号上则是 EIT 特征频率的平移，这是 EIT 调幅与 EIT 调频效果的显著差异。与此同时，EIT 效应产生的慢光现象也在发生特征频率的偏移，可以用群延时 Δt_n 来定量描述：

$$\Delta t_n = \frac{\partial \arg(E_n/E_{\text{ref}})}{\partial \omega} \tag{3-14}$$

其中 $n = \{0, 25, 200, 1\,300\}$ 代表不同的泵浦光能量，$\omega = 2\pi f$ 是角频率，从计算结果可以看出 EIT 特征频率处的群延时明显大于其他频率，即对应慢光效应。随着光泵浦功率的增加，慢光响应频率逐渐向低频移动，这也直接证明了所设计的 EIT 样品能够实现慢光效应的主动调频（为了方便对比结果，光泵浦功率在 0、25 mW、200 mW 的群延时结果分别沿 y 轴上移了 6 ps、12 ps、20 ps）。在整个主动调制过程中，群延时的峰值均在 1 ps 以上，其慢光效果与之前报道的太赫兹 EIT 调幅样品可比拟。此外，所设计的 EIT 样品在调制速度方面受限于光敏硅在泵浦光激发产生的光生载流子寿命，为了实现更高速度的调制，可以使用载流子寿命更短的材料如低温砷化镓和离子注入的硅或石墨烯等。

本节提出了一种在太赫兹波段下可以实现光控频率可调谐的电磁诱导透明电磁功能材料，该材料的主要特点是将光敏硅结构嵌入到传统 EIT 工作单元中明暗模结构谐振最强的位置，通过改变泵浦光功率，在实现改变明暗模谐振频率的同时主动调制 EIT 的特征频率，并同时保持了 EIT 透明窗口的峰值基本不变。通过光刻工艺样品加工以及实验系统的测量，证明了该设计方案的有效性。此外，还进一步分析了光控 EIT 调频和 EIT 调幅的区别在于太赫兹时域主脉冲信号后边的次脉冲振荡不会随着泵浦光能量的增加而消失，而是在时域上发生了平移。最后，还计算了调频 EIT 样品在慢光效应方面的动态调制效果，并分析了提高调制速度的有效方案。这种捷变频的慢光电磁功能材料有非常大的希望应用于未来的太赫兹无线通信中，作为滤波器或频率调制等关键功能器件。

3.4 强太赫兹场调控石墨烯复合体系的模式耦合

石墨烯具有超高的电子迁移率，良好的机械性能、导热性能以及均匀的宽带光谱吸收等特性，其载流子浓度、迁移率和费米能级是决定石墨烯电学性质的重要参数[210,211]。石墨烯对电磁波的吸收主要来源于载流子的带内跃迁和带间跃迁，带内跃迁引起的电导率为 σ_{intra}，带间跃迁引起的电导率为 σ_{inter}，总的电导率为 $\sigma = \sigma_{\text{intra}} + \sigma_{\text{inter}}$。受不同太赫兹电场强度作用下的石墨烯电导率不同，太赫兹电场强度越高，石墨烯电导率越低，此时太赫兹透过率越高，该性质与石墨烯的初始费米能级是否远离狄拉克点无关，即与有无外界光泵浦作用无关。将石墨烯与人工微结构相结合，利用石墨烯电导率随外界光泵浦、偏压以及强太赫兹泵浦作用下电导率可调谐的性质，实现主动式的电磁功能材料[212-214]。本节介绍石墨烯和金属人工微结构所组成的局域表面等离激元体系，在强的太赫兹电场泵浦下，调控石墨烯的电导率，进而调节复合体系中的模式谐振强度与近场耦合，有助于设计强太赫兹电场调控下的电磁功能器件[215]。

3.4.1　石墨烯复合结构样品设计与实验

采用的人工微结构是三个开口的金属方环级联在一起，中间金属方环的开口方向与两侧方环的开口方向成 90°，如图 3-28 所示，基底材料为蓝宝石 SOS，厚度为 450 μm，周期 $P=100$ μm，金属方环的几何参数为：边长 $L=28$ μm，线宽 $w=28$ μm，开口大小 $d=4$ μm。在金属结构上方铺有单层石墨烯，入射的太赫兹波电场方向沿着结构的长边方向。利用传统光刻工艺和蒸镀金属工艺加工了样品，并使用湿法转移的方法在样品表面上转移了单层石墨烯。石墨烯材料选用的是南京先丰纳米公司出品的覆盖有 PMMA 的铜基石墨烯，湿法转移工艺所采用的加工流程是先用金属刻蚀液体腐蚀掉金属基底，然后清洗石墨烯并将其转移到目标基底上，通过烘烤去除水分，最后用丙酮溶液去除掉作为支撑物的 PMMA，用异丙醇冲洗干净并直至吹干[216,217]。将石墨烯转移到目标器件上并保持其优良的物理性能是制备石墨烯复合体系样品的关键技术。

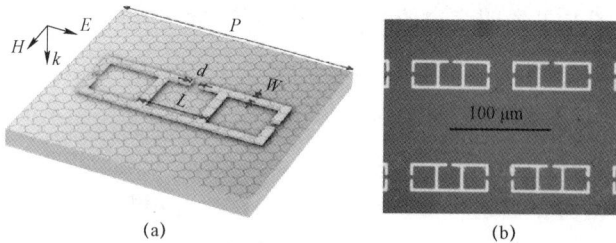

图 3-28　石墨烯复合结构示意图及样品照片
（a）结构的几何形貌与参数；（b）光学显微镜下的样品实物照片

利用拉曼光谱仪对转移好的石墨烯复合样品进行性能表征，如图 3-29 所示，图中虚线为测量数据，实线为洛伦兹模型拟合曲线，光谱仪的振荡级激光波长为 633 nm，共聚焦孔径 200 μm，物镜的放大倍数为 100，曝光时间为 20 s，采样 10 次。G 峰对应的波数为 1 586.0 cm⁻¹，2 D 峰对应的波数为 2 641.6 cm⁻¹，相应的半高全宽为 28.9 cm⁻¹，2D 和 G 峰的强度比值为 4.23，这些测量结果与已报道的蓝宝石上单层石墨烯的特征峰数据相吻合[218]，说明了单层石墨烯被成功

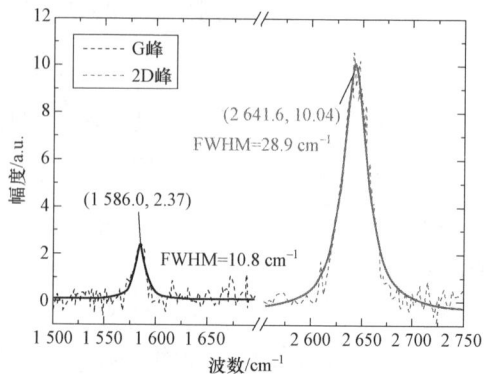

图 3-29　石墨烯复合结构样品的拉曼光谱图

地转移到了三开口金属谐振环样品上。

　　样品测试采用的是基于 LiNO₃ 晶体波面倾斜的太赫兹强场时域光谱系统，系统相关的细节参照本书第二章。测量过程中通过旋转最前面两个抛物面镜之间的太赫兹偏振片 P1 和 P2 可以获得在样品位置处不同电场强度的太赫兹波与样品相互作用，其中旋转 P1 的角度而保持 P2 的角度固定不变，目的是保证输出的太赫兹偏振方向始终沿竖直方向。结合太赫兹光斑大小，太赫兹时域波形以及太赫兹脉冲能量，估算得到太赫兹峰值电场强度为 305 kV/cm。如图 3-30 所示分别给出了三开口谐振环结构在没有转移单层石墨烯和转移单层石墨烯时不同太赫兹电场强度下的透射谱线，所有数据用相同厚度的裸蓝宝石测得的数据做归一化处理。在没有转移石墨烯的情况下透射谱有两个明显的谐振谷，分别是 0.45 THz 和 0.70 THz，而当转移石墨烯后这两个谐振强度明显减弱，已基本消失。需要注意的是，这里最弱太赫兹电场与样品相互作用的透射数据采用的是基于光电导天线的太赫兹时域光谱系统所测得，其中谐振频率为 0.45 THz 处的透射率从 0.38 变为 0.55，谐振频率为 0.7 THz 处的透射率从 0.57 变为 0.7，而两个谐振谷之间的透射峰强度从 0.92 变到了 0.71。当采用基于铌酸锂晶体波面倾斜的太赫兹强场时域光谱系统测试时，随着太赫兹电场强度的增加（61 kV/cm，165 kV/cm，305 kV/cm），原先那两个谐振谷频率处的振幅又逐渐减小，透射峰值强度逐渐增大，整体效果向没有石墨烯覆盖的情况逼近。

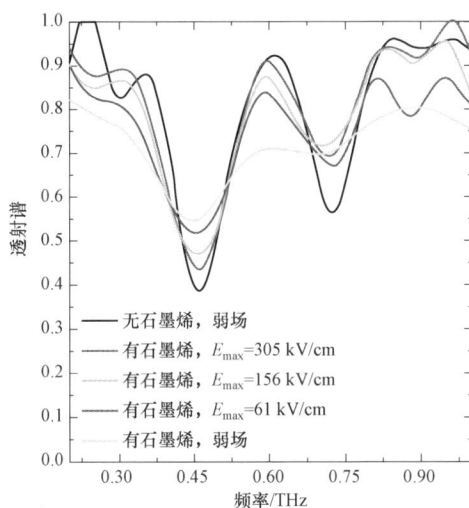

图 3-30　样品上有石墨烯和没有石墨烯情况下不同太赫兹场强度的透射率

　　为了解释样品在不同太赫兹电场强度下的调制效果，对蓝宝石基底上只有单层石墨烯的样品进行了相应测量，如图 3-31 所示，控制入射的太赫兹电场强度与前面测量的一致，能够明显的看出随着太赫兹电场强度的增加，样品透射率逐渐变大，在观察带宽 0.2～0.7 THz 范围内透射率平均变化量为 4%。进一步利用公式 $t = (1 + n_{sapp}) / (1 + n_{sapp} + Z_0 \sigma_g)$ 可以得到不同太赫兹电场强度下单层石墨烯的面电导率，如图 3-31（b）所示，其中 t 为透射率，蓝宝石基底的折射率 $n_{sapp} = 3.08$，空气的阻抗 $Z_0 = 377\ \Omega$，σ_g 是石墨烯的面电导率。随着太赫兹电场强度的增大，石墨烯的电导率逐渐降低，主要是因为石墨烯内部的晶格结构受强电场的作用下散射弛豫时间减小的缘故。

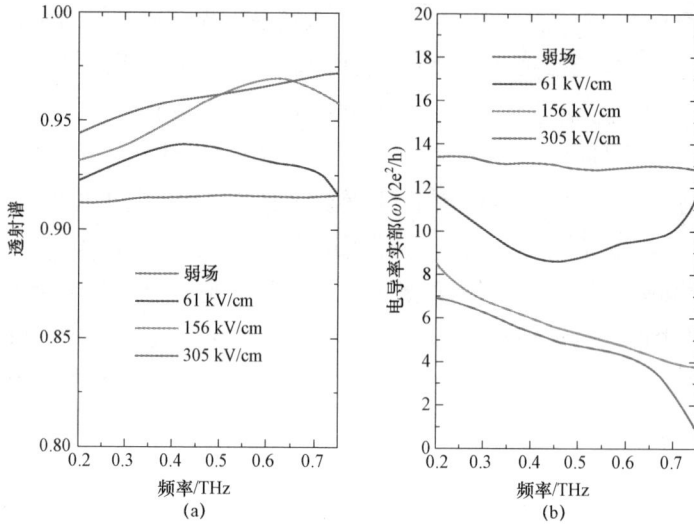

图 3-31　蓝宝石上只有单层石墨烯的实验结果
（a）透过率；（b）电导率实部

3.4.2　电磁仿真与模式耦合

为了阐明石墨烯电导率的变化对石墨烯复合体系下特征频率的振幅调制效果，利用 CST 电磁仿真软件对设计的结构进行了详细的仿真分析。图 3-32 分别给出了单、双、三开口方环结构在没有转移石墨烯情况下的仿真结果及其相应谐振频率处的磁场和电流分布。单个开口方环在外场的激发下会产生 LC 谐振，其谐振频率为 0.68 THz，两个开口方环的结构在外场的激发下会产生两个谐振模式，主要是由于它们中间金属臂的共用导致表面电流能够直接耦合，其中一个开口方环被外场激发后所产生的磁场穿过相邻的另一个开口方环，使得原先的谐振模式分裂成对称模式和反对称模式，其谐振频率分别为 0.57 THz 和 0.72 THz。插图中给出了金属结构上表面电流的方向，在对称模式中两个开口方环的电流环绕方向相同，以致磁偶极子方向一致；而在反对称模式中两个开口方环的电流环绕方向相反，以致磁偶极子方向相反，三个开口方环结构的谐振同样具有对称模式和反对称模式，由于方环的数量增加导致与外场的耦合作用增强，使得谐振的强度相比两个方环时的情况更大。同时对称模式下的谐振频率基本不变，而反对称模式下的谐振频率发生了红移，主要是因为三个开口方环的磁偶极子方向依次相反，中间环谐振强度更强的缘故。

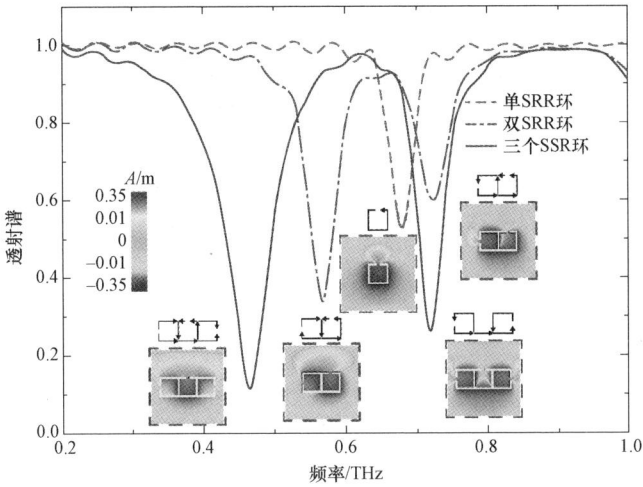

图 3-32　不同种情况下开口方环的透射率及相应谐振谷频率处的磁场和电流分布

　　其次在三开口谐振方环结构铺上单层石墨烯，通过设置石墨烯的散射弛豫时间来模拟不同太赫兹电场作用下石墨烯电导率的变化情况，来得到相应情况下石墨烯复合结构的透射率，如图 3-33 所示。其整体变化趋势与实验情况基本一致，石墨烯散射弛豫时间的减小意味着电导率逐渐降低，对称模式和反对称模式的谐振逐渐增强，对应谐振频率处的透射谷逐渐变深。值得注意的是，仿真结果相比实验中谐振频率处的谷更深，即便是在没有石墨烯覆盖的情况，这是由于测量过程中探测的太赫兹时域脉冲长度受到基底厚度的限制，在出现二次反射峰之前做了截断处理，因此对时域信号做傅里叶变换时相比仿真的时域脉冲短，造成了特征频率处信息的丢失。此外，将弱太赫兹电场下石墨烯的费米能级设

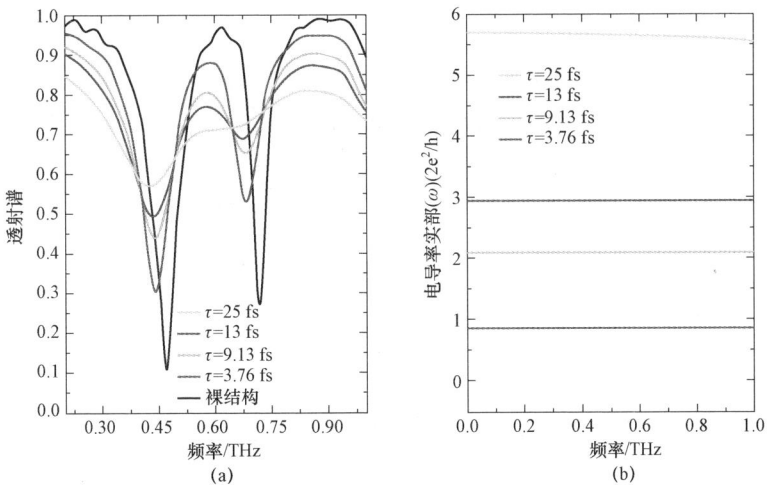

图 3-33　石墨烯复合结构的仿真结果

（a）随散射时间变化的透射率；（b）计算的电导率

为 0.15 eV，散射时间为 25 fs，随着太赫兹电场强度的增大石墨烯散射弛豫时间降低，这些规律与之前报道出来的文献相一致。当散射弛豫时间固定，费米能级变化如图 3-33（b）所示。电导率基本保持不变，由于真实样品在入射太赫兹电场强度变化下石墨烯的费米能级无法准确预估，仿真时只是通过改变散射弛豫时间来调节石墨烯的电导率。需要说明的是石墨烯复合结构仿真时的透射率大小取决于石墨烯电导率的大小。

为了进一步理解三开口谐振方环结构在无覆盖和有覆盖铺单层石墨烯情况下的透射频谱响应，图 3-34 分别给出了透射谱中两个谐振谷频率处和中间透射峰值频率处的表面电流分布以及电场分布的仿真结果。在透射峰值频率 0.6 THz 处的表面电流强度最弱，主要是因为与入射的太赫兹波相互作用最小导致透射率最高，而两个谐振谷频率处的表面电流强度较大，主要是由于与入射太赫兹电场相互作用产生了对称与反对称的谐振模式，同时导致透射率降低。在弱太赫兹电场入射下，由于石墨烯具有较高的电导率，会将金属方环结构中的开口位置处短路，无法激发 LC 谐振，同时电场分布的强度也较弱；随着入射太赫兹电场强度的逐渐增强，石墨烯的电导率逐渐降低，激发的 LC 谐振逐渐增强，这时电场在开口处表现出了局域增强的效果。因此，仿真结果证明了石墨烯在弱太赫兹电场作用下对开口方环具有短接作用，能够减弱开口方环的谐振以及方环之间的耦合，而强的太赫兹电场能够促使石墨烯电导率降低，从而抑制石墨烯的短接效果，恢复开口方环结构应有的谐振。

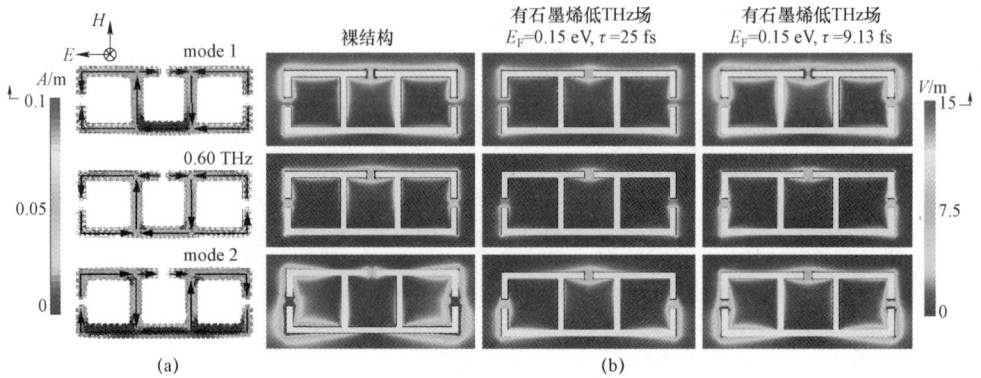

图 3-34　特征频率处的场分布

（a）表面电流分布；（b）电场分布

3.4.3　理论模型分析与验证

所设计的石墨烯复合结构可以用两个谐振子的洛伦兹耦合模型来进行分析，具体公式如下：

$$\ddot{x}_1 + \gamma_1 \dot{x}_1 + \omega_1^2 x_1 + \kappa_{12} x_2 = g \times E \tag{3-15}$$

$$\ddot{x}_2 + \gamma_2 \dot{x}_2 + \omega_2^2 x_2 + \kappa_{12} x_1 = 0 \tag{3-16}$$

其中，x_1 表示能被入射电场直接激发的中间开口环的明模谐振强度，x_2 表示两侧不能被入射电场直接激发的暗模谐振强度，γ_i、ω_i 分别为两个谐振模式的损耗和谐振频率，κ_{12} 为明模和暗模直接的耦合系数，g 为明模谐振和入射电场之间的耦合系数。谐振的损耗包括欧姆损耗、辐射损耗以及开口环处石墨烯的吸收损耗。由于所设计的结构厚度是亚波长的，可作为等效介质来看待，其电极化率 χ_e 可表示为：

$$\chi_e = \frac{g \times (-\omega^2 + i\gamma_2\omega + \omega_2^2)}{(-\omega^2 + i\gamma_1\omega + \omega_1^2) \times (-\omega^2 + i\gamma_2\omega + \omega_2^2) - \kappa_{12}^2} \tag{3-17}$$

根据等效介质理论，石墨烯、开口的金属方环和蓝宝石基底所组成的等效介质层厚度可认为非常的薄，入射的太赫兹波在这个等效介质层中会发生法布里-珀罗干涉，其透射率可表示成：

$$T = \left| \frac{c(1 + n_{\text{sapp}})}{c(1 + n_{\text{sapp}}) - i\chi_e} \right| \tag{3-18}$$

其中，c 为光速，$n_{\text{sapp}} = 3.08$ 为蓝宝石基底的折射率。将公式（3-17）带入公式（3-18）去拟合实验结果，得到如图 3-35 的计算结果。图 3-35（a）为计算得到的对应无石墨烯覆盖时复合体系的透射率，有石墨烯覆盖时复合体系在不同太赫兹电场强度下的透射率，图 3-35（b）为拟合所用的损耗系数和耦合系数。可以看出，石墨烯的覆盖增加了明模和暗模的损耗，同时也减小了明暗模之间的耦合，而强太赫兹电场的施加在一定程度上抵消了石墨烯的这种短接作用。

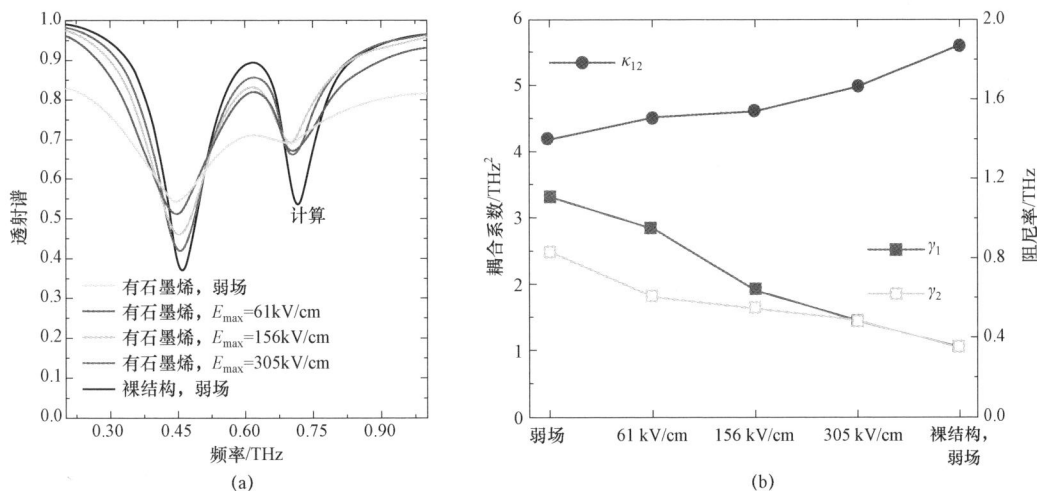

图 3-35　理论模型的拟合结果
（a）透射率；（b）拟合参数

本节介绍了强太赫兹电场调制下基于单层石墨烯–开口金属方环的复合结构的透射率变化情况，由于石墨烯电导率在强太赫兹电场泵浦下随电场强度的增大逐渐减小，能够使开口金属方环的谐振从原先的短接作用调控到后来的谐振增强。实验结果与电磁仿真、理论拟合结构很好的解释了动态的调控过程，证明了太赫兹入射场的强弱也是动态调控局域表面等离激元内部谐振模式耦合的有效手段。

第四章

局域型表面等离激元对远场的波前调控

　　形成局域型表面等离激元的人工微结构不仅可以通过调控结构单元之间的近场耦合来实现对远场辐射的调控，而且单元结构自身的几何参数以及材料参数对入射的电磁波有着更为丰富的电磁响应，在电磁波调控领域中扮演着非常重要的角色。其中，利用人工微结构对电磁波相位的调控被广泛应用于通信技术、图像处理、雷达和遥感，以及光学器件的设计，其新颖独特的调控方式推动了现代科技的发展，为各个科技领域的研究和应用带来了巨大的进步和创新。传统的光学元件对光束波前的控制依赖于在光的传播方向上相位的累积。例如，波片是通过控制入射波的偏振状态分别沿晶体的快轴和慢轴方向的相位差来控制出射波的偏振状态，也包括全波片、二分一波片和四分之一波片等；透镜是通过控制物平面上任意一点发出的光以不同路径经过透镜后到达其对应在像平面上的像点的总相位相同来控制光的出射波面，如聚焦，发散和成像等。基于这一概念做成的器件还包括棱镜，光栅，空间光调制器，以及全息片，实现对光束的色散、衍射、成像等波前的控制。在太赫兹波段下由于波长较长，要完成对其波前的改变则要求器件的尺寸较大，不适于系统的集成化、小型化。

　　通过巧妙地设计单元结构的几何相貌或者旋转角度建立一组对某特征频率能够实现覆盖 360° 相位的单元结构数据库，当以一定的相位分布将对应结构等周期而且相位梯度地排布在表面上时，与某种偏振的电磁波相互作用后会对其同偏振或正交偏振的透射光束或者反射电磁波的波前产生异常偏折、以及呈现聚焦、涡旋等效应，从而实现对电磁波传播的任意控制[219-226]。这就使得光的传播不再遵循普遍的折射与反射定律，根据界面处相位不连续的作用机制，进一步演化出广义的折射与反射定律。基于此原理已有很多文献报道可用来制作透镜、全息片、空间光调制器和涡旋光束生成器等器件[227-234]。

　　在本章中，基于广义斯涅尔定律设计局域型表面等离激元中的人工微结构，使其在远场中表现出不同的相位和振幅响应，并分析该相位变化与入射偏振态、出射偏振态的对应关系，通过将各种人工微结构单元按照目标功能对应的相位分布摆放，进而实现了透射波或者反射波波前的调控。此外，运用砷化镓作为基底材料，以及机械齿轮传动的设计思想进一步实现了电控、机械控电磁波波前的动态调制。这种多功能复用、动态智能的电磁波调控方案，有望应用于解决当前无线网络所面临的通信容量不足和信道不可控的难题。

4.1 基于相位不连续的广义斯涅尔定律

当电磁波入射到某介质表面时，总会发生折射与反射现象。如图 4-1，假定入射面为 xoz 平面，两条无限接近的平行光束以一入射角为 θ_i 入射到 $z = 0$ 界面上的两点 x 与 $x + \mathrm{d}x$，在该界面沿 x 方向有一个线性的相位变化梯度 $\phi(x) = (\mathrm{d}\phi / \mathrm{d}x)x$，其中 $(\mathrm{d}\phi / \mathrm{d}x)$ 为固定的常量，那么在 x 坐标位置处的入射光束、反射光束和折射光束分别可表达为 $E_{ix1} = A_{ix1}\mathrm{e}^{ik_i \sin\theta_i x}$，$E_{rx1} = A_{rx1}\mathrm{e}^{i(k_r \sin\theta_r x - \phi)}$ 和 $E_{tx1} = A_{tx1}\mathrm{e}^{i(k_t \sin\theta_t x - \phi)}$，在 $x + \mathrm{d}x$ 坐标位置处可相应表达为 $E_{ix2} = A_{ix2}\mathrm{e}^{ik_i \sin\theta_i (x + \mathrm{d}x)}$，$E_{rx2} = A_{rx2}\mathrm{e}^{i[k_r \sin\theta_r (x + \mathrm{d}x) - \phi - \mathrm{d}\phi]}$，$E_{tx2} = A_{tx2}\mathrm{e}^{i[k_t \sin\theta_t (x + \mathrm{d}x) - \phi - \mathrm{d}\phi]}$，$k_i$、$k_r$、$k_t$ 和 θ_i、θ_r、θ_t 分别表示入射光束，反射光束，折射光束的传播矢量与传播角，依据电磁场的边界条件可知，电场 E 的切向分量在界面处连续：

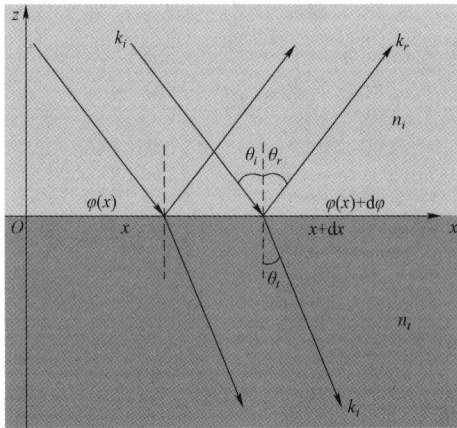

图 4-1 广义的斯涅尔反射与折射定律示意图

$$E_{ix1} + E_{rx1} = E_{tx1}, \quad E_{ix2} + E_{rx2} = E_{tx2} \tag{4-1}$$

此式必须对整个界面成立，则需满足每项中的指数因子须在此平面上完全相等，可 x 位置处可得：

$$n_i x \sin\theta_i + \frac{c}{2\pi f}\phi = n_r x \sin\theta_r$$

$$n_i x \sin\theta_i + \frac{c}{2\pi f}\phi = n_t x \sin\theta_t \tag{4-2}$$

在 $x + \mathrm{d}x$ 位置处

$$n_i(x + \mathrm{d}x)\sin\theta_i + \frac{c}{2\pi f}(\phi + \mathrm{d}\phi) = n_r(x + \mathrm{d}x)\sin\theta_r$$

$$n_i(x+\mathrm{d}x)\sin\theta_i + \frac{c}{2\pi f}(\phi+\mathrm{d}\phi) = n_t(x+\mathrm{d}x)\sin\theta_t \tag{4-3}$$

其中，n_i 和 n_t 分别为入射面和出射面的折射率，c 为真空中的光速，f 为频率，将公式（4-2）式代入公式（4-3）中化简得

$$n_t\sin\theta_t - n_i\sin\theta_i = \frac{c}{2\pi f}\frac{\mathrm{d}\phi}{\mathrm{d}x}$$

$$n_r\sin\theta_r - n_i\sin\theta_i = \frac{c}{2\pi f}\frac{\mathrm{d}\phi}{\mathrm{d}x} \tag{4-4}$$

此式为广义的斯涅尔定律，可看出通过设计沿界面分布的相位不连续梯度 $\mathrm{d}\phi/\mathrm{d}x$ 就能够任意控制折射光束的出射方向。电磁功能材料中可设计金属谐振器的尺寸和周期来实现对出射光束振幅和相位的改变。如果一平面波入射到某个界面，该界面相邻两个谐振器对波束的透射振幅相等，而相位在界面沿某一方向保持固定的改变量，则反射或折射的波束仍然是平面波，但波前发生了改变，通过改变相位的变化梯度，则能控制平面波的出射方向。

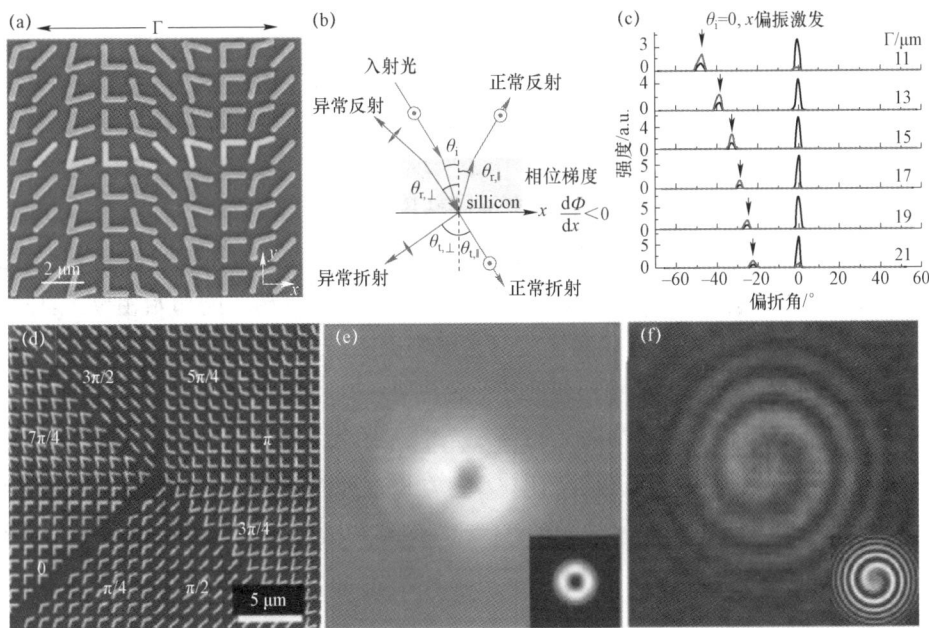

图 4-2　基于广义斯涅尔定律的波前控制[219]

（a）覆盖 360° 相位分布的 8 个金属 V 形结构；（b）寻常与异常折射和反射示意图；（c）以 x 偏振 0° 入射情况下的寻常与异常折射示意图；（d）8 种金属 V 形结构按照涡旋相位排布；（e）涡旋光斑振幅图；（f）涡旋光斑相位图

2011 年哈佛大学 Federico Capasso 教授团队采用了金属 V 型结构在红外波段率先实验验证了广义斯涅尔定律[219]，如图 4-2（a）所示，该工作通过将 V 型金属单元结构倾斜 45° 角放置，基于结构的对称性和表面电场分析，能够实现对水平偏振的入射波转化为水平和垂直两种偏振方向的出射波，但只有垂直偏振方向的出射波相位能够得到控制，即 x 偏振入射情况下可以控制 y 偏振出射的相位，反之亦然。需要注意的是，与入射波偏振方向垂

直的出射波振幅和相位可以通过改变金属 V 型结构的几何尺寸来实现任意的控制，其中相位的控制能够覆盖完整的 360° 相位周期，而与入射波偏振方向相同的出射波振幅和相位保持不变。经过电磁仿真计算，他们以工作波长为 8 μm 选取了 8 个不同的结构单元，垂直偏振出射波的振幅相等而且相邻单元结构之间的相位差为 45°，这样 8 个单元正好实现了 360° 的相位覆盖。按照周期等间距、相位线性增长的排列方式将这 8 个单元结构沿 x 轴摆成一排，并以此为一个大单元周期地排列。由于所有结构的厚度远远小于波长，因此这种设计形成了一个亚波长尺度、相位线性变化的界面。入射光在该界面处反射和折射如图 4-2（b）所示，出射波偏振方向与入射波偏振方向相同的分量由于其相位变化受结构变化的影响小，对于其反射和折射波束的行为依然遵循传统的斯涅尔定律，称之为寻常反射和折射效应；而出射波偏振方向与入射波偏振方向垂直的分量由于受界面处线性相位周期性的调制，其反射和折射波束的行为明显区别于寻常反射和折射波束，称之为异常反射和折射效应。根据公式（4-4）可得异常反射和折射波束的角度由界面上相位梯度变化量 $\mathrm{d}\phi / \mathrm{d}x$ 来决定。实验结果如图 4-2（c）所示，当入射角为 0° 和以 x 偏振方向入射到界面时，折射光分为了两束，一束折射角也为 0° 的寻常光束，和一束折射角度随相位梯度变化的异常光束，相位梯度越小（对应周期越大），异常折射角越小。如果把入射光束的偏振方向改为 y 偏振，那么 x 偏振方向的折射光束会同样会满足异常折射角的变化规律。为了进一步展现利用广义斯涅尔定律来调控光束波前的强大能力，该工作还实现了涡旋光束的产生。如图 4-2（d）所示，整个样品平面分为 8 个象限，将 8 种 V 型金属结构按照逆时针方向并且相位逐渐增长的方式填充在每个象限区域内，相位围绕一圈刚好变化 360°。当 x 偏振方向的光束入射到该样品的界面上时，y 偏振方向的出射光束会在不同象限区域获得相应的初始相位，因此在远场表现为 y 偏振透射光束的相位面成涡旋状，光斑则因干涉效应形成甜甜圈形状。

这种在界面处利用人工微结构构建的相位梯度分布来实现对电磁波波前的控制策略不仅设计简单，加工方便，而且效果显著。与传统光学器件相比，该设计方案只需要在界面处加工平面的人工微结构，单元结构的周期在亚波长尺度，同时厚度也可以做的非常薄，虽然无法做到相位分布连续地变化，但整个功能器件易于集成，可实现新一代紧凑平面化的光学器件。

4.2 基于 C 形金属狭缝的相位型光栅及主动控制

C 形开口圆环以其良好的谐振特性已成为在设计电磁功能材料时的一种常用谐振单元结构，Pendry 和 D.R.Smith 等研究小组已对其电磁特性做了详细的研究和报道。与大多研究异常折射的工作中所采用 V 型结构相比，C 形环结构具有如下几点优势[235]：1）具有非常强的磁效应；2）在同一工作带宽范围内结构尺寸更加紧凑；3）在太赫兹波段下该结构电磁响应更为强烈。此外，C 形环结构沿缺口角平分线方向具有对称性，因此当入射波的偏振方向沿对称轴方向和沿垂直于对称轴方向时，出射波的偏振状态将不会发生变化。根据半波片快慢轴的工作原理，C 形环结构在使用时通过将其对称轴沿±45°方向放置来实现对水平偏振入射下垂直偏振出射的相位进行调控，反之亦然。由巴比涅原理可知，在夫琅禾费衍射中，两个振幅型互补的衍射屏在接收屏上的远离衍射中心产生的衍射花样是相同的，意味着若采用与 C 形金属环互补的 C 形金属狭缝结构，其对电磁波相位调控的工作机制保持不变。

本节将主要介绍一种在太赫兹波段下可实现宽带且主动调控的异常光栅器件。该器件以互补的 C 形缺口环作为结构单元，每个结构单元对太赫兹波具有相同的透射强度，并且相邻两个结构单元对太赫兹波的相位延迟存在 $\pi/4$ 的梯度差，该器件能够产生带宽在 $0.48\sim$ 0.93 THz 正交偏振的转化波[221,236]。这里选择互补的 C 形缺口环结构是出于以下几点考虑：第一，该结构所激发的正交偏振光可实现 $0\sim2\pi$ 的相位调制，便于器件的设计；第二，该结构可实现宽带的偏振转化，有利于器件的宽频响应；第三，所有缺口环形金属狭缝结构处于整个金属面当中，方便设计电极对每个单元孔结构施加电压。该互补的 C 形环结构层被制作在掺杂的半导体基底上，这样在掺杂的半导体层与金属层形成了肖特基结，通过外加电压调谐肖特基结的特性，可以实现对异常偏折的太赫兹波振幅的动态调控。更重要的是，通过对器件施加不同频率的方波电压，其动态的调制速度会产生不同的响应，调制的速度主要受限于肖特基结的电容与电阻。此电控器件的提出打破了传统电磁功能器件一旦谐振结构单元的尺寸与周期被设计好，其所实现的功能也就相应被固定的技术瓶颈，为主动可调谐的电磁功能器件开发贡献了新颖的设计方案。

4.2.1　单元结构设计和相位控制原理

C 形金属狭缝单元结构的示意图如图 4-3（a）所示，该结构的对称轴与 x 轴方向成夹角 45°，当入射的线偏振方向沿着结构的对称轴方向和垂直对称轴时，其结构有着不同的电磁响应，表现为对称模式和反对称模式，在对称模式激发下，结构表现出两个异常的透射峰，谐振频率分别为 0.34 THz 和 1.03 THz；在反对称模式激发下，结构则只表现出一个异常的透射峰，谐振频率为 0.72 THz，两个激发模式的透过率以及每个谐振频率下的电场分布如图 4-3（b）和图 4-3（c）。当激发的太赫兹电场方向为水平方向（沿 x 轴）时，根据矢量的叠加原理，三个异常透射的谐振能够被同时的激发，同时透射光不仅有沿水平偏振的 x 分量，而且还包括有沿垂直偏振方向的 y 分量。由图 4-3（d）可看出，缺口环形孔结构的偏振转化效率相当高，而且还拥有非常高的频谱响应带宽。保持缺口环形孔结构的对称轴方向（与 x 轴夹角 45°），线宽 $w=5$ μm，周期 $p=80$ μm，金属结构层的厚度 0.2 μm 不变，而是改变缺口环形狭缝的半径 r 和开口角度 α 两个参数，正交极化偏振的透射振幅和相位也发生相应的变化。为了选取恰当的结构，这里模拟了大量结构参数下的透射谱，参数变化范围为 20 μm $\leq r \leq$ 35 μm，0° $\leq \alpha \leq$ 180°。入射条件选为 x 偏振入射，用探针探测 y 偏振出射波的透射振幅和相位。图 4-3（e）和图 4-3（f）为频率在 0.68 THz 下的数值模拟结果，从结果中选择透射的振幅相等，相位依次差 $\pi/4$ 的四个缺口环形金属孔，对应的

半径依次为 $r = 34.4\ \mu m$，$33.1\ \mu m$，$34.5\ \mu m$，$29.7\ \mu m$，开口角度 $\alpha = 17°$，$59°$，$118°$，$137°$。通过将四个结构整体沿镜面进行翻转后，再与原来的四个结构相组合，就可得到振幅相等，相位变化范围从 0 到 2π 的八个缺口环形孔结构，如图 4-4 所示。以这八个结构作为设计周期，可以实现对产生的正交极化偏振波波前的调控，由前面推导的公式可知，宽频的平面波入射，不同频率的折射角不同，它们在空间中逐渐分开，实现了正交极化偏振的频率分束功能。值得注意的是，虽然这 8 个结构是在 0.68 THz 处选取得到，但是由于 y 偏振出射的宽谱特性，振幅和相位分布的特性也可在 $0.48 \sim 0.93$ THz 范围内得到，呈现出了一个宽谱有效的特点。而当对于 y 偏振入射下 x 偏振的透射波来说，这 8 种结构所提供的相位变化几乎相同，因此其透射行为不受结构的分布影响。

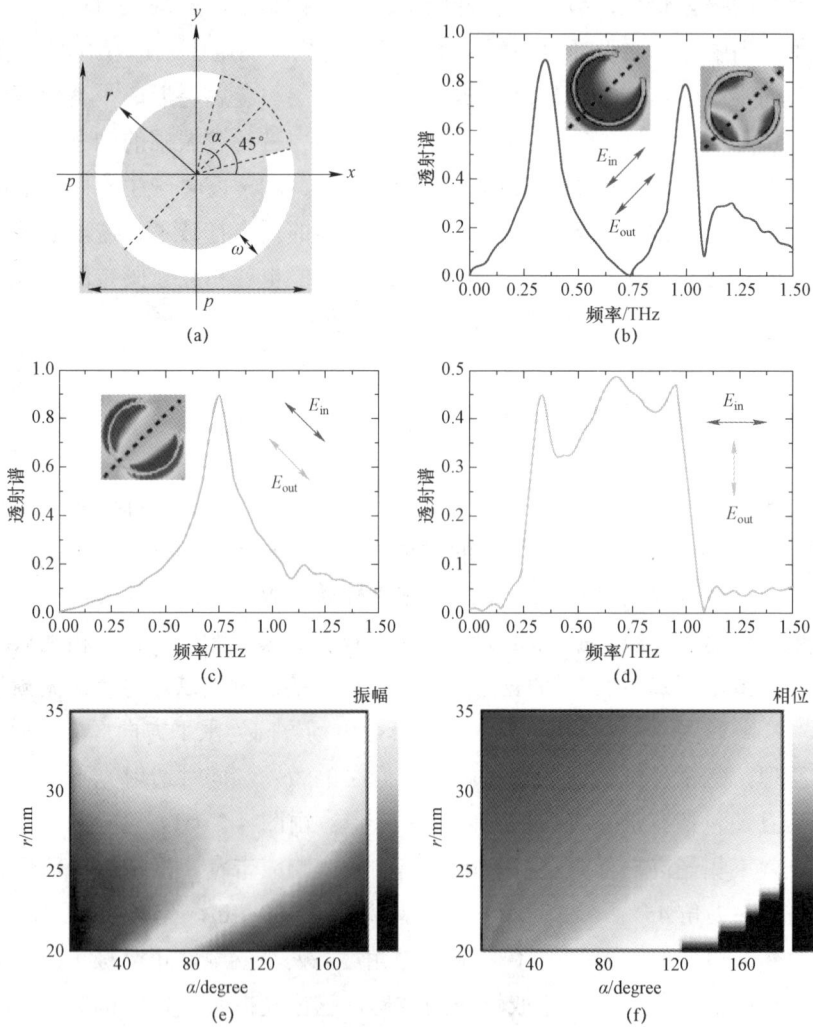

图 4-3　C 形缺口金属狭缝结构工作原理

（a）几何尺寸示意图；（b）～（c）太赫兹入射的偏振方向垂直于对称轴和平行于对称轴时的透过率以及
相应谐振频率下的电场分布；（d）太赫兹水平偏振方向入射，垂直方向探测时的透过率；
（e）～（f）缺口环形金属孔结构在半径和开口角度变化下，0.68 THz 时正交偏振的振幅透过率和相位波动

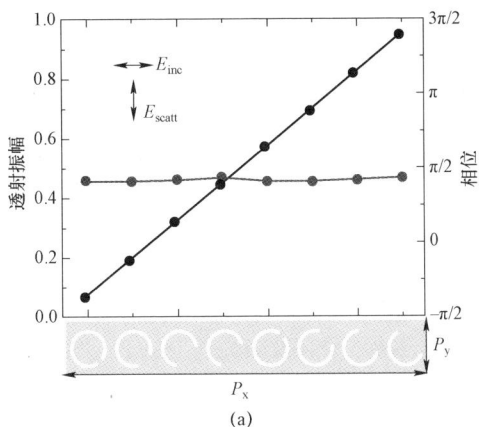

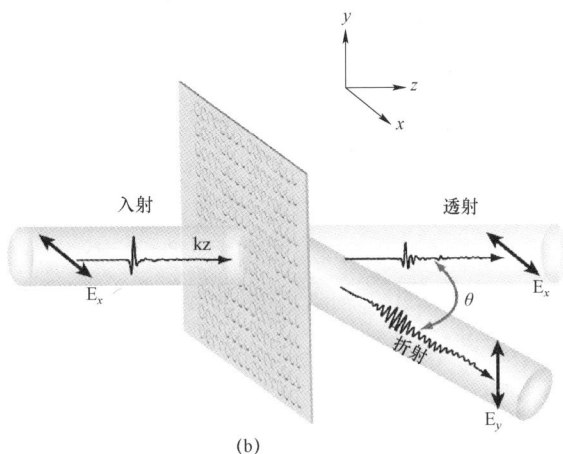

图 4-4　8 个 C 形金属狭缝结构透射振幅和相位
（a）正交偏振极化下各自的透射振幅和相位，前四个结构绕对称轴旋转 90° 后得到后四个结构；
（b）正交极化偏振分束的工作示意图

4.2.2　电控工作机理和器件性能仿真

亚波长金属孔阵列已被证实在太赫兹波段下表现出异常的超透射现象，而本器件所用的 C 形金属狭缝结构不仅具有异常的透射性能，而且还具有超宽带、高效率的偏振转化功能，主要归结于局域型表面等离激元中人工微结构不同谐振模式的激发。而器件的基底选用砷化镓基片（厚度为 300 μm），通过分子束外延的方法在本征的砷化镓基片上生长 1 μm 厚 n 型掺杂的砷化镓薄膜，载流子掺杂浓度高达 1.9×10^{15} cm^{-3}，那么 n 型砷化镓层与金属结构层之间就形成了肖特基势垒，通过在两层之间加反向偏压（n 型砷化镓层接正极，金属层接负极），示意图如图 4-5 所示，n 型砷化镓基底的耗尽区域发生改变，即该层的电导率受到了动态的调控，将会造成了缺口环形金属孔从不加反向偏压时短路状态逐渐变为断路状态，孔阵列间的电磁谐振逐渐变强，从而实现了太赫兹波相位光栅电控的反转开关效应。

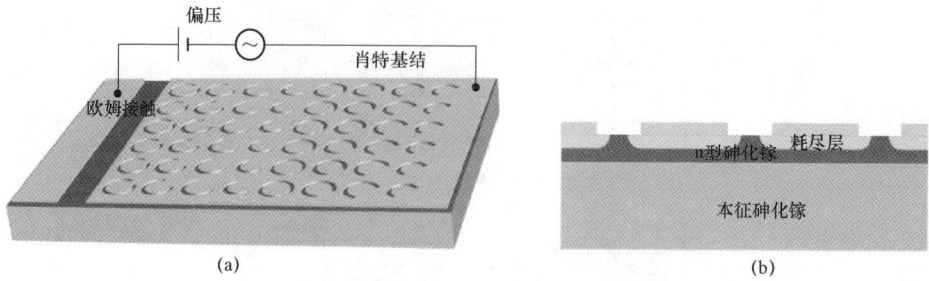

图 4-5　电控太赫兹相位光栅的设计示意图

（a）结构施加反向电压，C 形金属狭缝结构层接负极，欧姆接触接正极；（b）在反向电压下金属狭缝结构之间出现耗尽层

为了能够更加深入的了解调控机理，利用 CST 软件对该器件的整个电控过程进行了模拟。根据前面的设计思路，肖特基结区域的自由载流子浓度随反向偏压的变化情况可以用 n 型砷化镓层的电导率来表征，用 C_s 来表示，介电常数为 11.9，而本征砷化镓基底的电导率为 0，介电常数为 $\varepsilon = 11.9$，金属结构层选用金作为材质，电导率 $c = 4.56 \times 10^7\,\mathrm{S \cdot m^{-1}}$。将电导率 C_s 作为一个变量输入到 CST 软件中，这 8 种结构等间距地沿 x 轴线性排布起来，并以它们为一个新的大单元结构周期性地排布起来，边界条件设置为周期性，便得到了线性的相位分布，其中 x 方向周期为 $P_x = 640\,\mu\mathrm{m}$，y 方向周期为 $P_y = 80\,\mu\mathrm{m}$，线偏振入射的平面波作为激发源。为了得到完整而准确的频谱信息，可将本征砷化镓基底的厚度设为 1 500 μm，同时为避免基底引入的折射，设置太赫兹波入射的方向从砷化镓基底一侧垂直入射，电场偏振方向为 x 方向，而探针的偏振方向设为 y 方向，位于金属结构层一侧。在 n 型砷化镓层不同的电导率下，y 偏振的透射信号如图 4-6 所示，可看出正交偏振的透射强度随电导率的增加而逐渐减小，当电导率设为 8 000 S·m⁻¹，异常偏振的透射信号基本降为零，此时 n 型砷化镓层的金属性较强，完全将上面的缺口环形孔短路，导致了电磁谐振的消退，同时在整个调制过程中，频谱响应的有效带宽保持不变。

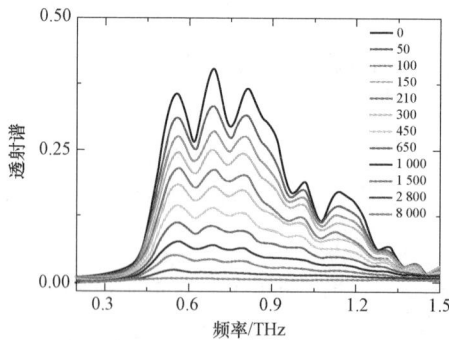

图 4-6　该结构在 x 方向入射 y 方向探测下的透射信号随 n 型砷化镓层电导率的变化

此外，分别在电导率为 0 和 1 000 S·m⁻¹ 的情况下，从宽带的频谱响应中任选了三个频率 0.55 THz，0.68 THz，0.83 THz，并对 y 偏振的透射电场分布进行了仿真，如图 4-7 所示。图中的黑色箭头代表了太赫兹波的入射与出射方向，可以看出三个频率下 y 方向偏振的透

射场显示出了明显的波前调制，三个频率波面的偏折角为 58.51°、43.56°、34.40°，与由广义的斯涅尔定律所计算的偏折角基本一致，其波阵面倾斜程度各异代表不同频率波的偏折角度不同，频率越高，偏折角度越小。同理，在 y 偏折入射的情况下也可以得到相同的 x 偏振波透射结果。值得注意的是，从图像的颜色上看电导率为 1 000 S·m^{-1} 时的透射强度明显要低于电导率为 0 S·m^{-1} 时的透射强度，但同时不同电导率下同一频率波前的偏折角度保持不变，显示出了该主动太赫兹相位光栅的宽带响应与电导率变化的无关性。数值模拟的结果进一步能够得到这样的结论，若该器件 n 型砷化镓层的载流子掺杂浓度足够高，也就相当于在不加反向偏压下电导率非常的大，将会导致异常偏折的散射波消失，而当反向偏压逐渐增高，电导率将逐渐减小，异常偏折的散射波相应的逐渐增强，当反向偏压增大到使 n 型砷化镓层的载流子完全耗尽时，肖特基势垒到达最高，也即此时电导率变为 0，这时异常偏折的散射波振幅达到了最强，从而实现了太赫兹相位光栅的电控反转开关效应。

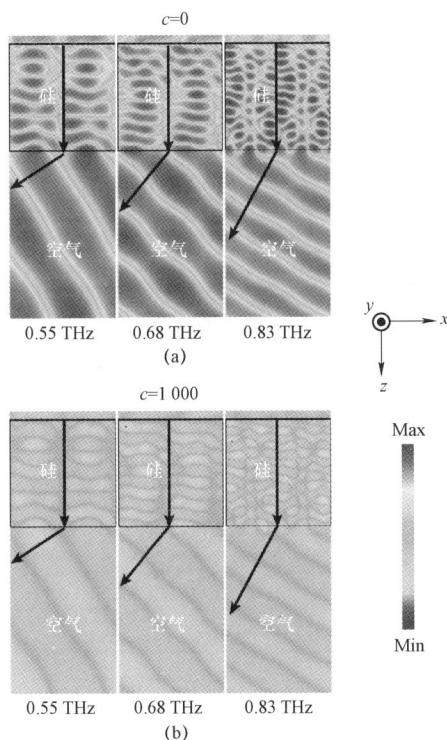

图 4-7　0.55 THz，0.68 THz，0.83 THz 三个频率正交极化偏振下的透射场波前分布

n 型砷化镓层电导率为（a）0；（b）1 000 S·m^{-1}

为了进一步理解这一异常偏折效应的物理内涵，可以从惠更斯 – 菲涅尔原理中得到其深度的诠释。当样品与 x 偏振入射的太赫兹波相互作用后，每一个亚波长尺寸的结构单元自身的谐振被激发，它们实际上都可以被看成是可以自由向外辐射 y 偏振球面波的次点源。这些次点源具有不同的初始辐射相位，其大小取决于入射角度带来的相位差和结构本身所带来的相位突变量之和。这些辐射的球面波在远场相互叠加干涉后表现为出射波角度的异

常变化，该现象符合前面所提出的广义斯涅尔定律，即描述了相位不连续界面对电磁波的波前调控机理。

4.2.3 样品制备与性能表征

电控太赫兹相位光栅样品的加工分为两个步骤，所有光刻工艺用的光胶为正胶。首先是在已做完 n 型掺杂的砷化镓基底上用透明的缺口环形阵列掩模板进行传统的光刻与蒸镀工艺加工缺口环形金属孔阵列，金属层材质为金，厚度为 200 nm，为了增加金与砷化镓基底的黏附性，可先蒸镀 20 nm 的钛作为过渡层，最后进行剥离。金属结构层区域的尺寸为 18 mm×18 mm，在电控实验中接电压的负极。第二步，欧姆接触的加工。目的是在 n 型砷化镓层上加工一个电极，金属电极的大小为 18 mm×2 mm，与金属结构结构区域相隔 150 μm。为了尽可能的减小金属电极与 n 型砷化镓层接触面的电阻值，使得大部分的压降集中在肖特基结区域。在已加工好的金属孔阵列样品上用另一块掩模板进行二次套刻，依次在 n 型砷化镓层上蒸镀 20 nm 的镍，20 nm 的锗，150 nm 的金，剥离后在氮气环境下 350 ℃ 高温快速热退火 1 min，形成良好的欧姆接触。在电控实验中接电压的正极。制作好的样品如图 4-8 所示，其表面的平整度和光滑性比较好，结构的几何尺寸与设计的尺寸在误差范围内基本一致，很好的达到了测试研究的要求。

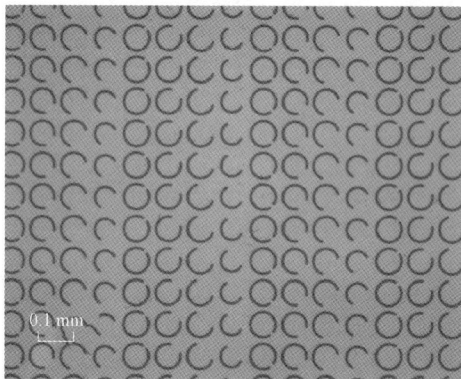

图 4-8　电控宽带太赫兹相位光栅样品的显微镜照片

本实验中采用的测试系统为全光纤化的太赫兹时域光谱系统，该系统的显著特点是探测天线可以旋 90° 进行角度可分辨的扫描探测。整个实验系统包括光纤飞秒脉冲激光器、光纤隔离器（I）、光纤分束器（BS）、光纤衰减器（AT、AR）、单模光纤（SM）、色散补偿光纤（DCF）、太赫兹发射天线（Transmitter）、探测天线（Receiver）、偏振片（Polarizer）、太赫兹透镜（Lens）、光纤延迟线（Delay Line）、前置放大器（Rreamplifier）、数字信号发生器（DDS）、恒压源（Bias）、锁相放大器（Lock-in）以及数据采集卡（DAQ）、电控旋转台（Rotator）、电脑（PC），整个系统的设计如图 4-9 所示。

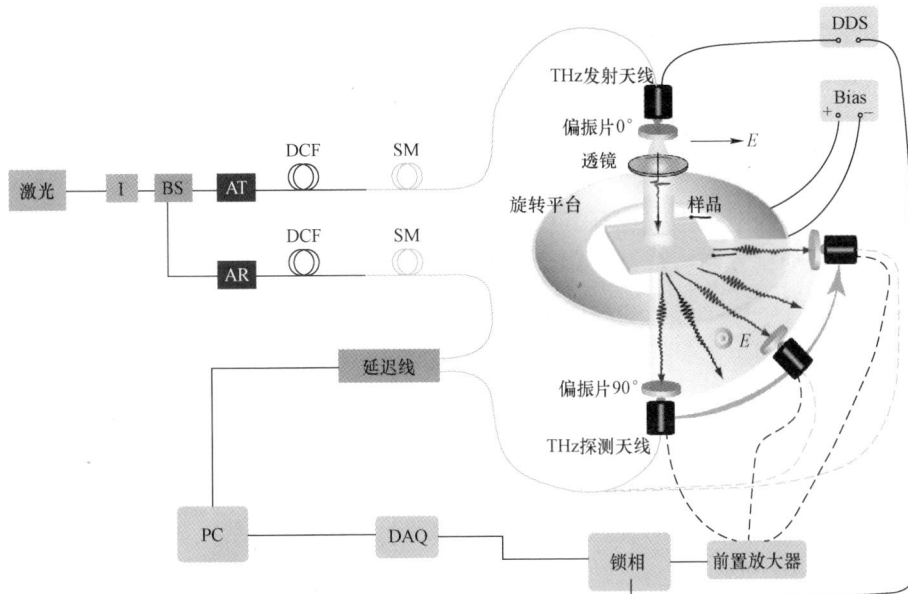

图4-9　全光纤化角度可分辨太赫兹时域光谱系统

实验系统中所用的激光器是选自TOPTICA生产的光纤锁模飞秒脉冲激光器，具体的输出参数：重复频率＞80 MHz、中心波长（1 560±10）nm、脉宽＜100 fs。激光器出来的光先经过一个光纤隔离器（I），可以使从后面器件反射回来的光的偏振方向旋转一定的角度，从而防止再次返回到激光器的谐振腔中，破坏激光器的锁模状态，BS为光纤分束器（5:5），将光纤中的光分为激发光和探测光两路，之后在两路上各加一个光纤衰减片AT、AR，用于控制到达发射天线和探测天线光的强度，使天线达到最佳的激发状态，同时也对天线起到保护作用，两条光路中分别用色散补偿光纤和单模光纤来控制达到发射天线和探测天线的脉宽，二者的色散系数：色散补偿光纤（DCF）：单模光纤（SM）=38:17，那么所用的每种光纤的长度则是色散系数的反比。实验系统中所用的太赫兹发射器和探测器选自MENLON公司生产的太赫兹光导发射天线（Transmitter）和探测天线（Receiver），每条天线后面跟着一根113 cm长的尾纤，通过数字信号发生器（DDS）向发射天线提供频率为10 kHz的方波电压，对产生的太赫兹信号进行同频率的调制，该频率也作为锁相放大器（Lock-in）的参考频率。天线的激发光功率的阈值为20 mW，可发射和接收的太赫兹波谱宽为0～3.5 THz。在探测一端的光纤延迟线（Delay Line），选自美国General Photonics公司，扫描长度可达300 ps，最高扫描速度为128 ps/s。扫描过程中，由探测天线测得的信号经过电流放大器（Rreamplifier）放大，锁相放大器（Lock-in）滤波处理后，最终由数据采集卡（DAQ）将数据读到电脑（PC）里。

由于用来激发太赫兹的光是通过光纤进入到天线中的，整个系统的光路只有太赫兹波的发射和接收为空间光路，其他的已全部集成到光纤中，大大增加了整个光路的灵活性，只要满足激发一端的光纤光路加上太赫兹的空间光路与探测一端的整个光纤光路光程相等，就可以对太赫兹光路部分进行任意的设计，从而大大扩展了实验系统的应用范围。另外，还设计了一对可以夹太赫兹天线头的夹具，目的是任意控制其发射与探测太赫兹波的偏振方向。从发射天线出来的太赫兹波经过透镜（Lens）准直为平行光束，垂直入射到样品表面，太赫兹的偏振方向要与缺口环形孔的相位变化梯度保持平行，使激发垂直偏振的散射光的效率最大。样品通过一个安装架固定在电控旋转台的中心，不随旋转台转动，样品上的欧姆接触与缺口环形金属孔阵列上各引出一根导线接到外加稳定恒压源（Bias）的正极和负极。探测天线固定在旋转台上，可以围绕样品做 90° 旋转扫描探测，此时的探测天线的偏振方向为垂直方向，在旋转扫描过程中探测从金属结构表面辐射出来的不同方向并且正交偏振的折射波，旋转台的扫描精度为 1°。

在实际的测试测量中，还应该注意以下几点。第一，发射天线和探测天线所发射与探测的太赫兹波不是严格的线偏振波，所以在发射天线的后面和探测天线的前面各加一个金属线栅，两个线栅的方向垂直，这样一来能够精确的反应所设计分束器偏振极化的性能，而且也可以提高探测的信噪比；第二，由于砷化镓基底的厚度比较薄，法珀干涉引起的二次反射出现较早，这样会造成频谱信息的不完整，为了使太赫兹时域谱主峰后扫描的足够长，可以在样品基底后贴 5 片本征的砷化镓基片来增加样品的厚度，从而延长二次反射峰的出现时间。同时，为了避免样品基底对正交偏振的偏折光方向的影响，入射的太赫兹波从基底的一侧入射，从金属结构一侧出射。第三，为了提高不同方向上散射光的空间分辨率，探测天线应该距离样品足够的远，但同时空气中的水蒸气对太赫兹波有很强的吸收，所以太赫兹的空间光路也不能太长，而是应该综合这两点因素考虑。第四，样品对太赫兹波有一定的反射，为了排除它对实验结果的影响，所有偏压下的测量结果用相同厚度的砷化镓基片水平偏振入射，水平偏振探测时的信号来做归一化处理。

在三个反向偏压 0，−3，−10 V 下，对每个角度下的时域信号，经傅里叶变换后，得到不同角度下 0.2～1.2 THz 频域范围的强度图，如图 4-10 所示，横坐标代表频率，纵坐标代表扫描的角度，图像的颜色代表信号的强度，在不加反向偏压下，正交偏振的折射光显示出宽带的频谱响应和角度响应，频谱可以覆盖从 0.48～0.93 THz，对应的折射角变化范围从 26°～81°，但是整体振幅强度相对较弱。随

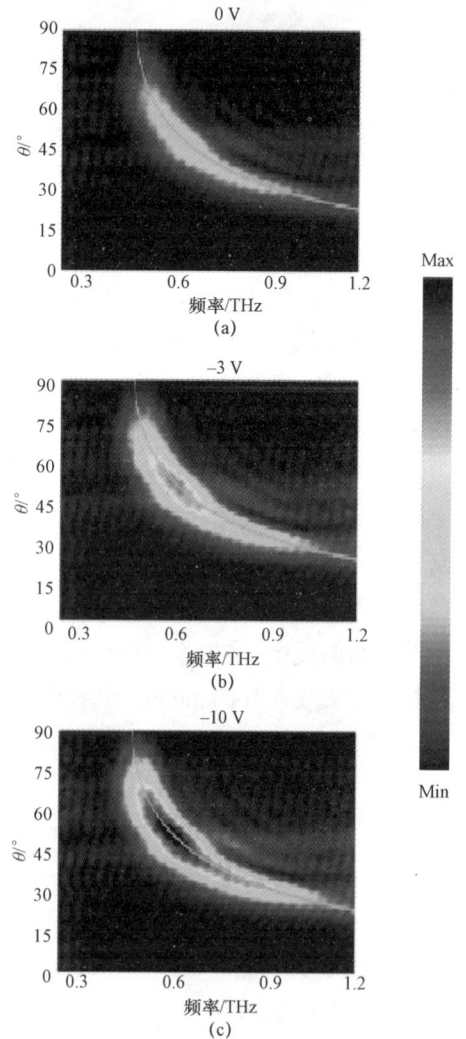

图 4-10 三个反向偏压下，实验测得样品异常散射信号的角度与频率的关系，图中的颜色代表信号的强度
(a) 0 V；(b) −3 V；(c) −10 V

着反向偏压的逐渐增大，图像上代表测得散射信号的颜色逐渐变深，表明正交偏振的散射信号强度逐渐增强，这主要归功于反向电压对肖特基结效应的动态调控，缺口环形金属孔阵列与 n 型砷化镓之间所形成的肖特基结随反向电压的升高，其载流子浓度逐渐减少，耗尽层的厚度逐渐变大，尤其是缺口环形孔下面的 n 型砷化镓层电导率逐渐变小，相应的损耗也越来越小，导致缺口环形金属孔之间的谐振逐渐变强，最终导致正交偏振的散射振幅逐渐变大。与模拟仿真的结果一样，由实验结果同样显示出频谱响应的带宽以及相应折射的角度在振幅的调制过程中不受任何影响，这是由于 n 型砷化镓层的载流子动态调制的均匀性所致。在图 4-10（a）-（c）中绿色的曲线是根据前面推导出的广义的斯涅尔折射定律式计算所得，公式中的 $\theta_i = 0$，n_i 取砷化镓基片的折射率 3.4，n_t 取空气的折射率 1，c 为光速，$d\varphi/dx = 2\pi/P_x$，由图可以看出理论计算的偏折角度随频率的变化曲线与实验曲线较为吻合，实验曲线比理论曲线粗的原因是由于太赫兹探测天线的空间分辨率不高的缘故，可以在探测天线前加一个金属小孔来获得高精度的角度分辨率。

此外，对每个散射角度下的频谱（0.2～1.2 THz）取极大值，得到了正交偏振折射波的透射振幅，如图 4-11（a）和图 4-11（b），在不同的反向和正向偏压下，0.48～0.93 THz 带宽内的折射波强度随反向偏向的增大而逐渐升高，实验中反向电压为 0，$-1\,V$，$-3\,V$，$-6\,V$，$-10\,V$ 的探测结果与仿真模拟时电导率设为 $210\,S \cdot m^{-1}$，$150\,S \cdot m^{-1}$，$100\,S \cdot m^{-1}$，$50\,S \cdot m^{-1}$，$0\,S \cdot m^{-1}$ 的透射强度相对应，显示出了很好的一致性。反向偏压在 $-10\,V$ 和 $-50\,V$ 时的透射曲线基本重合，表明反向偏压为 $-10\,V$ 时调制幅度已达到饱和，这时肖特基势垒变的最宽，耗尽区域的损耗降到最小，缺口环形孔结构的电磁谐振达到最强。而当加不同的正向偏压时，正交偏振折射波的透射振幅基本保持不变。可见，该器件透射强度的主动调控机制可归结于肖特基结的开关效应。我们定义最大的调制深度为 $h = (I_{iV} - I_{0V})/I_{iV}$（$i$ 为外加偏压值），在反向偏压作用下，调制的深度最高可达 46%。调制深度可能受限于以下几个因素，第一，n 型砷化镓层载流子的掺杂浓度不高，第二，加工工艺上引入的缺陷，第三，缺口环形孔的区域较大，调控引起的电导率敏感度不高。

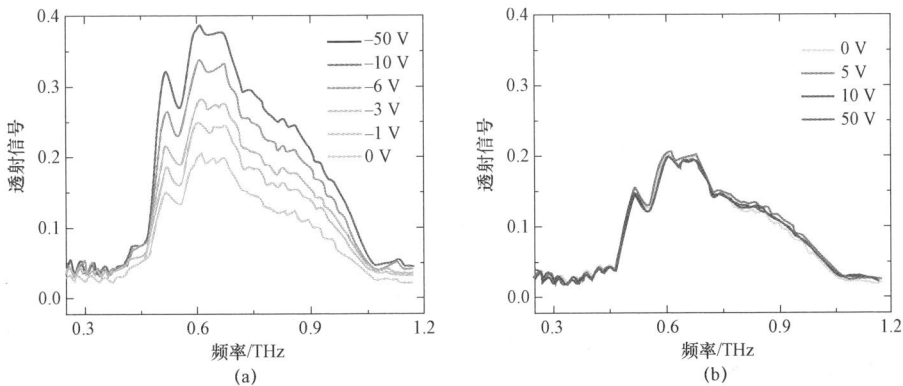

图 4-11 样品在 x 偏振入射 y 偏振探测下的透射信号随外加偏压的变化

（a）反向偏压；（b）正向偏压

为了更加深入的了解该器件的主动调控性能，使用方波偏压代替了直流偏压来研究该器件的调制速率。在之前的实验过程中给发射天线加高低电平分别为 20 V 和 0 V，频率为 10 kHz 的方波电压，其频率则作为锁相放大器的参考频率，给样品所加的电压全部为直流的正向和反向电压。而在测器件的调制速率时，发射天线所加的是直流电压 20 V，给样品所加的电压为方波电压，高电平与低电平分别为 0 V 和 −10 V，交变频率作为锁相放大器的参考频率。在测量过程中，实验系统不用做任何改动，只是将探测天线固定在与太赫兹入射方向夹 45° 的折射角度下，探测样品在不同频率的方波下正交偏振的透射信号，时域信号的峰峰值作为该频率下透射的太赫兹波强度，最低调制频率下信号作为归一化的参考信号。图 4-12 给出了透射强度随调制频率的变化关系，透射的强度随调制频率的增大而逐渐减小，该器件最高的调制频率可达 3 kHz。调制速率与肖特基结电荷耗尽层的快速产生与消失有关，若将缺口环形孔结构等效成 RLC 电路模型，器件的调制速率也就依赖于电路 RC 时间常数，其中，R 代表肖特基结的接触电阻，C 为耗尽层的电容。所以，减小缺口环形金属孔结构层与 n 型砷化镓层间的接触电阻以及二者界面所形成的肖特基结的电容都可以大大提高该电控太赫兹相位光栅的动态调制速度。具体可通过增加 n 型砷化镓层的载流子掺杂浓度或优化金属层与基底之间的接触工艺来实现。

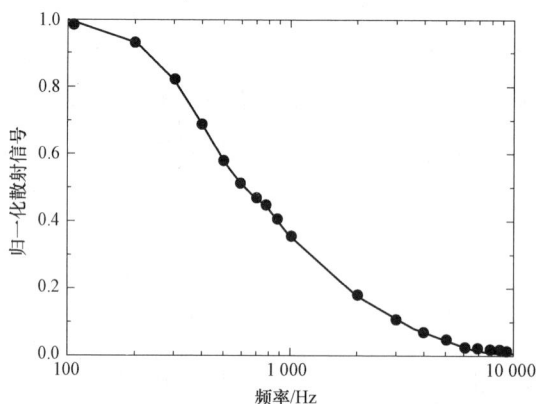

图 4-12　太赫兹相位光栅样品在某个角度下散射信号的强度与方波的调制频率的关系

本工作提出了一种基于相位不连续的电控太赫兹相位光栅，结构采用 8 个振幅相等、相位依次相差π/4 的 C 形金属狭缝结构作为周期，n 型掺杂的砷化镓层作为基底，与金属结构层之间形成的肖特基结受外加反向偏置电压而被动态的调控，从而导致正交偏振的折射光振幅被主动的调制，频谱响应带宽为 0.48～0.93 THz，调制深度可达 46%，同时在调制过程中频谱的宽带响应特性和异常折射的方向保持不变。调制的速率可达 3 kHz，通过增加 n 型砷化镓层的掺杂载流子浓度和减小金属结构层与基底间的接触电阻等措施进一步提高调制的速率。该器件以其出色的反转开关性能和宽带的频谱响应可用于设计主动的太赫兹波分束器，同时该电控的设计方法为太赫兹主动控制器件提供了很好的设计思路。

4.3 基于 C 形金属环的相位与振幅同步调控的奇异光栅

采用 C 形金属环结构以及其互补结构已经被证明了能够实现对电磁波相位的操控，通过设计沿平行和垂直于微结构对称轴方向上的谐振模式，结合偏振分解和叠加机制，使不同谐振模式的辐射波相互叠加，从而实现了正交线偏振出射太赫兹波相位突变的控制，同时结合电控砷化镓基底材料，实现了宽带的平面型太赫兹动态相位光栅器件。然而，想要完全地控制出射波的波振面形状，除了相位调控以外振幅的调控也非常重要。在全息成像中，还原真实物体的像需要在全息板上同时记录下振幅和相位信息[237-242]。关于利用超构表面实现对振幅和相位的同时调控，最早由美国普渡大学 V.M.Shalaev 课题组于 2013 年利用 V 型金属谐振结构实现全息成像时，不仅使用了八阶相位调制和二阶振幅调制（0 或 1），在实验验证过程中虽然只采用了二阶振幅调控，但是在字母成像中取得了不错的效果[237]。对于更为复杂的全息目标形状，两阶的振幅调控对于成像效果来说就会有相当大的局限性。由于人眼或探测器直接接收到的信息均为强度信息，而往往忽视了目标像的相位信息的作用，相位型全息难以有效地重视目标像的振幅和相位信息。

本节将介绍在相位突变控制结构的基础上，通过改变 C 形金属环结构的旋向，实现了样品在 x 偏振入射下 y 偏振出射振幅的连续调制，即基于人工微结构旋转角度的振幅同步控制方法，C 形金属环结构的相位突变量在旋转过程中保持不变，为实现对电磁波振幅和相位的同时调制提供了一个简单可行的设计方案。基于该方案，通过在界面处摆放出特定振幅和相位分布的 C 形金属环结构，实验上实现了三种奇异光栅器件，可以自由地控制出射太赫兹波的衍射级次和数目[243]。

4.3.1 结构设计和振幅调制机理

本工作所使用的结构融合了两种类型的超构表面设计思想，第一种是依靠每个谐振单元的几何参数来调控相位，第二种是依靠谐振单元的旋转角度来调控振幅。如图 4-13 所示，第一种调控相位型结构设计是由 8 个 C 形金属环结构通过改变半径和开口角度来实现正交线偏振 360° 的相位覆盖，值得注意的是沿 C 形金属环的对称轴 +45° 和 −45° 入射时，水平 − 垂直线偏振的转化效率最大，而且每一种 C 形金属环结构的对称轴由 +45° 转到 −45° 时，相位差变化 180°。第二种调控振幅型结构设计是由 8 个金属棒结构不改变几何参数只通过旋转角度来实现正交线偏振的振幅调制，值得注意的是，此种类型的设计对于线偏振来说是调制振幅，而对于圆偏振来说是调控相位；当把上述两种设计思想结合到一起，同时利用 C 形金属环结构的几何参数变化和旋转 C 形金属环结构对称轴的角度，就能够实现对正交线偏振相位和振幅的同时调控。

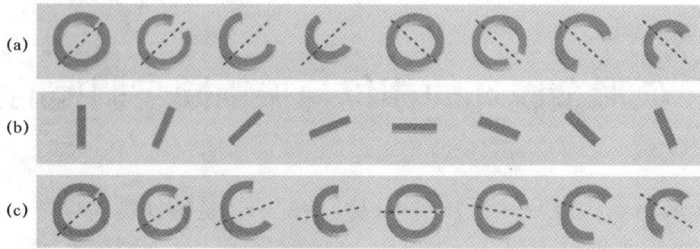

图 4-13　振幅和相位同步控制的谐振单元设计

（a）C 形金属环依靠几何参数变化调控正交线偏振的相位；（b）金属棒依靠旋转角度调控正交线偏振的振幅；
（c）同时依靠几何参数变化和旋转角度的 C 形金属环结构调控正交线偏振的相位和振幅

同步控制相位和振幅的单元结构如图 4-14（a）所示，C 形金属环结构的几何参数：开口角度为 α、半径为 r、周期为 p、线宽为 w、对称轴沿 x 轴的旋转角度为 θ，图中红色箭头和蓝色箭头分别代表结构单元两种本征的谐振模式，即对称模式 E_s 和反对称模式 E_{as}，它们的谐振特性依赖于 C 形金属环结构的几何参数，正是由于这两种谐振模式在远场的相干叠加实现对正交线偏振的相位和振幅调控。当沿 x 轴偏振方向的入射波与 C 形金属环结构作用时，其沿 y 轴偏振方向的出射波可以写成为：

$$E_{oy}=\frac{1}{2}E_{ix}\sin(2\theta)(A_s\mathrm{e}^{i\varphi_s}+A_{as}\mathrm{e}^{i\varphi_{as}})=E_{ix}A\mathrm{e}^{i\varphi} \tag{4-5}$$

其中 A_s，A_{as} 和 φ_s，φ_{as} 分别为对称模式和反对称模式在 $\theta=45°$ 时对出射波的贡献，A 和 φ 代表整个出射场的振幅和相位。根据上式可知，对于每种几何参数确定的 C 形金属环结构，其出射场的振幅由该结构的旋转角度 θ 来决定，且当 $\theta=45°$ 时出射场的振幅达到最大值。此外，由 C 形金属环结构的谐振特性可知当旋转角度 θ 在 0° 到 +90° 或者在 0° 到 -90° 之间变化时，出射相位保持不变，但二者之间有一个 180° 的相位突变。图 4-14（b）给出了某种 C 形金属环结构在 0.63 THz 频率下旋转角度在 -90° 到 +90° 之间变化时，正交线偏振出射的振幅随 $|\sin(2\theta)|$ 的变化曲线，相位在旋转角 $\theta=0°$ 时会产生一个 180° 相位突变，可以看到模拟结果和利用公式（4-5）计算的结果吻合得很好。虽然这里只是以 0.63 THz 频率

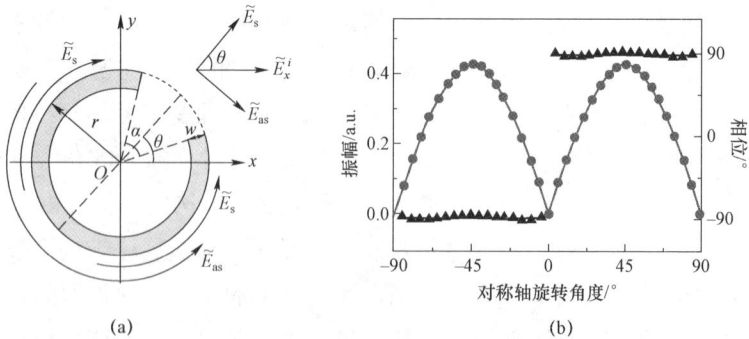

图 4-14　单元结构设计及调控性能

（a）C 形金属环结构示意图；（b）旋转对称轴角度时对正交线偏振的振幅和相位的调控关系

处的结果为例来阐述振幅调制的工作机理，但该方法在其他频率处依然能达到同样的效果，且结构对称轴的旋转对振幅调控大小始终符合 $|\sin(2\theta)|$ 的变化。此种振幅调控方法简单易行，大大简化了设计流程，避免了传统方法需要重新仿真结构几何参数来达到所需振幅值和相位值的麻烦。因此，C 形金属环结构的旋转角度是一个非常重要的参数，用它实现可以在不改变相位的情况下实现对正交线偏振出射振幅的连续调控。

4.3.2　奇异光栅设计与性能仿真

将以上所提出的同步控制出射波相位和振幅的工作机理应用于自由控制线偏振出射波的衍射级，对于一个产生某种特定衍射级振幅 A_m 的光栅，其透过率通常可表达为

$$t(x) = A(x)\exp[i\varphi(x)] = \sum_m A_m \exp(-i2m\pi x / d) \tag{4-6}$$

式中 d 为光栅的周期，m 为整数，代表所允许出射的衍射级次，A_m 代表第 m 次衍射级的振幅，φ_m 代表第 m 个衍射级次对应的相位分布，$A(x)$ 和 $\varphi(x)$ 分别代表所有参与设计的衍射级次叠加后的总透射系数的振幅和相位的分布。对于实现单一衍射级只需要满足沿 x 轴方向线性的相位分布并且保持一致的振幅，此种效果也被称为异常折射；而对于实现多个衍射级则需要沿 x 轴方向上振幅和相位都需要满足线性变化的分布。三种奇异光栅的振幅和相位分布如图 4-15 中的实线所示，图中的实心三角形和圆圈分别对应横轴最下边不同几何参数的 C 形金属环结构。在仿真设计中，每种奇异光栅可以由四个最基本的 C 形金属环结构构成，它们的几何参数分别是 $(r, \alpha) = (34\ \mu m,\ 11°),(32.3\ \mu m,\ 47°),\ (34.4\ \mu m,\ 117°),\ (29.8\ \mu m,\ 140°)$，周期 p 为 80 μm 和线宽 w 为 5 μm 保持不变。这四个 C 形金属环结构都是在 0.63 THz 频率下通过 x 轴偏振入射 y 轴偏振出射仿真得到的，相邻两个结构的相位差为 45°，四个结构一起则覆盖 180°，通过将它们沿水平方向分别镜像整体则构成了 360° 的相位差。对于产生一个衍射级的奇异光栅，周期性的大单元由 8 个 C 形金属环组成，相位覆盖 360°，振幅保持一致，每个 C 形金属环的对称轴与水平方向的夹角为 45° 或 −45°。对于产生（−1 级，−3 级）和（−1，−2，−3）级衍射的奇异光栅，周期性的大单元由 16 个 C 形金属环组成，相位和振幅的分布分别满足图中实线的趋势，其中连续变化的振幅分布是通过旋转 C 形金属环的角度在 [−45°, +45°] 范围内得到。在设计过程中，使各个衍射光栅控制的衍射级次对应的振幅 A_m 相等。对于第一种奇异光栅，由于只有一个 −1 级衍射级次，所以其振幅分布是均匀且一致的，相位分布是线性变化的；而对于第二种和第三种奇异光栅，由于多个衍射级次相互叠加的缘故，振幅和相位分布都变得不再均匀了。

为了验证以上所设计奇异光栅的工作特性，利用电磁仿真软件 CST 计算了各种奇异光栅在 0.8 THz 频率下以 x 偏振入射 y 偏振出射的电场分布，通过把奇异光栅的一个最小工作周期作为一个组合大单元，它沿 x 方向和 y 方向的边界条件都设置为周期性边界条件，沿

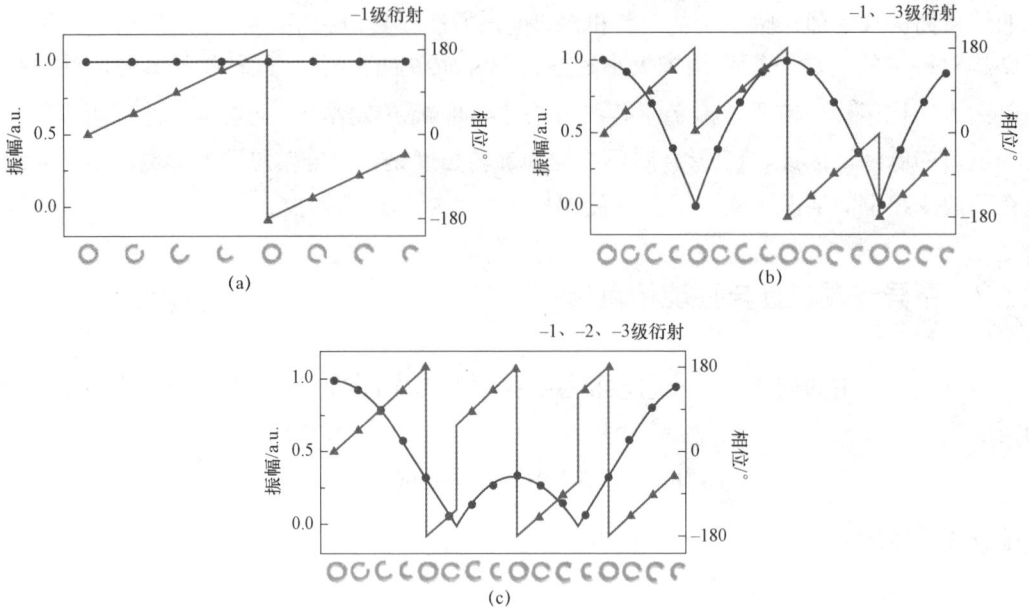

图 4-15　奇异光栅的振幅和相位分布
（a）−1 级衍射；（b）−1 和−3 级衍射；（c）−1、−2、−3 级衍射
横坐标下方结构代表可以实现其上方振幅和相位值的结构形状和旋向

传播的 z 方向边界条件设置为开放边界。为了减小基底的影响，平面波从基底一侧正入射。如图 4-16 所示，可以看出单一衍射级次−1 的出射电场强度一致，波前整体沿同一个方向，而对于多个衍射级的出射电场由于各个衍射级相互之间发生干涉效应使得电场强度分布不均，波前看起来较杂乱。图 4-16（b）和图 4-16（c）都是对应−1 和−3 级衍射的模拟结果，只是周期不同（80 μm 和 100 μm）。虽然结构的设计是在 0.8 THz 处进行的，但是由于 C 形金属环的宽带响应特性，同样的电场分布也可在其他频率处得到。此外，相同的仿真结果也可以在 y 偏振入射 x 偏振出射时获得。为了更加清晰的显示出各个衍射级次的出射情况，通过对距离结构界面 900 μm 处沿 x 方向上的电场强度做傅里叶变换计算得到每种奇异光栅的衍射级次分布，能够清楚地看到每种奇异光栅的衍射级次分布与理论计算结果很好的吻合。

4.3.3　样品制备与性能表征

为了验证上述的设计方案，通过传统的光刻工艺加工了四块样品，第一块样品用来实现单级衍射功能，周期性的大单元尺寸为 640 μm×80 μm；第二块和第三块样品用来实现（−1 级，−3 级）衍射功能，周期性的大单元尺寸为 1 600 μm×80 μm 和 1 600 μm×100 μm，第四块样品用来实现（−1 级，−2 级，−3 级）衍射功能，周期性的大单元尺寸为 1 600 μm×100 μm。C 形金属环结构的厚度为 200 nm，基底为 500 μm 的硅片，部分样品的

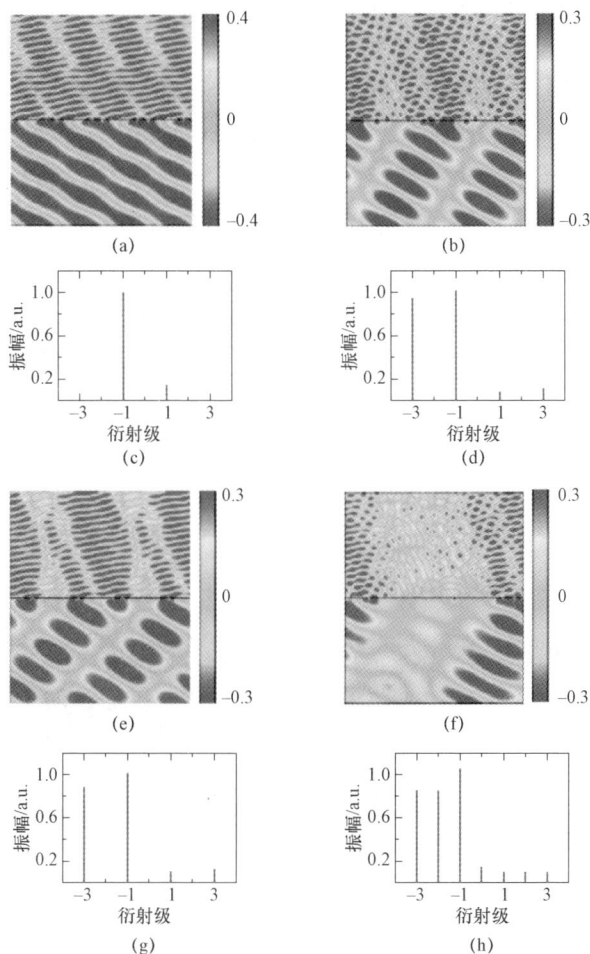

图 4-16　奇异光栅的电场分布和反演计算的衍射级

（a、b、e、f）模拟 0.8 THz 频率下 y 偏振出射的电场分布；（c、d、g、h）相应的衍射级次分布

实物照片如图 4-17（a）所示。在样品的结构排布过程中，振幅是通过旋转 C 形金属环结构单元的角度进行调节的，而相位是通过选取 C 形金属环结构单元的尺寸进行调节的，具体的结构尺寸和旋向分布情况与图 4-15 中各个图横坐标底部的设计一致。本实验所采用的测试系统为上一节介绍过的全光纤化的太赫兹时域光谱系统，样品通过一个安装架固定在电控旋转台的中心不随旋转台转动，发射天线辐射的太赫兹波正入射到样品上，探测天线则固定在旋转台上，可以围绕样品做 −90° 到 +90° 旋转扫描，此时的探测天线的偏振方向为垂直方向，在旋转扫描过程中探测从金属结构表面辐射出来的不同方向并且正交偏振的折射波，旋转台的扫描角度为 3°。为了增加时域信号扫描长度，本实验同样在样品基底后贴 5 片硅片来增加样品的厚度，从而延长二次反射峰的出现时间。同时，为了避免样品基底对正交偏振的偏折光方向的影响，入射的太赫兹波从基底的一侧入射，从金属结构一侧出射。

实验测得的结果如图 4-17（c～f）所示，图中显示的频率范围为 0.4 THz 到 1.0 THz，以及角度范围从 −70° 到 +70°。第一块样品清楚地显示了只要一个衍射级的效果，与上一节电控样品的现象一致。虽然样品中使用的所有 C 形金属环结构是用在 0.63 THz 频率下仿真得到的，但是实验中的样品表现出了从 0.5 THz 到 1.0 THz 的宽带响应效果。此外，整个样品的衍射效率只有不到 20%，可以通过在样品前后增加一对正交的金属线栅结构来提高器件的衍射效率。第二块样品和第三块样品测得的结果都显示出了有两个衍射级，但是由于它们的周期不同，衍射的角度略有差异。第四块样品的测量结果显示出了有三个衍射级，与理论仿真的效果一致。图中的虚线反应了全部样品实验测得的衍射信号与理论计算的结果一致。值得注意的是，随着奇异光栅所操控的衍射级次的数目增加，它们所对应的出射强度也会逐渐减弱，原因有二：其一是衍射级次的数目增加使得对入射光总能量的分配份数也增加，相应一份的能量就会越来越小；其二，相比单一衍射级的奇异光栅，多衍射级次的样品中 C 形金属环结构单元摆放角度整体偏离 ±45°，使得它们整体的偏振转化效率就比较低。此外，尽管在设计过程中定义了不同衍射级相同的振幅，但是对于产生多个衍射级的样品仍然可以发现较低衍射级的信号强度要高于较高衍射级的信号强度。该现象可以

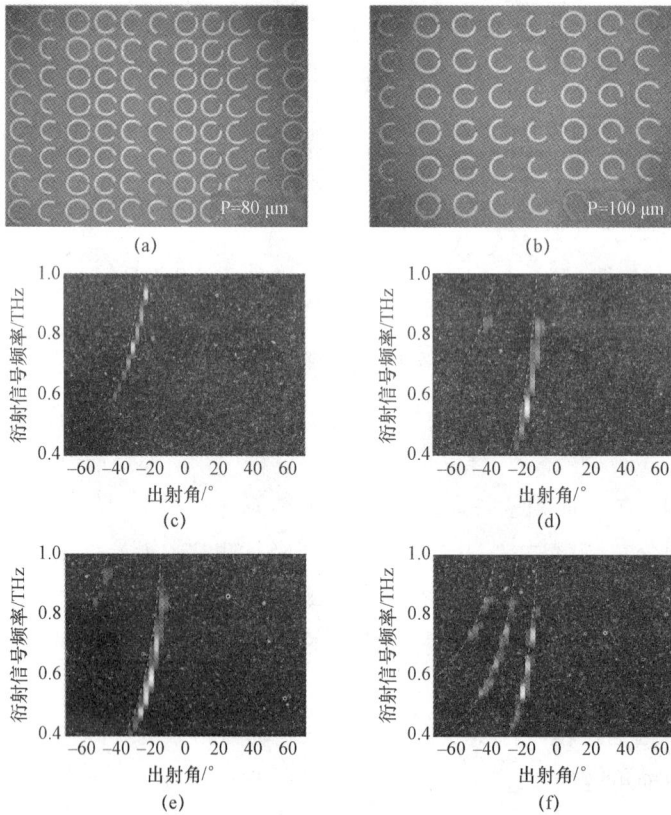

图 4-17　样品照片和性能表征

（a）产生（−1 级，−3 级）衍射的样品照片；（b）产生（−1 级，−2 级，−3 级）衍射的样品照片；（c～f）依次为四块样品衍射信号的频率随出射角度的关系曲线，图中的虚线为理论计算所得

用样品在出射界面沿不同衍射级数传播方向的投影面积的差异来解释：在较大的衍射角下，投影面积较小，因此，该衍射级数所携带的总能量也较小。

本工作采用了一种鲁棒和简便的方法实现了在太赫兹频段下基于单层 C 形金属环结构的宽带相位和振幅同步调控，基于人工微结构的几何参数和旋转角度变化来调控正交线偏振出射的相位和振幅，与以前的方法相比，此设计方案具有宽带调控特性，特别是振幅可以精确和连续地调控。通过在界面处摆放出特定的振幅和相位分布的 C 形金属环结构，从理论计算和实验测量都实现了具有宽带衍射级次和数目可控的奇异光栅器件。本工作所提出的同时进行相位和振幅控制方法可以被用来设计复杂的全息图，为实现由计算机生成的高质量全息图和任意复杂的光学图案铺平了道路。

4.4 基于振幅相位同时调控下的高质量全息

相比于利用传统的空间调制器来实现的计算全息手段，由于空间光调制器单元像素尺寸为波长的数倍，故不可避免地会有其他衍射级的产生，从而降低了成像的视场角与成像质量，基于局域型表面等离激元的人工微结构由于具有亚波长尺度单元的工作特性，而且每个工作单元能够实现相位振幅同时调控的能力，这是传统单一光学器件所无法实现的，为计算全息术的发展和应用带来了新的机遇。相位型计算全息通常需要采用不同种类的优化迭代算法来提高成像的质量，比如 GS 算法（Gerchberg-Saxton Algorithm）、随机相位算法（Random Phase-free）、菲涅尔乒乓算法（Fresnel Ping-Pong Algorithm）等。虽然在迭代后成像的质量会有所提高，但会使像平面的相位变得非常混乱。此外，在某些场合下为了得到更大的焦深，需要像自身的相位分布一致性高，使用优化的迭代算法就无法解决此类问题。更为棘手的是，在大部分优化算法中需要引入合适的因子才能使迭代过程收敛，这样做往往使得整个设计过程非常复杂。技术手段上，相位型全息术也难以有效地重现目标像的振幅与相位信息。

本节将介绍利用能够对振幅相位同时调控的 C 形金属环结构生成的全息板来实现计算全息成像，该全息板同时具有五阶振幅调制和八阶相位调制[244,245]。这种设计方法旨在打破传统单一相位或振幅全息方法的缺陷，使其全息图在分辨率、振幅均匀性、信噪比等方面具有非常优越的表现。此外，该独特的全息成像方法还具有宽带的特性。

4.4.1 全息板设计原理

利用人工微结构来实现全息的过程借鉴了计算全息（Computational Holography）的设计思想。所谓计算全息是利用计算机算法和数学模型来生成全息图像，不需要复杂的相干光照明系统、感光过程，同时也不需要真实的物体，故可以用来对目前更广泛应用的虚拟图像进行记录，该记录过程一般是通过基于干涉或衍射的理论计算实现的。利用数学算法和模型，计算机将二维或三维场景的数字图像转换成波前信息。波前是描述光的传播和干涉的概念，它包含了光的振幅和相位信息。而波前再现过程与传统全息术中的波前再现过程基本一致，需要在光学系统下模拟光的传播过程，将波前从数字重建的场景传播到全息图像平面。基于衍射理论设计的全息图与传统全息术的干涉方式存在原理上的差别，并不会产生共轭像，极大程度地提高了计算全息术的成像效果与受欢迎度。

本节所采用的衍射理论是利用瑞利索末菲衍射公式（Rayleigh-Sommerfeld Diffraction Formula）来计算衍射场分布：

$$U(\vec{r}_0) = \iint\limits_{\Sigma} U(\vec{r}_1) \frac{1}{i\lambda} \cos<\vec{n}, \vec{r}_{01}> \frac{\exp(ikr_{01})}{r_{01}} \mathrm{d}s \tag{4-7}$$

其中，$U(\vec{r}_0)$ 和 $U(\vec{r}_1)$ 分别代表全息板上 R_0 处与像平面上 R_1 处的电场；$\vec{n}$ 是垂直于像平面的单位矢量；r_{01} 是 R_0 与 R_1 之间的距离；λ 是真空中电磁波的波长；$\cos<\vec{n}, \vec{r}_{01}>$ 代表倾斜因子，若假定在像平面上虚拟的图像具有一致的振幅和相位，则有 $U(\vec{r}_1) = A$，全息板上的电场分布可以用更简单的形式表述：

$$U(\vec{r}_0) = \frac{Ad}{i\lambda} \iint\limits_{\Sigma} \frac{\exp(ikr_{01})}{r_{01}^2} \mathrm{d}s \tag{4-8}$$

由于该式需要积分无法直接得到场分布的解析解，可以通过离散化的方法来获得电场分布的数值结果。

如图 4-18 所示，C 形金属环结构作为全息板的工作单元结构，其几何参数为周期 80 μm，线宽 w 为 5 μm，半径为 r，开口角度为 2α，对称轴沿 x 轴的旋转角度为 θ。通过运用全波电磁仿真软件 CST 对 r 与 α 两个参数进行扫描，设置 C 形金属环结构在 x 和 y 方向上为周

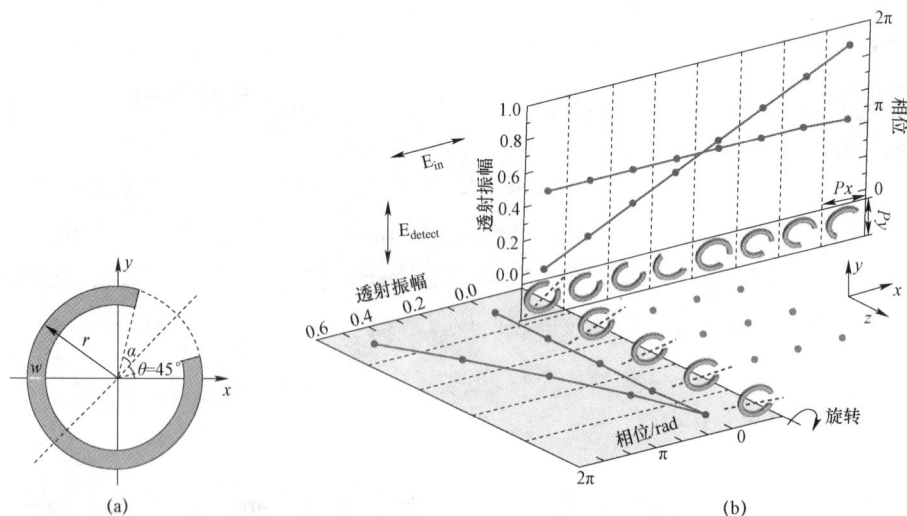

图 4-18　全息板的结构设计示意图

（a）工作单元设计；（b）相位与振幅的分阶电磁响应[244]

期性边界条件，z 方向为传播方向且为开放边界条件，x 偏振入射波 y 偏振探测，得到关于透射振幅和相位的数据库。从中找到在 0.8 THz 频率下相邻两个相位差 π/4 且透射振幅基本一致的 8 种 C 形金属环结构，它们共同组成 2π 的相位包络，同时每种 C 形金属环结构都可以通过旋转角度 θ 使相位保持不变的情况下振幅受 $|\sin(2\theta)|$ 连续调制变化，将其划分为五阶变化，分别为 0、0.25、0.5、0.75、1，这样最终就组成了基于 C 形金属环结构对出射的正交偏振分量实现八阶相位调制和五阶振幅调制。

使用字母 "TJU" 来作为目标像，全息板与目标像的距离为 6 mm，通过运用计算全息板衍射场分布的公式（4-8）将电场分布对振幅和相位进行分阶化，并用已找到的八阶相位和五阶振幅调制的结构参数去——对应的填充，如图 4-19 所示，全息板的整体大小为 12.88 mm×6.48 mm，对应了 161×81 个基本结构单元。为了凸显相位振幅同时调控对全息成像的重要性，利用只有八阶相位调制且振幅相等的 C 形金属环结构形成纯相位调制的全息板，称为 MOPM（Metasurface with Only Phase Modulation），而利用相位振幅同时调控方式所形成的全息板称为 MAPM（Metasurface with Amplitude and Phase Modulation）。

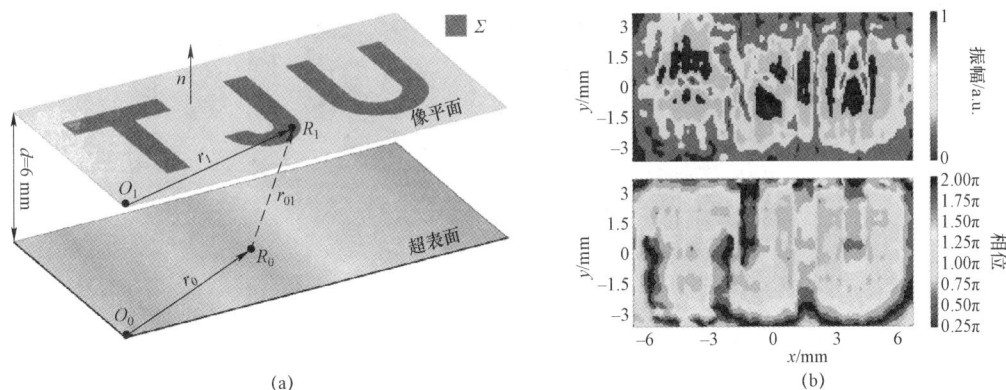

图 4-19　相位振幅同时调控的全息板设计
（a）全息像 "TJU" 设计示意图；（b）五阶振幅分布图；（c）八阶相位分布图[244]

4.4.2　全息成像的数值计算与仿真

为了进一步检验所设计全息板的成像效果，同样运用瑞利索末菲衍射公式的逆运算数值计算了 MAPM 和 MOPM 两种全息板的全息图像，计算公式为：

$$U'(\vec{r}_0) = \iint U(\vec{r}_0) \frac{d}{i\lambda} \frac{\exp(-ikr_{01})}{r_{01}^2} ds \qquad (4-9)$$

数值计算的结果如图 4-20（a）和图 4-20（b）所示，能够看出 MAPM 的成像质量明显要高于 MOPM，前者可以被认为是理想的像，而后者在字母的边缘处比较的模糊，而且整体图像有较大的背景噪声。为了进一步分析其差异，将 MAPM 与 MOPM 所形成的全息板对应像素位置相减得到Δ全息板，由于衍射本质上是积分或求和的数学形式，且三者的相位分布完全一致，差别仅体现在振幅分布上。在成像效果中，Δ全息板在成像平面的场分布数值结果如图 4-20（e）所示，也可以认为是图 4-20（a）和图 4-20（b）的差值结果。Δ的作用对应了 MAPM 和 MOPM 的差别，其全息图像与目标图像巨大的差异是造成 MOPM 全息板成像效果中出现模糊像和较大背景噪声的根本原因。

此外，运用 CST 电磁仿真软件对 MAPM 和 MOPM 两种全息板进行了电磁模拟仿真，基本设置采用平面波入射且入射光为 x 方向偏振，在 x、y、z 三个方向上的边界调节都设置为 open，观察全息板后面距离 6 mm 位置处 y 方向偏振分量在 0.8 THz 频率下的电场分布如图 4-20（c）和图 4-20（d）所示，与数值计算结果类似的是，MAPM 的成像质量高于 MOPM，后者在字母的边缘依然会出现模糊的现象，且整体背景噪声比较大。值得注意的是，电磁模拟仿真的结果与数值计算结果意义不同之处在于，其考虑到了 C 形金属环结构阵列的电磁响应，而数值计算过程中并没有涉及。

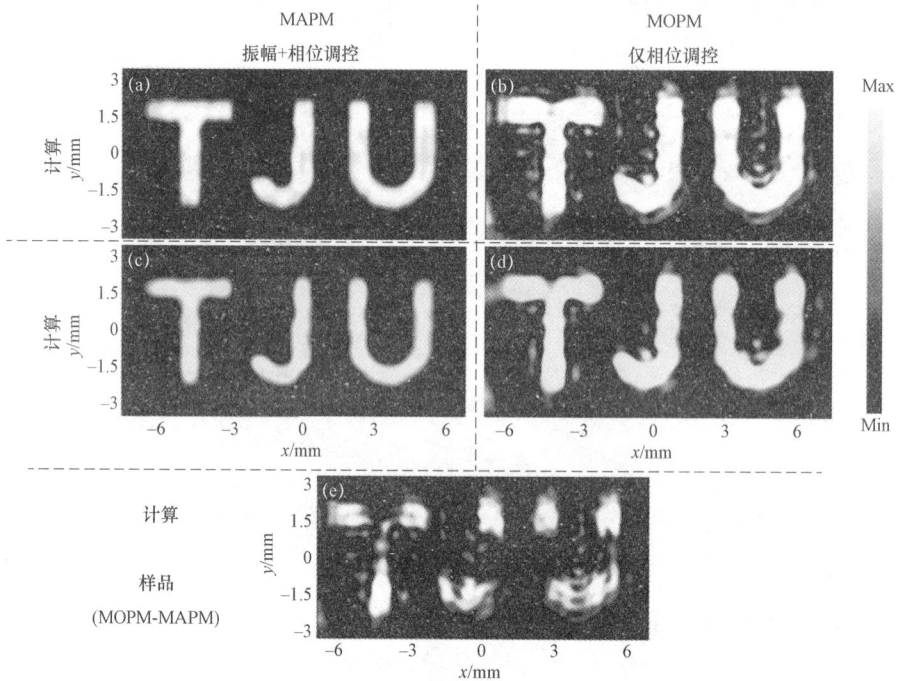

图 4-20　MAPM 和 MOPM 全息板的成像结果
（a，b）数值计算结果；（c，d）电磁仿真结果；（e）差值结果[244]

由于用来生成全息板的 C 形金属环结构自身具有宽带响应，因此全息成像也具有宽带特性。图 4-21 所示给出了全息板在 0.4～0.9 THz 频率范围内的全息仿真成像结果，能够看出虽然在设计时是在 0.8 THz 频率下选择的所有结构参数，但整个频率范围内都可以观察到较好的成像效果。值得注意的是，不同频率对应于不同的最佳成像位置，即不同的成像平面，成像最优的距离与频率成正比，这是由于不同频率空间传播过程中会形成不同的相位累积，此效应符合衍射光学的基本规律。

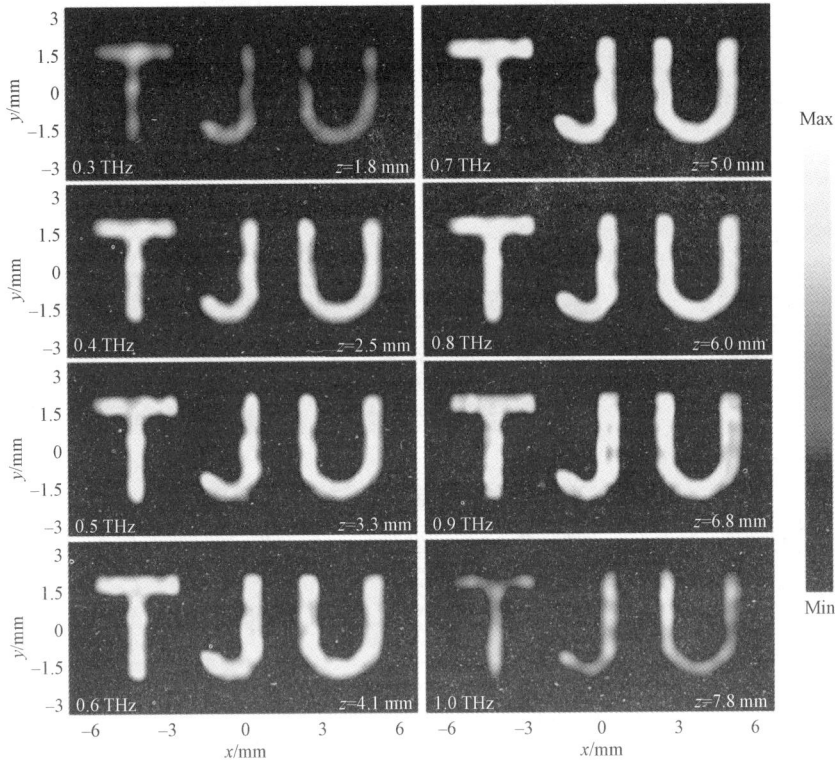

图 4-21　MAPM 全息板在不同频率下成像平面位置处的全息图像[244]

4.4.3　样品制备与性能表征

为了验证上述的设计方案，通过传统的光刻工艺加工了 MAPM 和 MOPM 全息板两块样品，两块样品均附着于 2 mm 厚的硅基底上，加工后的样品在光学显微镜下的局部照片如图 4-22（a）和图 4-22（b）所示，分别对应于 MAPM 和 MOPM。前者中的 C 形金属环结构具有不同的旋转角，而后者中的 C 形金属环结构均具有相同的旋转角 45°。本实验为了获得更高的成像分辨率，所采用的测试系统为太赫兹近场光谱系统（Nearfield Scanning Terahertz Microscopy，NSTM），系统的详细介绍在第二章中已介绍过。实验系统中采用 x 方向偏振的太赫兹源激发样品，y 方向偏振的探针放置在距离样品后 6 mm 的位置收集信号，为了避免样品基底对出射光方向的影响，入射的太赫兹波从基底的一侧入射，从金属结构一侧出射，扫描范围沿 x 方向为 -7 mm 到 $+7$ mm，沿 y 方向为 -3.5 mm 到 $+3.5$ mm，扫描步长 0.2 mm。基于太赫兹时域光谱的测量方法，测得的时域信号通过傅里叶变换可以得到同时振幅和相位信息。图 4-22（c、e）和图 4-22（d、f）分别给出了 MAPM 与 MOPM 两块全息板样品在成像平面 0.8 THz 下的电场振幅分布和相位分布结果，从中可以发现实验测得的"TJU"字母全息像的轮廓、大小、线宽等特征与数值计算、模拟仿真结果高度的一致。MAPM 的成像结果具有更清晰更锐利的图像边界，字母的振幅分布更均匀，同时在相位分布结果中仍然可以看到字母的轮廓，反观 MOPM 的成像结果整体背景噪声较大，字母边缘模糊，相位分布中字母的轮廓非常不均匀。这些结果表明了相位振幅同时调控生成的全息板可以得到更高的精确度和更低的噪声，这些参数对于进一步评估成像质量和效率具有重要意义。

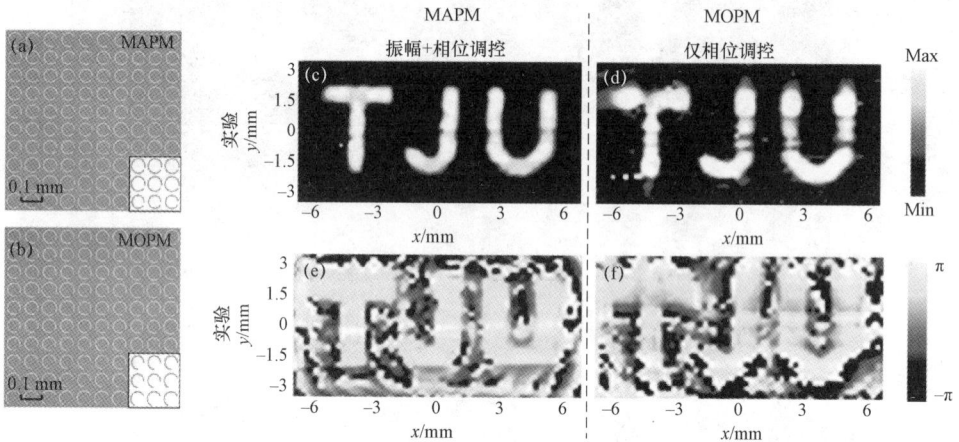

图 4-22 样品照片和实验结果

（a，b）MAPM 和 MOPM 样品实物的局部照片；（c，d）全息成像的振幅分布结果；（e，f）相位分布结果[244]

此外，对成像的实验结果采用量化进一步分析两块全息板样品的成像质量，将字母"TJU"区域内的平均强度与字母之外背景区域的平均强度之比定义为信噪比，MAPM 的信噪比为 84.1 而 MOPM 仅为 25.8。如图 4-23 所示，对于选取某一特定位置 $y = 1.8$ mm 处归一化的振幅分布可以明显的看出 MAPM 的特征变化更高。将入射至"TJU"字母区域的正交偏振分量积分与入射光总能量之比定义为成像效率，MAPM 和 MOPM 的成像效率分别为 19.1% 和 6.4%，虽然前者较高，但二者的成像效率都比较不理想，究其原因是透射式的单层金属结构所致，可采用介质型人工微结构、反射式以及多层结构可以有效地提高成像效率。

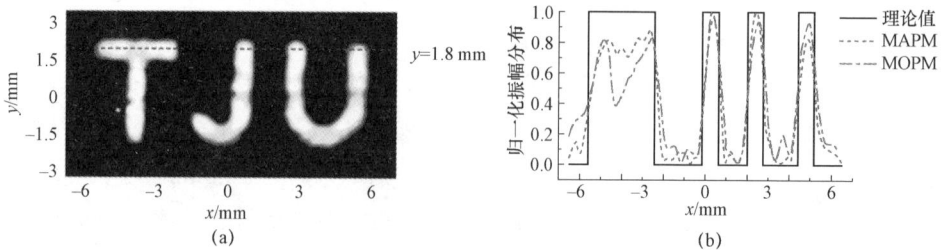

图 4-23 成像结果的量化分析

（a）位置选择；（b）三种情况下的归一化振幅分布[244]

在实际测量过程中，对 MAPM 全息板样品在相同的成像平面上不同工作频率下的成像效果以及相同工作频率下不同成像平面上的成像效果都进行了测量分析。图 4-24（a～c）给出了 0.8 THz 的成像平面上 0.7 THz 和 0.9 THz 的电场振幅分布测量结果，表明了虽然不处在自身的成像平面，但仍然可以有较好的全息成像效果，也反应了利用人工微结构所设计的全息板具有一定大小的成像焦深（Depth of Focus，DOF）。此外，在 0.8 THz 频率下的远离其自身成像平面的另外两个位置 $z = 3$ mm 和 $z = 9$ mm 处也测量了其成像效果，如图 4-24（d～f）。可以发现该全息板的焦深极限能够达到 10 倍波长的量级。相比 MOPM 纯相位型全息板，相位振幅型全息板 MAPM 具有更宽带、更长焦深的全息成像效果。

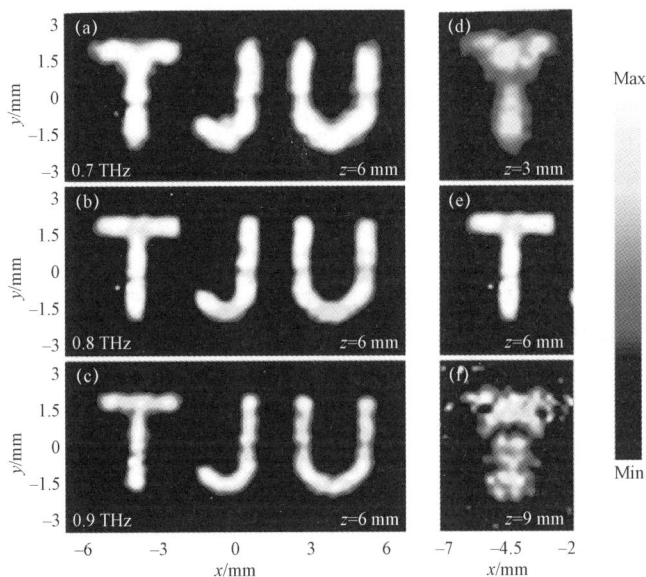

图 4-24　全息板的成像焦深效果

（a～c）6 mm 成像平面上 0.7 THz、0.8 THz、0.9 THz 的成像效果；

（d～f）0.8 THz 频率下不同成像平面 $z = 3$ mm、6 mm、9 mm 的成像效果[244]

本节提出了基于单层 C 形金属环结构八阶相位和五阶振幅同步调控的太赫兹全息板，该全息板具有较高的全息成像质量和宽带特性，不仅设计简单，而且加工简便。此设计方法虽然在太赫兹波段进行了模拟和实验的验证，但通过对人工微结构的尺寸等比例的缩放后完全适用于其他的电磁频段。该设计方法以其超薄的平面特性和自由的相位振幅分布设计能力，为设计新一代太赫兹波段的平面型空间波调制器件开创了光明的前景。

4.5　基于 PB 相位可连续编码的机械式超表面

形成局域型表面等离激元的人工微结构能够实现对特定偏振态下透射或反射波相位和振幅的调控，进而可以自由控制出射波的波前，该方法仅仅是通过一个超薄的平面就能够实现多种多样的光学功能，大大克服了传统光学元件体积庞大、加工复杂和功能单一等缺点，促进了平面光学器件领域的发展，已成为现代光学领域中发展最前沿的领域之一。超表面当前的研究进展不但要优化设计静态工作单元及其排布方式对入射波电磁多参数的响应能力，而且更重要的是发展可根据需求功能实时灵活调控的可编码超表面系统。

传统超表面的工作单元一旦被设计加工好其所实现的功能也就确定了，若要对入射电磁波完成动态调控且多功能复用就需要实现对工作单元的独立编码，而且操控的自由度越高其效果越好。在太赫兹和可见光频段，动态调控超表面主要是通过利用可调谐材料对外界刺激响应来实现的，如光泵浦，温度变化和施加偏置电压等。然而，受目前制造和调制技术的限制，这些超表面仅限于同时调控大部分工作单元，因此整个系统只能在有限的调控功能中切换。在微波频段，由于 PIN 二极管或变容二极管的尺寸与该波段下工作单元的尺寸可比拟，通过将它们嵌入到工作单元中，并利用 FPGA 编程控制二极管的电气性能进而实现对工作单元电磁性能的动态编码，通过此设计成功演示出了一些主动调控能力，包括动态波束赋形、全息成像、特殊光束和拓扑表面态控制[246-253]。此外，数字和实时的特点赋予了它们能够实现一些静态超表面难以实现的应用，如时空编码，智能自适应系统和无线通信信道的可重构[254-258]。尽管取得了上述这些进展，但基于 PIN 二极管的超构单元的自由度被限制在两阶或四阶相位水平，即超表面的可重构性被限制在了一个局部可控的相位突变如 π 或 π/2 的水平，从而会导致较大不连续的相位分布进而不可避免的引入衍射损耗，同时也会限制超表面可以处理的信息量。对于基于变容二极管的可重构超表面虽然可以使相位调控水平大于 4 阶变化，然而这一特性严重依赖于单元结构谐振谷周围的特性，造成在调控相位动态变化时振幅也呈现显著的波动。为了消除振幅和相位相关联变化所造成的问题，就需要引入复杂的逆向设计优化算法[259,260]。此外，电控和光控可编码超表面中的各个超构单元需要嵌入的 PIN 二极管，光电二极管或变容二极管都至少要一个，单个这类电子元器件的功耗在几百毫瓦量级，而且整个超表面需要持续的供电来维持每种动态功能的正常运行，能源如此大量的消耗会阻碍该调控技术的大规模应用。

值得注意的是，上述在微波频段下可编码的超表面所暴露的缺陷，即超构单元的调控自由度和电能消耗，主要是由于所采用的电压驱动电子元器件的局限性。然而，提升动态超表面性能表现的关键在于改进 PIN 二极管和变容二极管的电气性能和外观尺寸，但这在电子工程领域中是一个更困难的挑战，尤其是对于更高的工作频段。因此，国内外众多的研究人员对实现可编码超表面的其他物理机制进行了探究。例如，通过使用微流控技术将液汞填充入谐振腔阵列中，该技术能够动态调控整个器件的电磁响应进而动态实现不同的功能[261]；将折纸和机械升降的方法引入到超构单元的设计中，通过对单元结构动态的折叠/展开或者上升/下降进而实现整个超表面的动态可重构[262,263]。这些调控方法的共同特点是超构单元中没有电压驱动的元器件，因此不需要在调控过程中给予持续的电能消耗，具有非易失的优势。然而，目前基于这些技术的主动超表面在调控自由度方面还是有所不足。

本工作提出了一个在超构单元尺度上能够控制超构单元旋转的机械式超表面平台，该平台能够对微波频段下圆偏振光施加准连续的 Pancharatnam-Berry（PB）相位调控。基于该机械式主动调控平台，利用 PB 相位的动态编码实验上分别验证了动态复用的超透镜，聚焦涡旋光束和全息成像，展示了该机械式超表面平台的多功能性和卓越的调控能力[264]。设计简单、低成本、低能耗的机械式调控方式，将对电磁波的动态控制为超表面的实际应用开阔新的道路，并推动可编程智能超表面领域多样化应用的发展。

4.5.1　可动态编码的机械传动模块与控制机理

图 4-25 展示了机械式可编码超表面的工作原理及超单元模块的组成示意图，整个系统是由 20×20 个周期为 43.5 mm 的超单元模块组成，整体覆盖的区域为 870 mm × 870 mm，每个超单元模块由一个步进电机，一组传动齿轮组，一个 4×4 的 PB 工作单元组成，以及一套独立的控制电路。步进电机的最小旋转步长为 5.625°，每转 64 步对应步进电机旋转一圈，而且每个步进电机的旋转方向（顺时针或逆时针）均可由具有全寻址能力的主机发出的无线信号控制。传动齿轮组采用三层齿轮将电机的扭矩传递给 PB 工作单元，第一层由 1 个连接到步进电机输出轴的主齿轮组成，中间层是由 4 个双联齿轮分别连接第一层和最后一层，底层由 16 个单齿轮组成且每个齿轮与 PB 工作单元同轴粘合。所有齿轮的模数为 0.5，黄绿色齿轮有 30 个齿，浅蓝色齿轮的底部和顶部分别有 30 个齿和 16 个齿，粉色齿轮有 14 个齿。在这种情况下，当步进电机旋转一圈时，将会驱动 PB 工作单元旋转 8/7 圈，意味着每个工作单元旋转一圈的最多需要 56 步。与传统的静态超表面不同，该机械式可编码超表面的工作单元是离散排列的，以避免它们在旋转过程中可能出现的相互阻碍。结合整个机械式控制系统，选定使用金属结构–介质–纯金属三明治且成圆柱状的结构作为工作单元，工作的方式为反射式，且对入射偏振的响应为圆偏振。工作单元由两个具有相同几何参数的阿基米德螺旋线组成，它们沿着法向轴相互呈 C2 旋转对称。每个圆柱状的工作单元是由厚

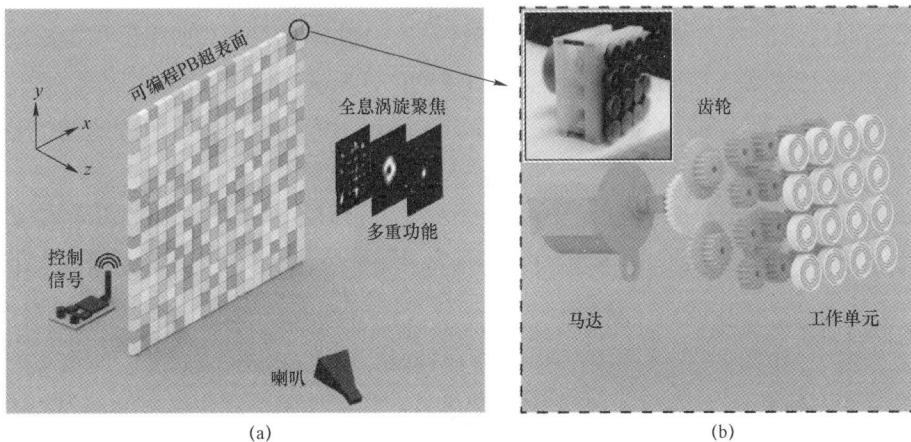

图 4-25　机械式可编码的超表面系统示意图
（a）整个系统的工作原理及所实现的功能复用；（b）单个超单元模块的架构及实物图

度为 3 mm，夹心介质介电常数为 4.2，正切损耗为 0.025 的 FR4 双面覆铜板通过标准印刷电路板工艺技术制备的，顶部的螺旋金属结构和底部的纯金属铜厚度为 35 μm。为了确保每个工作单元在旋转过程中平稳顺滑，工作单元半径为 $R=4.8$ mm，相邻单元沿 x 和 y 方向的中心距离约为 10.7 mm，以此留有约为 1.1 mm 的间隙。

该机械式超表面系统的可编码控制是通过上位机以发送无线 WIFI 信号的形式向外广播所有超单元模块的控制指令，每个超单元模块都各自配有独立的无线信号接收和处理电路。在各个电路中都配有寻址功能，并采用无线接收机 NRF24L01 接收来自上位机的控制信号，并采用单片机微控制器 STC8A8K64S4A12 向步进电机驱动芯片 UL2003 输入控制信号来驱动步进电机以任意度数进行顺时针或逆时针旋转给定的脉冲数，进而控制步进电机机械旋转带动每个工作单元旋转到不同的角度来实现目标功能所需的 PB 相位，并可以在完成一次调控后，再次通过指令，使得所有工作单元可以从任意位置回到初始位置，进而进行下一次调控，达到连续调控的目的。值得注意的是每个工作单元能够保持一致的反射振幅同时又能实现准连续的 PB 相位调控。该无线通信的方式大大减少了整个系统的布线，而且具有布线方便、功耗低、传输速率高、通信稳定的优点。

4.5.2　PB 相位单元的设计与工作性能

Pancharatnam-Berry（PB）相位也称作几何相位（Geometric Phase）[265,266]，是指当电磁波经过超表面时，由于超表面的周期性结构引起的额外相位。PB 相位是与超表面的几何形状和周期性有关的，并且与电磁波的频率无关，并且伴随有偏振态的转换。几何相位的调控可以通过调节超表面的结构参数来实现，例如改变结构的周期、形状或者旋转角度等。而本章前几节上内容中提到的调控相位指的是共振相位（Resonant Phase），指在超表面中通过调节结构的尺寸和形状，使得电磁波与超表面的相互作用达到共振的相位。通过调节共振相位，可以实现对电磁波的幅度和相位进行精确的控制，因而共振相位与电磁波的频率有关。PB 相位相比共振相位有着以下显著的特点：更为宽带的频率响应；与入射波的偏振特性密切相关，当入射波的偏振状态发生旋转时，PB 相位会引入一个附加的相位差，导致电磁波在超表面上发生偏振转换，通过适当设计超表面的结构参数，可以实现对入射波的偏振状态的选择性转换和调控，从而实现偏振控制的功能。需要注意的是，PB 相位是超表面领域中的一个重要概念，它与其他相位调控方法（如共振相位）可以相互结合使用，以实现更加灵活和多样化的电磁波控制。

本工作中采用阿基米德螺旋线作为 PB 工作单元，如图 4-26（a）所示，结构的内半径 R_1 和外半径 R_2 分别定义为从工作单元中心到最内侧和最外侧金属条中心的距离。相邻金属条之间的间隙 G 与金属条的宽度 W 设置为相同。在这种情况下，$R_2=R_1+W\times 6$。通过 CST 电磁仿真软件的频域求解器计算了该结构的电磁响应，在仿真设置中，边界条件设置为周

期性边界条件，RCP 波从阿基米德螺旋线一侧正入射到工作单元。图 4-26（b）显示了 W 为 0.2 mm、0.3 mm 和 0.4 mm 情况下反射振幅$|R_{rr}|$在 7 GHz 频率下随 R_2 的变化曲线，此外，还通过设置场监视器来观察工作单元在谐振频率下的电场和磁场的近场分布情况。经过对工作单元的仿真优化，得到了最佳的几何参数，内半径 R_1 为 1.9 mm、外半径 R_2 为 4.3 mm、厚度为 0.035 mm、宽度 W 为 0.4 mm 和绕匝数为 2 匝。此外，阿基米德螺旋线的工作特性有 2 点：1）提供了较强的各向异性来实现高效的偏振转换；2）能够将谐振的电场和磁场都局域到结构中心，以减小相邻工作单元之间的近场耦合。通过仔细优化工作单元的几何参数，能够高效地将入射的右旋和左旋圆偏振波（RCP 和 LCP）分别转换为反射的 RCP 和 LCP。原则上，当工作单元旋转一个角度 θ，R_{rr} 和 R_{ll}（下标 r 和 l 代表 RCP 和 LCP）反射的相位将分别遵循 2θ 和 -2θ 的相位响应，符号取决于入射偏振的自旋方向。

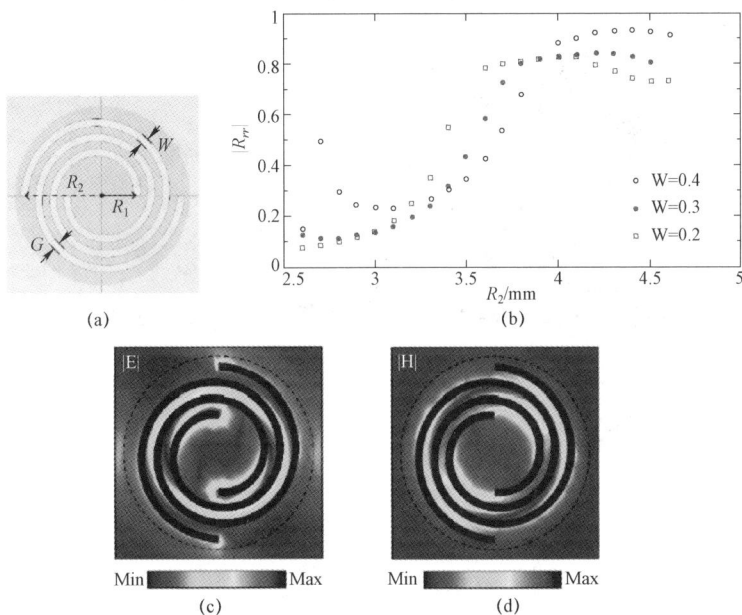

图 4-26　PB 工作单元的示意图及谐振特性

（a）外观几何参数定义；（b）$|R_{rr}|$ 与 R_2、W 的关系曲线；（c）谐振频率下的电场分布；（d）谐振频率下的磁场分布

4.5.3　PB 相位调控的验证与分析

由于 PB 工作单元每旋转一圈的最大步数 56，决定了该超表面系统能够实现 28 阶水平的准连续 PB 相位控制，更重要的是圆偏振反射波 R_{rr} 和 R_{ll} 的相位调控分辨率都为 $\pi/14$ 而且与旋转方向成相反的相位变化梯度。为了从实验上真实反应所设计的工作单元对 PB 相位的调控特性，采用双通道矢量网络分析仪（VNA，Agilent N5230C）搭配两个宽带喇叭天线组成电磁波发射和探测系统，它们之间通过长度为 3 m 电阻为 50 Ω 的同轴电缆相连，两个喇叭是线偏振的且工作带宽为 2～18 G。发射喇叭和接收喇叭放置在距离超表面系统界面

1 米的位置处，分别以 5° 和 −5° 的倾斜角来近似正入射激发−正反射探测，将 VNA 的 S21 作为要收集的反射系数。通过分别旋转发射天线和接收天线，得到不同线偏振波的反射系数，即 R_{xx}、R_{xy}、R_{yx}、和 R_{yy}，然后利用变换计算圆偏振波的反射系数，计算公式为

$$\begin{pmatrix} R_{rr} & R_{rl} \\ R_{lr} & R_{ll} \end{pmatrix} = \frac{1}{2} \begin{pmatrix} R_{xx} - R_{yy} + i(R_{xy} + R_{yx}) & R_{xx} + R_{yy} - i(R_{xy} - R_{yx}) \\ R_{xx} + R_{yy} + i(R_{xy} - R_{yx}) & R_{xx} - R_{yy} - i(R_{xy} + R_{yx}) \end{pmatrix} \tag{4-10}$$

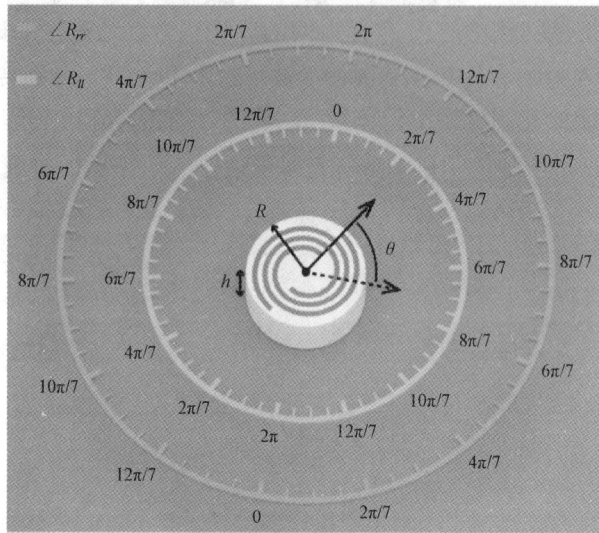

(a)

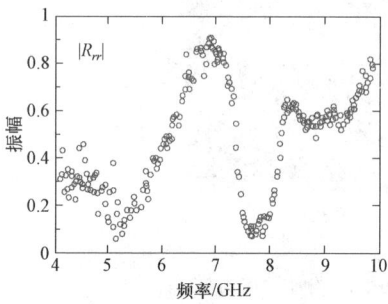

(b)

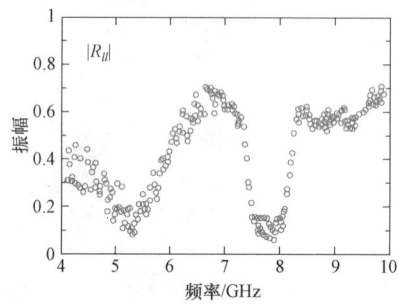

(c)

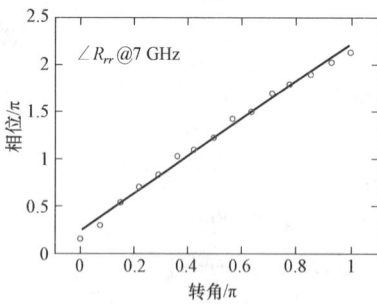

(d)

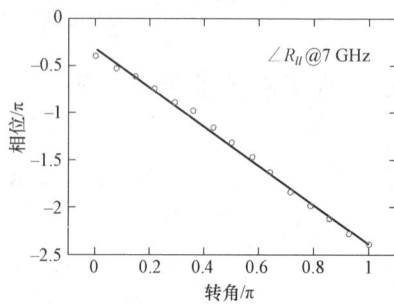

(e)

图 4-27　PB 工作单元对 R_{rr} 和 R_{ll} 相位和振幅的调控特性

（a）PB 相位的调控示意图；（b、c）$|R_{rr}|$和$|R_{ll}|$分别随频率变化的关系；（d、e）R_{rr} 和 R_{ll} 相位分别随旋转角度的变化

图 4-27（b，c）显示了实验测量的 PB 工作单元对反射振幅和相位的调控特性，归一化的右旋圆极化振幅 $|R_{rr}|$ 在 6.925 GHz 时最大值为 0.91 和左旋圆极化振幅 $|R_{ll}|$ 在 6.55 GHz 时最大值为 0.7。需要注意的是，当入射光照射到非镜像对称的手性工作单元时，不同圆极化的光子会有不同的吸收，这种效应被称为圆二色性或圆转换二色性。该机理可以解释所设计的 PB 工作单元在谐振频率 7 GHz 附近 $|R_{rr}|$ 和 $|R_{ll}|$ 显示出了不同的反射振幅响应。在不同的场合其应用的需求有所不同，要么设计具有面内镜面对称的 PB 工作单元来消除圆二色性，要么设计具有更强非对称性的手性 PB 工作单元来增强圆二色性。图 4-27（d，e）展示了测量的 R_{rr} 和 R_{ll} 在 7 GHz 频率下的相位随旋转角度的关系曲线，二者的相位梯度随旋转角度呈现出完全相反的变化趋势，但同时相位调控的范围都是旋转角度的两倍。通过对测量的数据点进行线性拟合，二者的拟合系数分别是 1.962 4 和 −2.066 5，使数据点均匀的分布在了拟合直线的两侧。值得注意的是，在各个频率下旋转角度过程中反射振幅 $|R_{rr}|$ 和 $|R_{ll}|$ 基本不发生改变，这也证明了 PB 相位调控与振幅无关联的特点。图 4-28 显示了实验测量的 R_{rr} 和 R_{ll} 相位在 6 GHz、6.7 GHz 和 7.4 GHz 频率下随旋转角度的变化关系，通过对实验数据

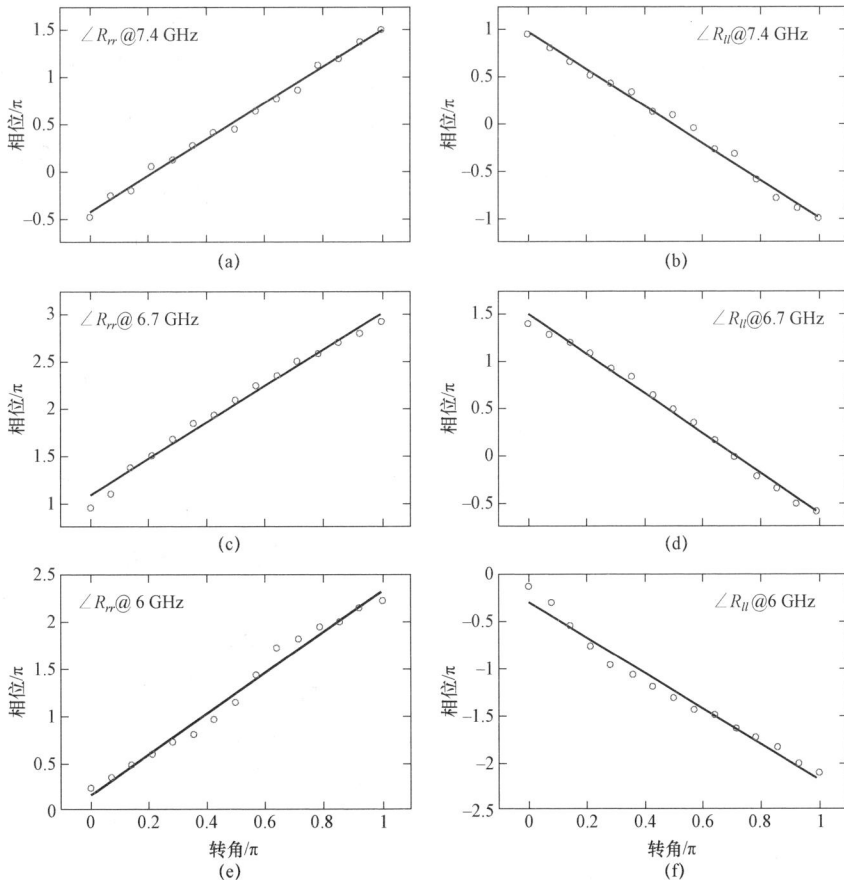

图 4-28　从测量中提取的 R_{rr} 和 R_{ll} 在 7.4 GHz、6.7 GHz 和 6 GHz 时随旋转角度变化的相位响应

（a、c、e）在 7.4 GHz、6.7 GHz 和 6 GHz 情况下 R_{rr} 的拟合梯度分别为 1.924、1.943 8 和 2.148 2；

（b、d、f）在 7.4 GHz、6.7 GHz 和 6 GHz 情况下 R_{ll} 的拟合梯度分别为 −1.960 3、−2.114 6 和 −1.877 5

进行拟合，同样也表现出斜率相反且线性的梯度变化，这种趋势与 PB 相位的调控规律相吻合，同时也验证了所提出的超表面系统在宽带上的 PB 相位可控性。

4.5.4　多功能复用与性能的实验表征

由于每个超单元模块都可以被单独的操控，因此该机械式超表面系统能够通过控制这 400 个超单元模块中 6 400 个 PB 工作单元的旋转分布来产生多种光学功能。为了方便描述，将整个超表面系统的反射界面定义为 $x-y$ 平面，其中心为坐标系的原点。在实验的测量中选用宽带线极化的喇叭天线（2～18 GHz）作为入射源，放置于距离超表面系统的正前方坐标为（0，0，2 100），同样是线极化的波导探头放置于三维电控扫描平移台上整体放置于发射源和超表面系统的中间，电控平移台的行程是 1 m×1 m×1 m，能够非常方便的对反射信号的截面 $x-y$ 平面以及传播面 $x-z$ 或 $y-z$ 平面进行扫描，而且扫描精度可达 0.1 mm，完全能够满足实验的测试要求。由于波导探头非常小，所以在扫描移动过程中对发射源的遮挡可以忽略。实验中先将波导探头调节到目标功能的平面上，然后以 2 mm 的扫描步长逐点扫描反射波的场分布信号，最后运用公式（4-10）将线极化探测信息转换到圆偏振状态。由于从喇叭天线辐射出来的波理论上在夫琅禾费衍射区域 $2L^2/\lambda$ 以外才能得到较为平坦的波前，其中 L 为喇叭天线端口的对角线长度，λ 为工作波长，因此在有限的实验环境下要想在超表面系统的界面前得到平坦的相位分布就需要进行相位预补偿。图 4-29 显示了实验中的测量示意图和波导探头距离喇叭天线 2 100 mm 时测得在 7 GHz 频率下的相位分布，能够清楚的看到中心区域与边缘位置的相位差远远大于 2π，所以必须要使用该相位分布对所用目标功能进行相位预补偿。由于该系统能够实现准连续的相位操控，对各种因非平面入射波前产生的功能畸变都可以很容易的得到相位矫正，因而该系统的鲁棒性非常好。实验中一旦获得了目标功能的相位分布，就可以快速计算出超单元模块中各个 PB 工作单元的旋转角度分布，下面选择右旋圆偏振波 RCP 作为入射和探测的目标偏振来演示一些极具代

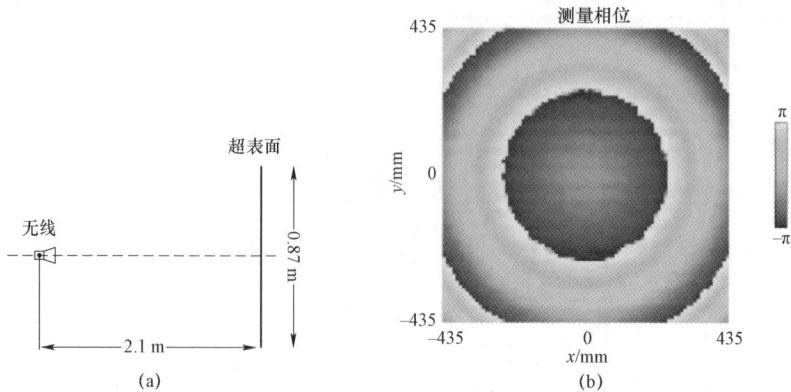

图 4-29　实验测量示意图及预补偿相位分布

（a）测量示意图；（b）7 GHz 频率下波导探头距离喇叭天线 2 100 mm 处测得的相位分布

表性的功能，包括超透镜，聚焦涡旋光束的产生和汉字全息成像。

1. 超透镜

利用透镜的焦点公式可以计算得到该超表面系统各个超单元的相位分布为 $\Phi(x,y) = \frac{2\pi}{\lambda}\left(\sqrt{(x-x_0)^2+(y-y_0)^2+z_0{}^2}-z_0\right)$，其中 (x_0, y_0, z_0) 代表焦点的位置坐标，λ 为工作波长，选择入射波是在 7 GHz 时的 RCP。图 4-30（a）展示了将波前聚焦在（0，0，600）位置的超表面系统中各个超单元所需的旋转角度分布，在 $z=600$ mm 处的 $x-y$ 平面测量得到的电场强度 $|R_{rr}|^2$ 分布如图 4-30（b）所示，获得一个高对称性的焦点，产生焦点的水平切面图如图 4-30（c）所示，计算得到其半高宽（FWHM）为 42 mm。值得注意的是，该超透镜的数值孔径约为 0.587，对应于 7 GHz 衍射极限的半高宽为 36.5 mm，可以看到所产生的焦斑非常接近衍射极限，这验证了我们所提出超表面准连续相位控制的卓越性能。此外，利用该超表面系统的可编码特性对焦点离轴的功能进行了测量，图 4-30（d）和图 4-30（g）分别展示了聚焦位置为（−80，0，600）和（120，0，600）超表面系统各个超单元所需要的旋

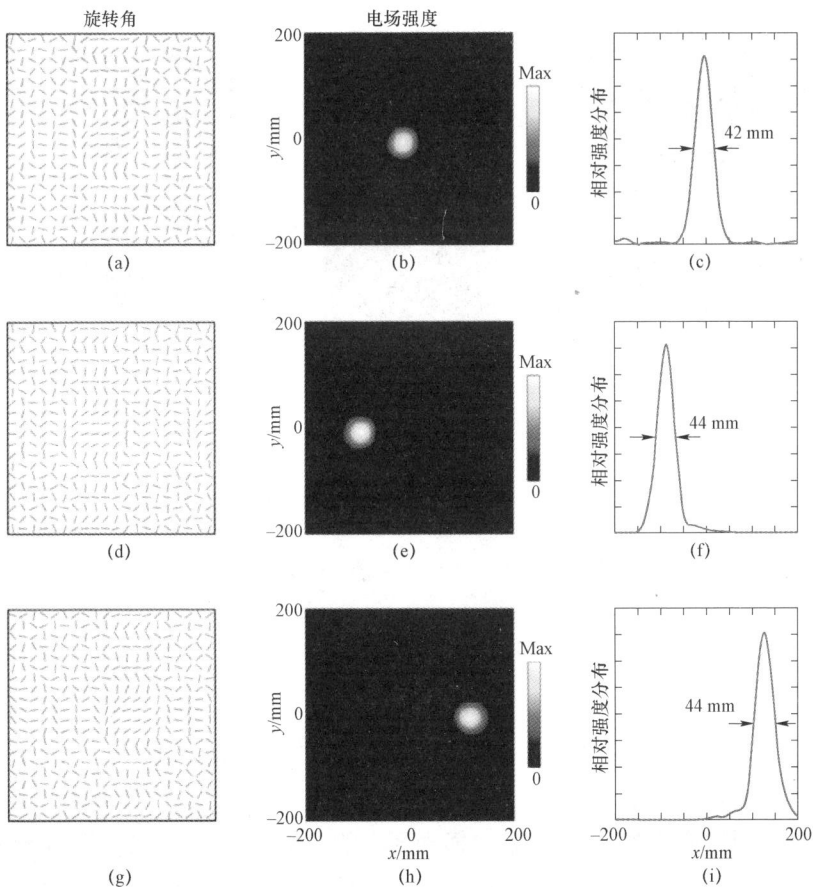

图 4-30　不同焦点位置的超透镜

（a、d、g）不同焦点所需要的旋转角度分布；（b、e、h）测量焦平面 $x-y$ 上 7 GHz 处的电场强度 $|R_{rr}|^2$ 分布；

（c、f、i）透镜焦点处的半高全宽

转角度分布，相应测量得到的电场强度分布和焦点的水平切面图分别如图 4-30（e～f）和图 4-30（h～i）所示，对应其半高宽（FWHM）都为 44 mm，证明了所提出的超表面系统拥有卓越的离轴聚焦能力。最后，利用该超表面系统还测量了在 z 方向上连续变化透镜焦距的效果，如图 4-31 所示分别展示了焦点在（0，0，450）、（0，0，600）、（0，0，750）处的实验测量结果，这些实验测得的高质量和紧凑的聚焦效果验证了所提出的超表面系统对实现透镜各种相位分布的准确性。

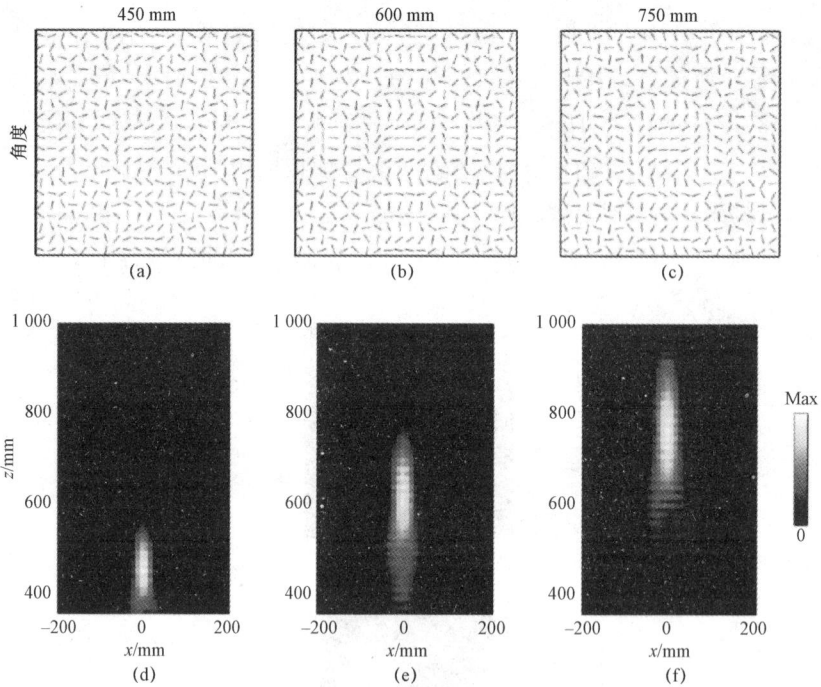

图 4-31　不同焦距的超透镜

（a～c）不同目标焦距所需要的旋转角度分布；（d～f）测量在传播方向 $x-z$ 平面上 $y=0$ mm 处 7 GHz 的电场强度 $|R_{rr}|^2$ 分布

2. 聚焦涡旋光束

涡旋光束（Vortex Beam）是一种具有特殊相位结构的光束，其特点是在传播过程中呈现出旋转的相位结构。涡旋光束也被称为自旋轨道角动量光束或奇异光束。涡旋光束的相位结构形成了一个中心光强为零的涡旋核心，光束的相位在这个核心周围呈螺旋状分布，涡旋光束的角动量由光束的涡旋数（Topological charge）决定，涡旋数表示了光束的旋转量。涡旋光束可以携带轨道角动量 OAM，具有正旋涡或负旋涡，旋涡数的绝对值越大，光束的旋转角动量就越大。涡旋光束在光学通信、光学显微镜、量子光学等领域中得到广泛应用。涡旋光束所满足的相位分布为 $e^{il\varphi}$，φ 为横平面上的方位角坐标，l 为拓扑荷数。为了证明所提出的超表面系统的功能可复用特性，图 4-32 中显示了多种聚焦涡旋光束的产生。这些涡旋光束被设计为同轴聚焦在坐标（0，0，600）处，因此它们的目标旋转角分布是在透镜对应旋转角度分布（图 4-30（a））乘以方位角的 $l/2$ 倍。图 4-32（a、e、i、m）分别显示了

产生拓扑荷数 l 为 1、2、3、4 的聚焦涡旋光束所需的超单元旋转角度分布，相对应地图 4-32（b、f、j、n）分别显示了在焦点位置 $z=600$ mm 处 $x-y$ 平面的电场强度 $|R_{rr}|^2$ 分布。正如预期的那样，这些电场强度分布的图案表现出了甜甜圈的形状，而且随着拓扑电荷数目的增加，漩涡中心的奇点暗区域逐渐增大。图 4-32（c、g、k、o）显示了相应的测量相位分布，其中方位角的依赖关系清楚的揭示了聚焦光束的涡旋性质。为了定量的分析涡旋光束的质量，通过提取并积分了其各种涡旋光束围绕甜甜圈环形方向的复振幅，得到了每个 OAM 的能量分布 $|S_n|$，$|S_n| = \left| \int_0^{2\pi} E_i e^{in\varphi} d\varphi \right|$，其中 n 为目标 OAM 分量的拓扑电荷，φ 为方位角。图 4-32（d、h、l、p）分别显示了相应的归一化 $|S_n|$ 随拓扑荷数 l 从 -6 到 6 变化的函数曲线，显然每个测量的目标 OAM 分量都是最强的，而其他 OAM 分量则相当弱，这表明所

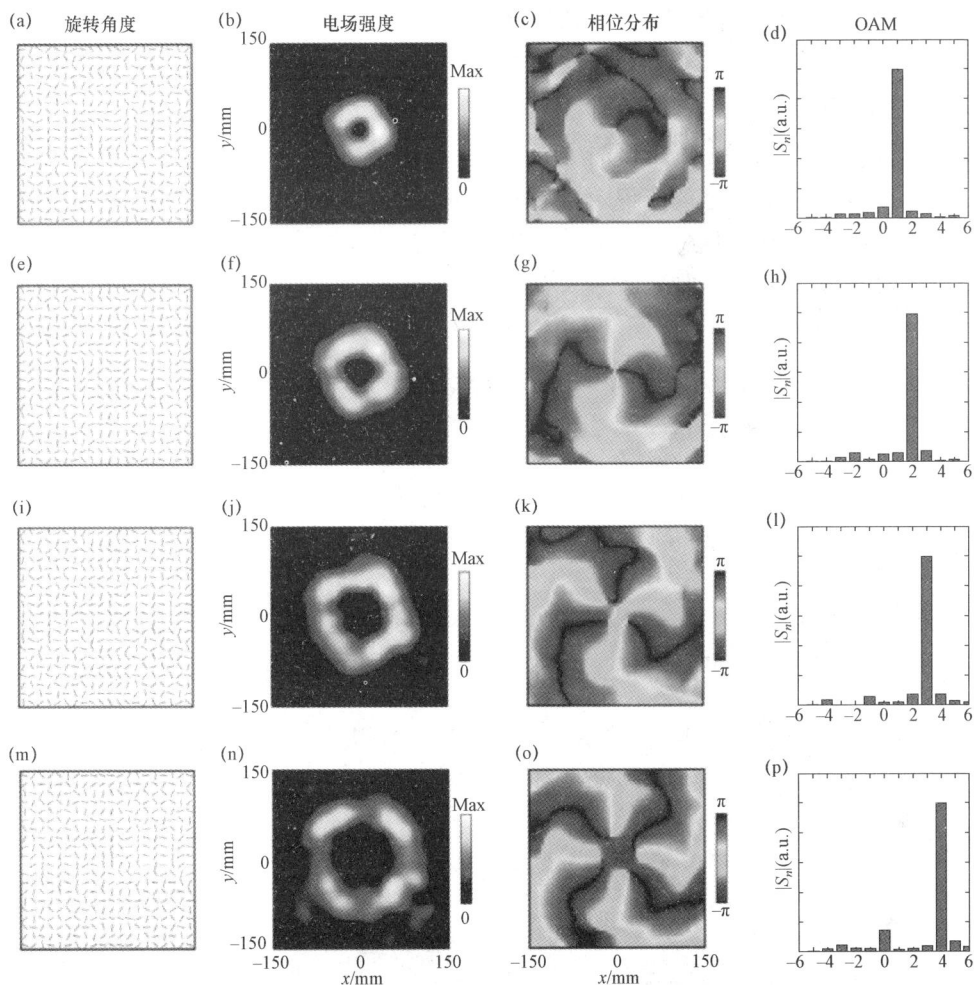

图 4-32　聚焦涡旋光束的产生

（a、e、i、m）不同拓扑荷数分别为 $l=1$、2、3、4 所需要的旋转角度分布；（b、f、j、n）测量的对应涡旋光束电场强度 $|R_{rr}|^2$ 分布；（c、g、k、o）测量的对应涡旋光束相位分布；（d、h、l、p）对应不同涡旋光束的 OAM 能量分布 $|S_n|$

产生涡旋光束的纯度非常高。那些不是目标涡旋光束的分量可以归因于整个超表面系统正方形的形状和实验误差，如果将超表面系统设计成一个标准的圆形区域，那么理论上那些涡旋光束中心环状的能量分布以及螺旋形状的相位分布将会更加均匀，非目标 OAM 分量也会变为 0。这些聚焦涡旋光束产生的实验结果验证了所提出的超表面系统在任意调制波前方面具有大的可重构性和高效率。

3. 汉字全息成像

通过计算全息的方法，以中国汉字作为目标像逆运算出全息板上所需的相位分布，由于提出的机械式超表面系统具有动态可编码的能力，因而可以用来生成多种汉字的全息图像或者在各种汉字之间动态切换。整个超表面系统的长宽区域为 870 mm × 870 mm，如果成像距离选定为 $z = 600$ mm，这样的成像环境不满足衍射光学中的菲涅尔近似，即 $z = \sqrt{(x - x_0)^2 + (y - y_0)^2}$，其中$(x_0, y_0)$代表像平面上某一固定点，而$(x, y)$代表超表面系统界面上的某一任意点。因此，本工作利用改进的全息图像生成算法 Gerchberg-Saxton（G-S）算法，将传统使用的菲涅尔衍射公式替换为适用于平面屏幕衍射中的瑞利索末菲衍射公式，其算法的流程图如图 4-33 所示。假设超表面系统和目标图像位于两个 $x-y$ 平面上，沿 z 轴的相对距离为$\Delta z = 600$ mm。在流程图中，输入$|I|$是目标图像的虚拟振幅分布，结合虚拟相位分布 Ψ（第一次循环中设置 Ψ 为随机相位分布），目标图像的复振幅分布可以计算为 $I = |I|\exp(i\Psi)$。虚拟像衍射到位于超表面系统界面上的某点(x_m, y_m)计算公式为：

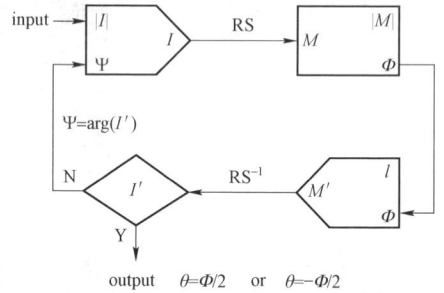

图 4-33　改进的 G-S 算法流程图

$$M(x_m, y_m) = \frac{1}{i\lambda} \sum_{x_i} \sum_{y_i} I(x_i, y_i) \frac{\Delta z \exp(ikr_i)}{r_i} \qquad (4\text{-}11)$$

其中(x_i, y_i)是构成目标图像的虚拟点源的位置，$k = 2\pi/\lambda$ 是波数，以及 r_i 是点(x_m, y_m)和(x_i, y_i)之间的距离 $r_i = \sqrt{(x_i - x_m)^2 + (y_i - y_m)^2 + (\Delta z)^2}$。通过计算所有的超单元模块中的工作单元，可以得到超表面系统界面上的复振幅分布 $M = |M|\exp(i\Phi)$，并将此操作定义为 RS。由于超表面系统的所有超单元具有一致的振幅响应，M 被归一化为 $M' = \exp(i\Phi)$。接下来，在成像平面上的某一点(x_i, y_i)处的全息复形振幅可计算为：

$$I'(x_i, y_i) = \frac{1}{i\lambda} \sum_{x_m} \sum_{y_m} M'(x_m, y_m) \frac{\Delta z \exp(-ikr_m)}{r_m} \qquad (4\text{-}12)$$

其中 $r_m = \sqrt{(x_m - x_i)^2 + (y_m - y_i)^2 + (\Delta z)^2}$，通过计算像平面上的所有点，可以得到全息图像的复振幅分布 $I' = |I'|\exp(i\Psi)$，并将此操作定义为 RS^{-1}。然后将全息图像$|I'|$与目标图像$|I|$进行比较：

$$Q = \sum_{x_i} \sum_{y_i} \left| \left(\left| I'(x_i, y_i) \right|^2 - \left| I(x_i, y_i) \right|^2 \right) \right|$$ （4-13）

如果全息图像满足 Q 的要求足够小，迭代终止并输出 $\theta = \Phi/2$ 或 $\theta = -\Phi/2$，对应目标偏振为 RCP 或 LCP。如果 Q 不满足要求，通过将期望的振幅分布 $|I|$ 与计算出的相位分布 Ψ 相结合，循环继续进行，而且 Q 会随着迭代次数增加逐渐收敛。利用以上的计算原理生成了"天津大学"和"大同云冈" 8 个汉字所对应的旋转角分布如图 4-34（a～d、i～l）所示，每个汉字在计算过程中都是通过进行了 200 次循环迭代。值得注意的是，在计算中是将每个超单元作为生成理想全息图的点源，以此计算得到的全息图像与目标汉字吻合的非常好。为了实验测量这些汉字的全息图像，根据所需旋转角分布对所有超单元进行旋转，并将波导探头安装在三维扫描平移台，驻立于像平面上进行逐点采集振幅和相位信息，虽然所设计的超表面系统超单元只有 20×20 个像素化的相位点，但由测量的电场强度（$|R_{rr}|^2$）所生成的

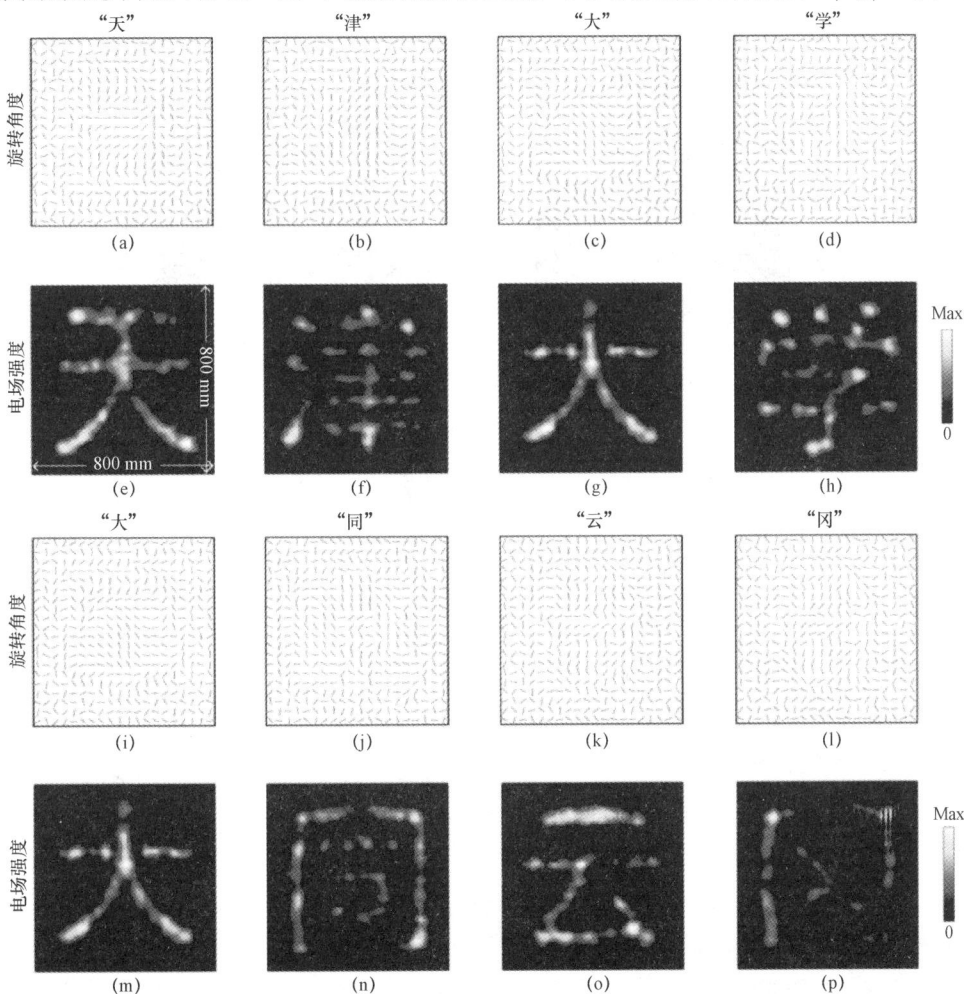

图 4-34　汉字全息成像

（a～d、i～l）分别为要生成的汉字"天津大学"和"大同云冈"全息图像所对应超单元的旋转角度分布；

（e～h、m～p）在 $z = 600$ mm 处由测量电场强度（$|R_{rr}|^2$）所获得的全息图像

全息图像如图 4-34（e～h、m～p）所示，具有非常高的成像质量，与计算结果相一致，证明了所提出的可编码超表面系统具有非常好的波前动态调控能力。

　　4. 偏振态的敏感分析

　　偏振敏感是超表面一个重要的特征，由于所提出的超表面基于 PB 相位的调控机理，一旦所有工作单元被设计为在 LCP(RCP)入射下实现特定功能所需的相位分布 $\varnothing$ 时，那么在 RCP(LCP)入射下相对应的相位分布就变为 $\varnothing' = -\varnothing$。在绝大数情况下，相位分布 $\varnothing'$ 不能与相位分布 $\varnothing$ 保持同样的功能。上面介绍的三个功能，包括超透镜、聚焦涡旋、汉字全息图像，都是对 RCP 入射有效，如果使用 LCP 入射时，其相应功能将会噪声非常大，以致看不到任何效果。相似地，如图 4-35 所示展示了超表面系统被设计在 LCP 入射下生成单词 "PB" 两个字母的全息图像，其测量了在 $z = 600$ mm 的 $x-y$ 平面上 7 GHz 频率处的电场强度 $|R_{ll}|^2$ 成功地形成了目标全息图像，而相应测量的 $|R_{rr}|^2$ 噪声很大，基本没有任何图像生成。

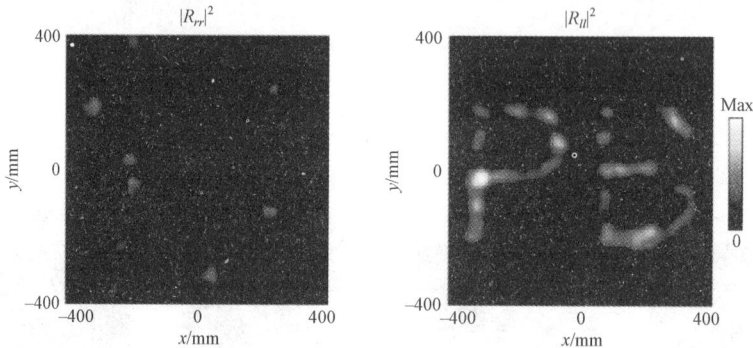

图 4-35　PB 相位的偏振敏感调控

　　此外，受最近利用二进制几何相位在可见光波段下实现偏振不敏感超透镜工作的启发，本工作所提出的超表面系统也能够实现类似在多种偏振状态入射下完成相同的调控功能。如图 4-36（a）展示了所有超单元在位置（0，0，600）处实现超透镜的旋转角度分布，所有旋转角以 $-\pi/4$ 和 $\pi/4$ 进行二进制编码，图 4-36（b～e）显示了四种入射–探测偏振下相应的相位分布，复振幅满足 $R_{ll} = e^{i\pi}R_{rr} = iR_{xy} = iR_{yx}$，换句话说，虽然各自的相位分布不同，但它们都能满足（0，0，600）超透镜的相位要求。因此，其计算的电场强度 $|R_{rr}|^2$、$|R_{ll}|^2$、$|R_{xy}|^2$、$|R_{yx}|^2$ 显示出了能够聚焦在同一点的效果。

　　基于 PB 相位调控的偏振依赖性和波长独立性可以进一步被利用来实现偏振和频率复用功能。对于波长为 λ_1 在 RCP 入射下的功能，计算的目标相位分布可以定义为 $\varnothing_{R,1}$，同样地，对于波长为 λ_2 在 LCP 入射下的功能，计算的目标相位分布可以定义为 $\varnothing_{L,2}$，为了将这两种相位分布施加在同一个超单元，可以将旋转分布设为 $\theta = \arg[\exp(i\varnothing_{R,1}) + \exp(-i\varnothing_{L,2})]/2$。在这一条件下，在 RCP 入射下，超表面将会同时执行相位分布为 $\varnothing_{R,1}$ 和 $-\varnothing_{L,2}$ 对应的功能，同样在 LCP 入射下，超表面将会同时执行相位分布为 $-\varnothing_{R,1}$ 和 $\varnothing_{L,2}$ 的功能。如果要实现的目标功能是超透镜，其负相位分布 $-\varnothing_{L,2}$ 和 $-\varnothing_{R,1}$ 对应于发散功能，它们相对于正相位分布

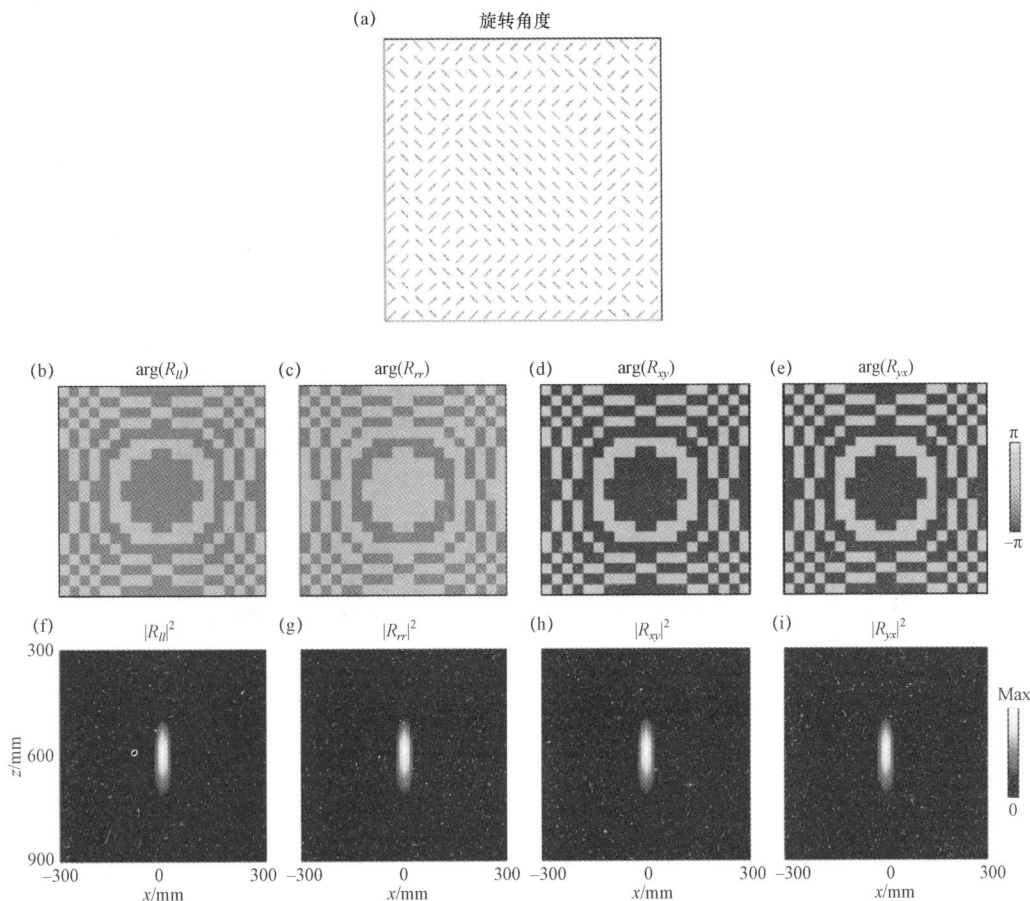

图 4-36   PB 相位的偏振不敏感调控

（a）超单元以二进制编码（ $-\pi/4$ ， $\pi/4$ ）的旋转角度分布；（b～e）对应四种偏振条件下的相位分布；
（f～i）相应的电场强度分布

$\varnothing_{R,1}$ 和 $\varnothing_{L,2}$ 所实现的聚焦功能有一些影响。如图 4-37 所示利用所提出的可编码超表面系统将 6.3 GHz 频率下 R_{rr} 在（ -250 ，0，850）处聚焦的功能与 7 GHz 频率下 R_{ll} 在（250，0，900）处聚焦的功能组合在一起，即将各自对应的旋转角分布相叠加后施加在超单元上，从结果上看较好的实现了偏振 – 频率的功能复用。

4.5.5   机械式电磁多参数动态调控的机理

为了进一步在多路复用中实现更为复杂的功能，无关分量之间产生的串扰将会严重影响最终的功能。如果只有目标功能的强度分布是重要的（如超透镜和全息成像），$\varnothing_{R,1}$ 和 $\varnothing_{L,2}$ 的相位分布可以进一步优化以减少串扰。然而，为了将 RCP 和 LCP 的关联性彻底分开，必须要考虑引入与自旋无关的设计自由度，如共振相位。此外，还可以在现有机械传动控制基础上进行升级改造，在一个超单元内赋予不同工作单元以不同的旋转角度或者进行径

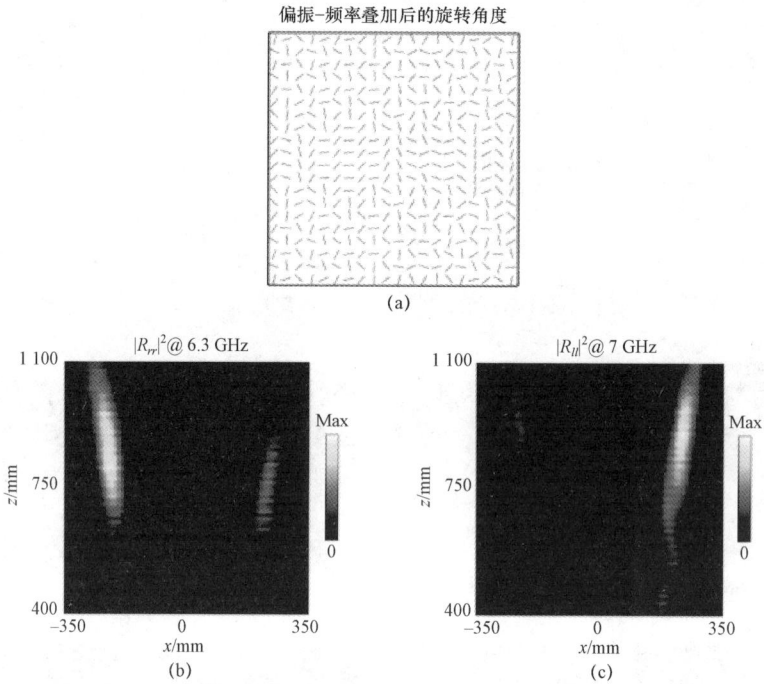

图 4-37 偏振–频率的超透镜复用

（a）两种相位分布叠加后所对应的旋转角度分布；（b，c）实验上分别测量两种功能的强度分布$|R_{rr}|^2$和$|R_{ll}|^2$

向或者面内位移，以实现对不同电磁场参数的独立或者联合调控[267]。2017 年，中科院光电研究所的罗先刚院士曾报道了一种超单元，通过改变其中两种（四个）工作单元的旋转角度，可以实现具有手性选择性的波前控制[268]。2020 年，暨南大学的李向平教授等人报道了一种基于迂回相位的超单元设计，在斜入射光下移动超单元内工作单元的位置以及旋向，可以实现多个频率下的复杂波前输出控制，进而实现彩色全息成像[269]。2021 年，南京大学徐挺教授与陆延青教授团队通过同时改变超单元中四个工作单元的尺寸以及旋角，可同时独立调控任意两个正交偏振态的出射振幅与相位，实现了多维光场调控[270]。以上工作都证明，如果能对工作单元元赋予机械式的旋转、位移等多维度控制，有望实现对电磁波多参数独立或联合地动态调控。

相位、振幅、偏振和频率是电磁波的四个基本参数，单一的调控维度（如 PB 相位）是无法实现多参数独立或同步的调控，需要引入多个调控维度并且充分利用机械齿轮传动的动态调控方式，以实现相位–振幅，相位–偏振，振幅–偏振的多参数调控，如图 4-38 所示。以下内容将讨论不同类型多维操作的可能性，以及通过机械方法提供的可能解决方案。a）相位–振幅的同步调控：是通过

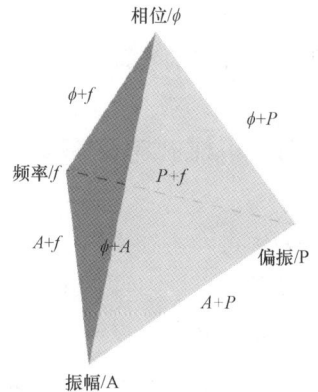

图 4-38 电磁波多参数的调控示意图

改变齿轮参数，为单个超单元内不同对角线上的 PB 工作单元设置不同的方向角，这将提供足够的自由度来（独立或同时）调控超单元的振幅和相位。如图 4-39（a）所示，让红色和蓝色方块中的方向角分别为 $\theta_1 = \theta$ 和 $\theta_2 = 0.9\theta$，其中 θ 表示步进电机的旋转角度。复数振幅可以表示为 $R_{rr} = C_{rr}\exp(1.9i\theta)\cos(0.1\theta)$ 和 $R_{ll} = C_{ll}\exp(-1.9i\theta)\cos(0.1\theta)$，这里 C_{rr} 和 C_{ll} 分别是 R_{rr} 和 R_{ll} 的复系数，特别是对具有面内镜面对称的 PB 工作单元 $C_{rr} = C_{ll}$。图 4-39（b）分别显示了计算 R_{rr} 和 R_{ll} 的振幅和相位。可以看出在阴影区域下，每种圆偏振态下振幅达到 0.7～0.8 的同时相位可以覆盖 0～2π。b）相位－偏振的同步调控：通过调整超单元之间的径向传播位移 s，能够使得 R_{rr} 和 R_{ll} 的相位分别为 $2\theta + 2sk$ 和 $-2\theta + 2sk$（k 为波矢），进而可实现不同偏振态下的相位独立调控。c）振幅－偏振的同步调控：通过利用超单元内的干涉来实现，让图 4-40 中红色和蓝色方块中的 PB 工作单元的旋转角度分别为 $\theta_1 = \theta$ 和 $\theta_2 = 0.9\theta$（θ 表示步进电机的旋转角度），同时，超单元内的红色和蓝色区域内镶嵌不同种类的工作单元，满足 $C_{rr1} = C_{ll1} = i$ 和 $C_{rr2} = C_{ll2} = 1$，这样就得到了不同圆偏振态的振幅随旋转角 θ 的计算曲线，以此能够实现不同偏振态下振幅的独立控制。通过以上内容的研究分析，证明了工作单元的设计和机械传动的设计结合在一起能够实现对电磁波多参数的调控。

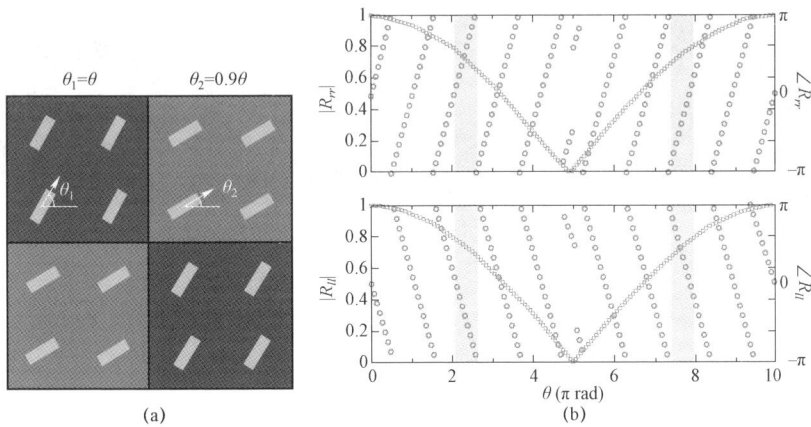

图 4-39　振幅和相位的同步调控方案（一）

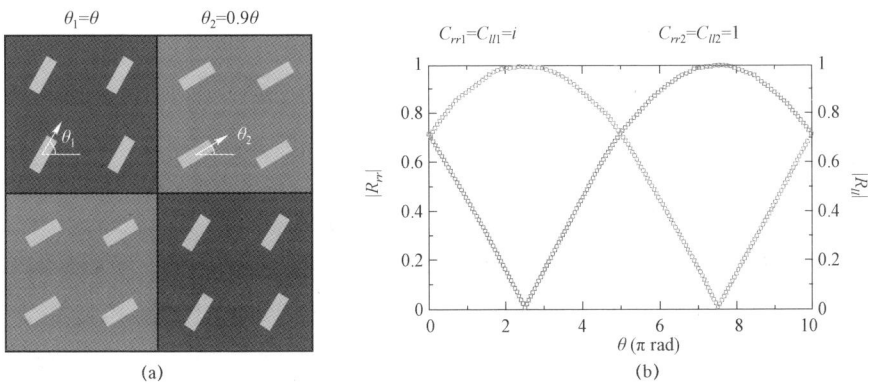

图 4-40　振幅和偏振的同步调控方案（二）

此外，从衍射光学的角度来看，随着相位控制阶数的大幅提高，超表面的性能将会逐渐接近理想状态。图 4-41 展示了利用四种 PB 相位调制阶数（2 阶、4 阶、28 阶、理想状态）构成超透镜的相位分布，定量分析了它们的聚焦效果。从结果上看 28 阶的 PB 相位调制水平与透镜理想相位分布情况下的聚焦效果基本一致，其焦点处的电场强度是 2 阶水平的 2.61 倍，是 4 阶水平的 1.25 倍。在目前的设计中，同一超单元中的 PB 工作单元被设计成相同的旋转角度，齿轮组将扭矩从步进电机均等地传递到每个工作单元。由于机械式可编程模块和超单元可以灵活方便地合并不同的齿轮组和不同的工作单元，能够实现对电磁波多维度可重构性的操控。

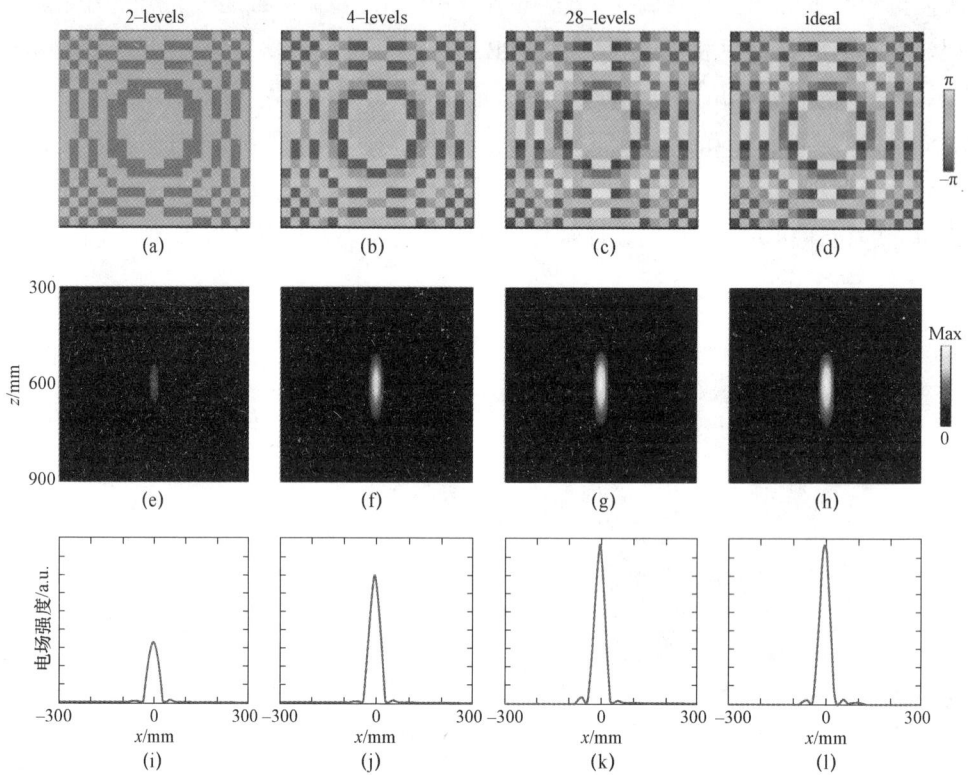

图 4-41　不同相位调制阶数下的超透镜

（a～d）不同相位调制阶数聚焦在（0，0，600）处的相位分布；（e～h）在传播 $x-z$ 平面的电场强度；
（i～l）在焦点处的水平切面图

调制速率也是可编码超表面的一个重要技术指标。在基于电压驱动器件的超表面中，已报道最快的调制速率可以达到 10 MHz。微流控和机械调控的调制速率通常是较为缓慢的。本工作所设计的机械式超表面中，PB 工作单元的转速由步进电机的转速、齿轮组的传动比和工作单元的面内旋转对称性系数决定，选用的步进电机转速设置约为 2 s，齿轮组的传动比为 8/7，工作单元 PB 相位对称性系数为 ±2，对应的调制频率约为 8/7 Hz。需要强调的是，当采用较高转速的步进电机、较大传动比的齿轮组和具有高倍旋转对称的工作单元，可以大大提高 PB 相位调制速率。虽然这样的调制速度比使用电压驱动的二极管要慢，但仍然可以满足一些重要应用的需求，如无线通信信道的动态优化，智能成像仪/识别器，自适应斗篷，因为它们的目标是根据天气、温度的变化，以及行人或隐形车辆的运动来重新配置功能。此外，所提出的机械式超表面具有低功耗（步进电机的功耗低于 37.5 mW）和非波动特性，因此大规模和长时间地应用会展现出具有节能和环保的优势。

对于直接发射指定微波频段波束，例如引导快速飞越天空探测飞机的军用雷达系统，完善的相控阵列更合适。相比之下，可编码超表面，无论是基于二极管的超表面还是机械式的超表面，目的都是与入射波束交互，然后调整输出波束，在通信信道或通信环境的可重构中发挥作用。因此，从功能方面来说，可编码超表面更适合应用于控制外部辐射源的波前，例如无线通信信道或自适应隐身斗篷的动态优化。值得注意的是，本节所设计的机械式超表面系统具有低功耗和非易失性的特点，这二者又恰恰是自适应隐身斗篷的关键技术：低功耗导致低热量产生，降低了红外技术探测的风险；非易失性使隐形车辆可以隐藏较长时间和待机，能耗相对较低。还应该强调的是，每种技术在多个维度上都有不同的性能，这种多样性确保了任何一种技术在未来的应用中都有自己可应用的场景；另一方面，这种多样性将鼓励持续优化各种特定技术，以适应最佳的应用场景。

本工作展示了一种新颖的机械式调控方法来实现超表面对电磁波的多种功能复用。从原理上讲该超表面可以被动态的重新设计，以致产生各种可供选择的功能，而且能够实现高效、低功耗、非易失的动态切换，这将在各种微波应用中具有极大的发展前景。长期以来，微纳米技术一直在追求对空间和时间内微纳米元素的精确和可逆控制，本工作可能进一步推动微纳米技术之间的跨学科领域，将机械式可编程超表面的相关设计范式推广至更高频段，使微纳米 PB 超构单元的精确旋转控制具有完全寻址性和可重构性，将光学可重构超表面压缩成单个芯片，为应用光学方向各领域的发展贡献力量。

第五章

表面等离激元波导的片上调控及应用

有效地操控人工表面等离激元（Spoof Surface Plasmon Polaritons，SSPPs）的传输对于开发高度集成等离激元链路方面具有非常广阔的应用前景，因此基于人工表面等离激元波导的多种功能器件的研究成为当前的研究热点，并受到了国内外专家学者的广泛关注。值得注意的是，SSPP 波导能够发挥片上功能级联的优势，其中片上慢光器件在提高缓存能力、高灵敏度传感和非线性相互作用等方面发挥着重要作用。本章提出了一种新的策略来操控SSPPs 传输的慢光响应，即在波导附近放置两个谐振频率相同且 Q 值不等的开口谐振器与波导之间发生电磁诱导透明（Electromagnetically Induced Transparency，EIT）式的耦合作用，继而产生相应频率的开关作用和群延迟，并且通过在 SSPP 波导传输路径中以工作频率所对应的波长为间距放置多个这样的耦合模组，以此来产生慢光的级联响应[271]；与此同时，将PIN 二极管嵌入到谐振器结构的设计中，进而通过外加偏置电压来动态调控其片上慢光特性[272]。此外，利用 EIT 效应对周围介质环境的高敏感特性，开发并证明了片上折射率传感器。本章所提出的利用模式耦合调控 SSPP 波导传输的方案为高度集成的等离电路和互连开辟了新颖的技术途径。

5.1 基于 EIT 效应的片上级联慢光响应

5.1.1 SSPP 波导结构的设计

由第一章的介绍可知，双侧周期均匀开槽的金属条带结构在微波频段下能够实现对表面电磁模式的强束缚特性，同时具有较为宽带的低通滤波特性，并且其截止频率能够通过改变开槽的深度来实现灵活的调控，因此它是一种性能优良且易于器件级集成应用的SSPP 传输线波导。图 5-1 显示了双侧周期均匀开槽金属条带的结构示意图及其色散特性，其结构的几何参数包括波导的整体宽度 H 为 8 mm，厚度 t 为 0.018 mm，该结构放置在 $d=$ 0.5 mm 厚的高频电介质基板 F4B 上，相对介电常数为 2.65，损耗正切为 0.002。方槽的周

期 p 和槽宽 a 分别设置为 5 mm 和 2 mm。利用电磁仿真软件 CST 的本征模式求解器计算该结构所支持 SSPPs 传输模式的色散关系依赖于开槽的深度 h。随着凹槽深度的增加，色散曲线逐渐偏离光线 light line 并逐渐接近截止频率，同时由于在特定频率下 SSPP 的传输波矢逐渐增大，双侧金属条场束缚特性也随之逐渐增强，意味着其支持的倏逝场覆盖范围逐渐变小。为了平衡 SSPPs 的紧束缚场和金属条带波导与邻近谐振器单元之间的近场相互作用，优化凹槽的深度 h 为 3 mm。

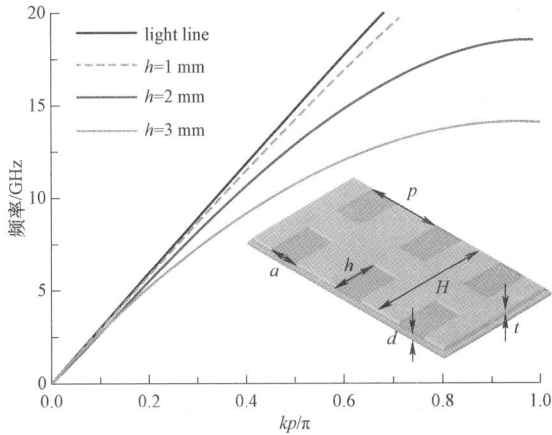

图 5-1　双侧周期均匀开槽金属条带结构的示意图及色散特性

为了实现从共面波导激发到 SSPPs 传输的高效转化，通过设计槽深逐渐加深的渐变开槽结构来实现阻抗匹配的完美过渡，如图 5-2 所示。整个 SSPP 传输线波导共分为三个部分：区域 I 为共面波导，宽度 w 为 25 mm，对称缝隙宽度为 0.3 mm，输入阻抗为 50 Ω，因此共面波导可以通过 SMA 转接头和同轴电缆将信号源高效馈入；区域 II 为过渡结构，由槽深渐变的双金属条带和渐变槽线结构组成，前者包含由 8 个槽深逐渐变大的双侧金属条带结构，后者包括一组对称的指数渐变槽线，其轮廓变化的规律满足经典的 Vivaldi 天线设计方程：

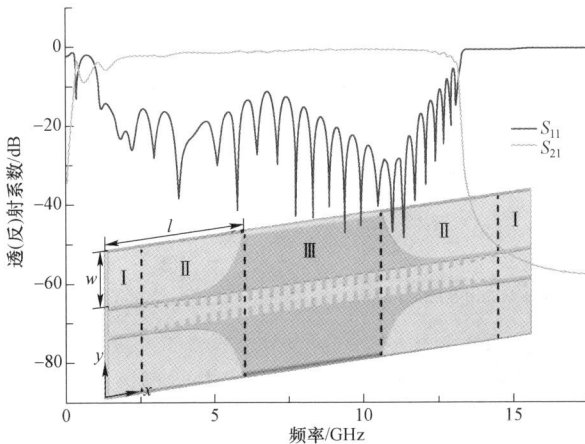

图 5-2　整个 SSPP 波导结构示意图及透（反）射系数 S_{21}（S_{11}）

$$y = \frac{w \times (e^{\alpha x} - 1)}{e^{\alpha l} - 1} \tag{5-1}$$

其中 $\alpha = 0.14$ 为曲线变化的指数因子,过渡结构区域宽度 w 和长度 l 分别为 25 mm 和 60 mm,信号输入端和输出端结构镜像对称。将左侧端口定义为输入端口 1,右侧端口定义为输出端口 2,利用 CST 电磁仿真软件模拟整个 SSPP 波导结构的传输系数 S21 和反射系数 S11,可以清楚地发现在 1.1 GHz 至 12.8 GHz 的通带内,传输系数 S21 大于 −3 dB,反射系数 S11 小于 −15 dB,直观地反映了电磁能量从共面波导模式到 SSPPs 传输模式的高效转换。

为了实现对 SSPPs 的传输调控,就需要了解双侧周期均匀开槽金属条带所支持的 SSPPs 近场分布特点和规律。图 5-3 显示了整个 SSPP 传输线波导在中心频率 6 GHz 的倏逝场分布以及双侧金属条带在局部区域的电场轮廓线,可以清楚地观察到在 SSPP 传输线波导附近的电场主要是 y 方向分量,而且随与波导距离的增大而迅速衰减。因此,基于该特点为进一步通过邻近谐振器的共振耦合行为来操纵 SSPPs 的传播提供了重要途径。

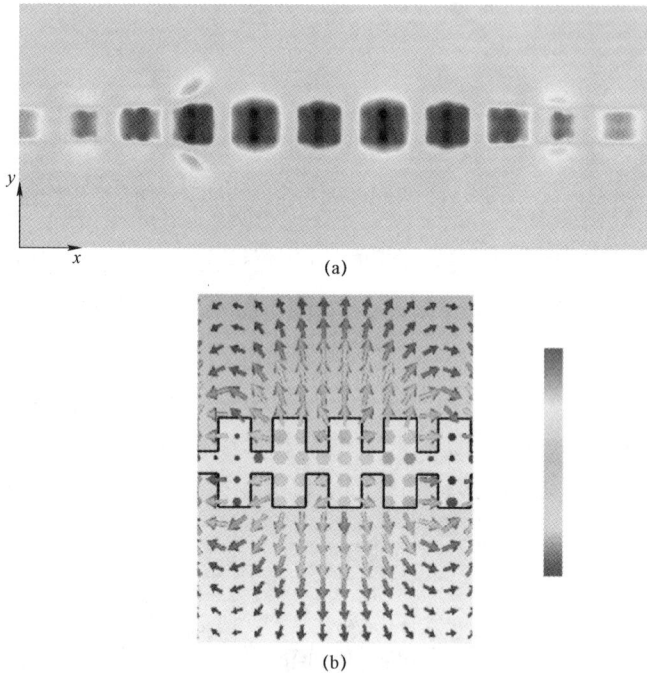

图 5-3　SSPP 波导通带中心频率 6 GHz 的倏逝场分布

5.1.2　谐振器结构与耦合调控机理

利用人工微结构来构造的 EIT 效应其实现方式主要有以下三类:(a)与激发场耦合的低 Q 值明模 + 与明模耦合的高 Q 值暗模;(b)与激发场强耦合的低 Q 值明模 + 与激发场弱耦合的高 Q 值暗模;(c)结构不对称所产生的法诺谐振效应。本节所采用的是第二类产生方式，如图 5-4（a）所示，采用侧边开口的金属方环作为明模，边长 $px = py = 6$ mm，线宽 $w_1 = 0.75$ mm，开口高度 $g_1 = 1$ mm，开口宽度与线宽一致；中心开口的特殊金属环作为暗模，边长与明模谐振器相同，线宽 $w_2 = 0.4$ mm，开口高度 $g_2 = 0.25$ mm，开口宽度 $d_2 = 2.7$ mm，二者之间的间距 $s = 0.5$ mm。通过电磁仿真软件 CST 对这两种谐振器结构进行性能仿真，电磁波的传播方向垂直于结构平面，使用波端口对结构的边界进行设置，y 方向为电边界，x 方向为磁边界，在结构的正（背）面分别设置波端口为 1（2），通过透射系数 S_{21} 来表征结构的电磁响应，金属材质设置为铜，厚度为 0.018 mm，基底材料为高频介质板 F4B，介电常数为 2.65，正切损耗为 0.002，厚度为 0.5 mm。分别对独立的明模，独立的暗模以及明－暗模组合结构进行仿真模拟，得到三种结构的透射率谱线，如图 5-4（b）所示，由于明模和暗模谐振器的开口方向都是朝着 y 方向，因此独立明模和独立暗模都会在外界电场的作用下诱发 LC 谐振，并在 6.08 GHz 附近的频率处产生一个谐振吸收峰。值得注意的是，暗模谐振器结构相比明模谐振器结构在开口处的宽度大，从而导致暗模的等效电容较大，根据 RLC 谐振电路的工作特性，暗模谐振的 Q 值比明模的要更高，因此在明－暗模组合结构中，两种结构会发生强烈的近场耦合作用，导致在原来的吸收峰位置处出现了一个较窄的透射窗口。进一步分析透明窗口所对应谐振频率的场分布情况，能够发现大部分电场能量局域在暗模的中心开口位置处，此现象符合类 EIT 效应的典型特征。

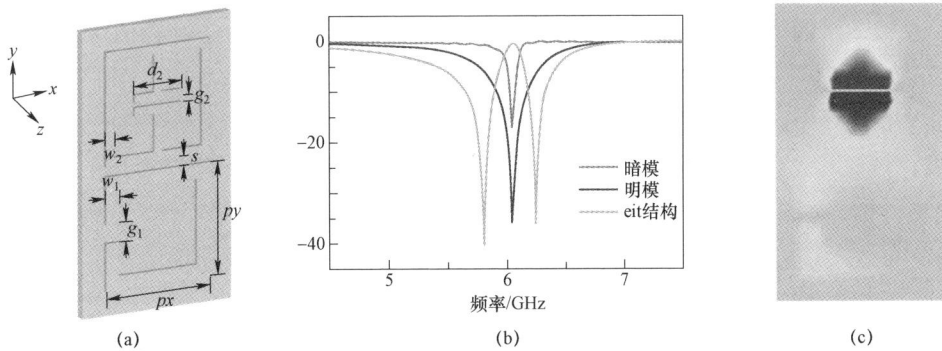

图 5-4　EIT 结构设计
（a）明暗模结构示意图；（b）透射谱；（c）近场分布

基于 SSPP 波导在双侧开槽金属条带结构的场分布特性，将两种谐振器结构分别对称均匀地排布在传输线的两侧。图 5-5（a）显示了将明模谐振器加载到 SSPP 波导的两侧，与波导结构的间距 $s_1 = 0.5$ mm。由于传输线附近的电场沿 y 方向分布，因此能够激发明模谐振器的电感－电容（LC）谐振，谐振频率为 6.02 GHz。通过模拟加载明模谐振器后的 S 参数可以发现，在谐振频率出，透射系数 S_{21} 下降到 -18.7 dB，反射系数 S_{11} 上升到 -2.8 dB，如图 5-5（b）所示。值得注意的是，S 参数在其他宽频谱范围仍然保持原有高透射特性。从谐振频率下的场分布结果可以发现，如图 5-5（c）所示，电磁场能量通过 SSPP 波导与明模谐振器的耦合局域到了明模谐振器开口位置处，由于该谐振使得波导结构的阻抗发生了突变，导致反射系数的增大。

图 5-5（d、e、f）显示了将暗模谐振器加载到 SSPP 波导的两侧，与波导结构的间距 $s_2=$ 7 mm。由于谐振器结构远离 SSPP 波导结构，因此传输线所产生的倏逝场不能有效地激发暗模谐振器的 LC 谐振，其 S 参数基本无变化，而且从暗模谐振器谐振频率下的场分布来看，波导与谐振器基本没有耦合。

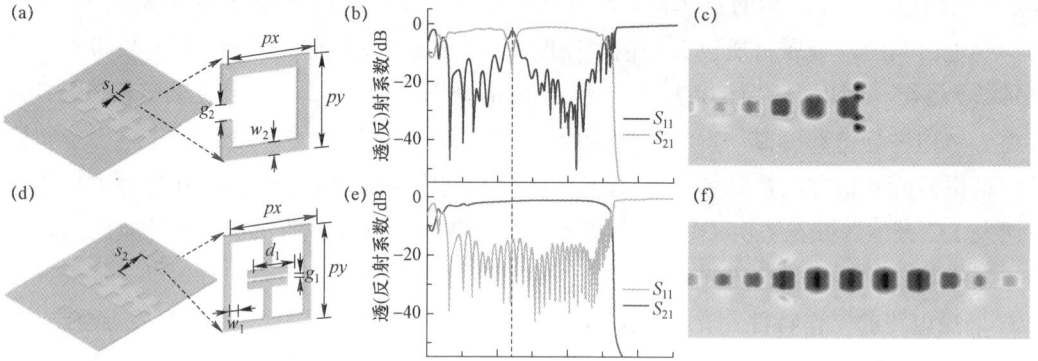

图 5-5 明暗模谐振器加载到 SSPP 传输线上的谐振特性

（a、d）明暗模谐振器的结构示意图；（b、e）透射和反射系数 S_{21}、S_{11}；（c、f）6.02 GHz 频率处的场分布

图 5-6（a、b、c）显示了明暗模谐振器组合成 EIT 模块加载到 SSPP 波导的两侧，从透射系数 S_{21} 的谱线可以发现在 6.02 GHz 处出现一个锐利的透射峰值，Q 值可通过 $Q=f_{EIT}/FWHM$ 来计算，f_{EIT} 指的是 EIT 透射峰值所对应的频率，FWHM（Full Width at Half Maxima）指的是 EIT 透明窗口的半高宽，计算可得 Q 为 28.575。值得注意的是，SSPP 波导的 EIT 现象相比之前只有明-暗模组合结构时的效果较弱，同时透明窗口的特征频率也略有偏移，主要是因为 SSPP 波导周围的倏逝场成局域紧束缚的分布特性。从透射峰频率处的电场分布效果来进一步分析其谐振耦合特性，可以发现首先强倏逝场激发明模的 LC 谐振，弱倏逝场激发暗模的 LC 谐振，同时由于近场耦合效应，被激发起来的明模在附近所形成的电场也会激发暗模的 LC 谐振，而暗模的谐振电场同时也会反向激发明模，从而导致明模的两条激发路径发生干涉相消，产生了 SSPP 波导的 EIT 现象，邻近波导的明模谐振模式被强烈抑制，而外侧的暗模谐振模式在中心开口位置处表现出明显的电场局域增强，同时

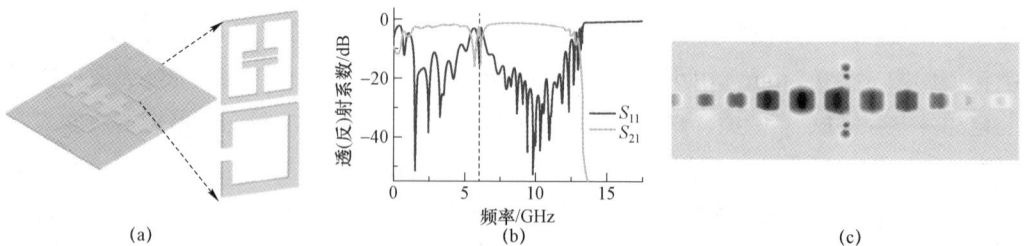

图 5-6 明暗模组合后加载到 SSPP 传输线上的谐振特性

（a）结构示意图；（b）透射和反射系数 S_{21}、S_{11}；（c）6.02 GHz 频率处的场分布

也能注意到 6.02 GHz 频率处从发生耦合前的吸收谷变成了发生耦合后的透明峰，以上特性也符合 EIT 的典型特征。值得注意的是，如果将明模和暗模谐振器的位置调换，即侧边开口的金属方环放置在外侧，中心开口的特殊金属环放置在内侧，这时透射系数 S_{21} 不会出现类似 EIT 的透射峰，因为靠近 SSPP 波导的同时也是被波导所直接激发的谐振器必须具备更低的谐振 Q 值。

5.1.3　耦合模理论分析

为了进一步从理论上阐明该片上 EIT 效应的工作机理，采用耦合模理论来分析明暗模谐振器与 SSPP 传输线之间的耦合作用[273-275]，每个谐振器的振动方程可以写为：

$$\frac{\mathrm{d}q_{\mathrm{b}}}{\mathrm{d}t} = (i\omega_{\mathrm{b}} - \gamma_{\mathrm{b}}^s - \gamma_{\mathrm{b}}^i)q_{\mathrm{b}} + i\kappa q_{\mathrm{d}} + i\sqrt{\gamma_{\mathrm{b}}^s}S_{\mathrm{in}} \tag{5-2}$$

$$\frac{\mathrm{d}q_{\mathrm{d}}}{\mathrm{d}t} = (i\omega_{\mathrm{d}} - \gamma_{\mathrm{d}}^s - \gamma_{\mathrm{d}}^i)q_{\mathrm{d}} + i\kappa q_{\mathrm{b}} \tag{5-3}$$

其中 q_{b} 和 q_{d} 分别描述了明暗模谐振的归一化振幅；S_{in} 为波导端口 1 的输入；ω_{b}、γ_{b}^s、γ_{b}^i（ω_{d}、γ_{d}^s、γ_{d}^i）分别为明（暗）模谐振器的谐振频率，辐射损耗和吸收损耗；κ 为明暗模式之间的近场耦合作用；$i\sqrt{\gamma_{\mathrm{b}}^s}S_{\mathrm{in}}$ 表示明模谐振器与波导输入之间的耦合。因此，透射系数 S_{21} 可以写为：

$$S_{21} = 1 - \frac{\gamma_{\mathrm{b}}^s(i\omega - i\omega_{\mathrm{d}} + \gamma_{\mathrm{d}}^s + \gamma_{\mathrm{d}}^i)}{(i\omega - i\omega_{\mathrm{b}} + \gamma_{\mathrm{b}}^s + \gamma_{\mathrm{b}}^i) \cdot (i\omega - i\omega_{\mathrm{d}} + \gamma_{\mathrm{d}}^s + \gamma_{\mathrm{d}}^i) + \kappa^2} \tag{5-4}$$

利用模拟仿真得到的透射谱来拟合公式（5-4）中的参数，可以得到 $\omega_{\mathrm{b}} = 6.02$ GHz、$\omega_{\mathrm{d}} = 5.89$ GHz、$\gamma_{\mathrm{d}}^s = 0.76$ GHz、$\gamma_{\mathrm{d}}^i = 0.02$ GHz、$\gamma_{\mathrm{b}}^i = 0.0001$ GHz、$\gamma_{\mathrm{d}}^i = 0.005$ GHz 和 $\kappa = 0.18$ GHz。能够发现 EIT 效应主要是由明模的辐射损耗和明暗模之间的耦合系数决定，整个系统的其他损耗系数可以忽略不计。从另一个角度可以理解为 γ_{b}^s 和 κ 分别对应明模谐振器两种相反的激发途径，即来自端口 1 输入 S_{in} 的直接耦合和来自暗模谐振器的间接耦合，两种作用发生相消干涉作用导致在 6.02 GHz 处产生较强的耗散抑制和较窄的透明窗口。图 5-7 显示了理论拟合结果与仿真结果吻合的很好。

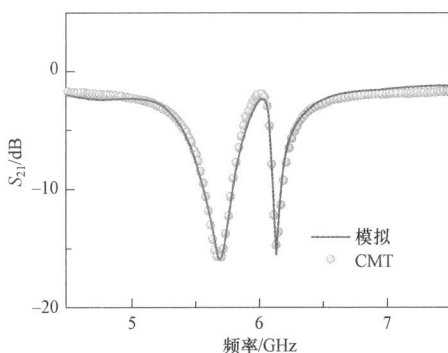

图 5-7　耦合模理论分析

5.1.4　样品制备与性能表征

为了验证电磁仿真和理论模型进行了实验测量，使用印刷电路板工艺（Printed Circuit

Board，PCB）制备了三种样品，分别是 SSPP 波导加载单独明模，SSPP 波导加载单独暗模，SSPP 波导加载明模+暗模组合，如图 5-8 所示，在每种样品的实物图中谐振结构都有被放大便于观察。实验中，将 SMA 连接器焊接在 SSPP 波导样品的两端–共面波导区域上，并通过两根 50 Ω 端口阻抗的同轴电缆连接到矢量网络分析仪（Agilent N5230C），以此来测量每种样品的透射系数 S_{21}。图 5-9 显示了每种样品的仿真结果和实验结果，能够发现二者较好的吻合，其中微小的差异是由于制备结构图案的几何偏差和介质基底 F4B 的介电常数不准确造成的。

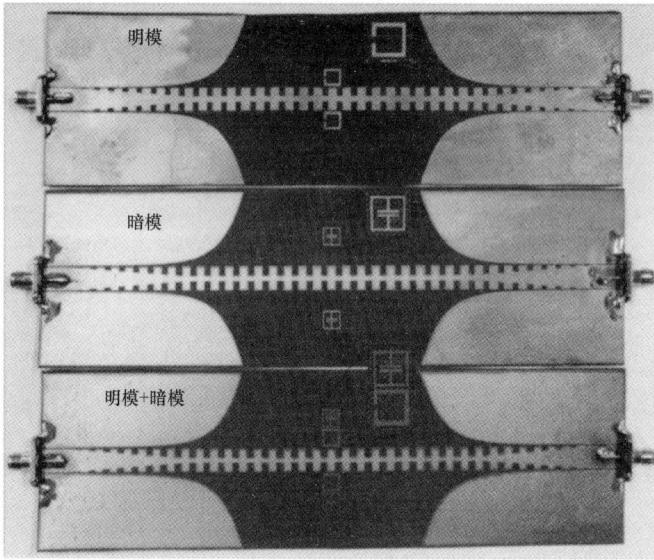

图 5-8　利用 PCB 工艺加工的三种样品

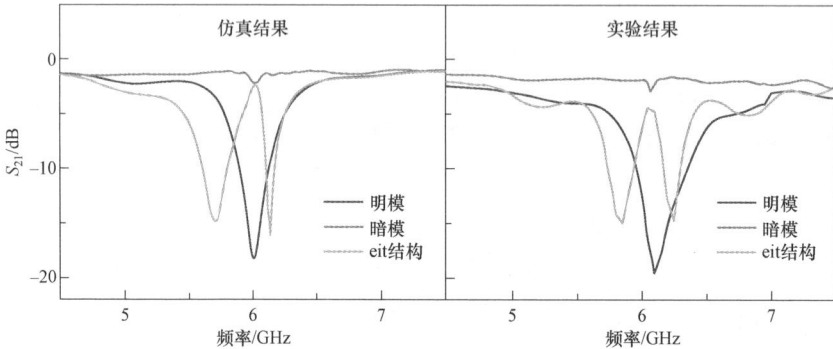

图 5-9　仿真结果与实验结果的对比

利用由上位机、矢量网络分析仪、二维电控平移台、电机驱动控制器搭建的微波近场测量系统对明模和明暗模谐振器分别加载到 SSPP 波导的样品进行近场分布扫描，工作频率 6.02 GHz 处的场分布测量结果如图 5-10 所示，有关测量系统的详细介绍参看第二章内容。在扫描过程中，探头固定在样品上方 1.5 mm 的高度，在 x–y 平面上移动，步长设为 1 mm，扫描范围为 174 mm×56 mm。从实验结果可以清楚地发现明模谐振器被 SSPP 波导直接耦合，并激发了 LC 谐振，因此在 6.02 GHz 频率下电磁波能量被局域在明模谐振器的开口区域处，同时抑制了 SSPPs 的传输；当加载暗模谐振器构成了 EIT 模块后，相同频率处的电磁波能量被局域到了暗模谐振器中心开口的区域处，同时 SSPPs 又恢复了正常传输。因此，测量的这两个近场分布为基于 EIT 效应操纵 SSPPs 的传播提供了直观的证明。

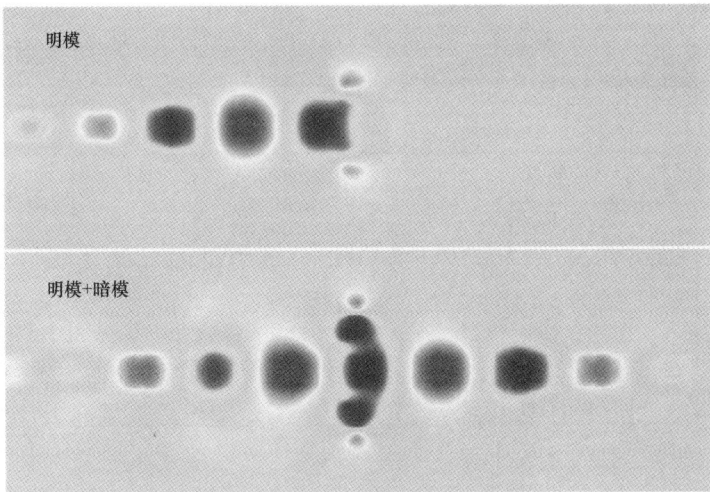

图 5-10　近场扫描的实验结果

5.1.5　级联特性与群延迟计算

为了利用 SSPP 传输线波导对场的强束缚、低损耗和易于集成等优势，分别将将一、二、三个明暗模组合结构以 6.02 GHz 所对应的工作波长 λ_{sp} 作为间距串联地加载到 SSPP 波导上，如图 5-11 所示。从仿真和实验结果可以看出，在谐振频率 6.02 GHz 处的振幅基本不变，而在 5.75 GHz 和 6.23 GHz 两个特征谷频率处的幅度随着 EIT 组合模块数量的增加而逐渐变深，仿真和实验结果吻合地很好。

慢光现象作为 EIT 效应的一个典型特征，其表现在透明窗口处的群延时显著增大，群延时 t_g 与传播相位有关，可以利用公式

$$t_g = \frac{\mathrm{d}\varphi}{\mathrm{d}\omega} \tag{5-5}$$

其中 φ 和 ω 分别表示传输相位和角频率。图 5-12 给出了 SSPP 波导分别加载一、二、三组 EIT 模块时，其传输相位和群延时的仿真结果和实验结果。可以明显的发现传输相位在工作频率 6.02 GHz 频率处发生突变的程度随 EIT 模块数量的增多而变强。值得注意的是，计算群延迟过程中是以相同长度单纯 SSPP 波导的数据来进行归一化处理，得到三种状态下在 6.02 GHz 频率处的群延迟分别为 1.52 ns，2.84 ns 和 4.86 ns，对应没有 EIT 模块的单纯 SSPP

波导等效传播距离分别为 56.04 mm、104.71 mm 和 179.19 mm。其测量结果与仿真结果存在一些差异可能是由于样品加工的误差和取样不充分造成的。但仍然证明了通过多个功能模块的串联加载在 SSPP 波导上能够实现功能效果的累积,这是在空间超构材料所难以实现的。

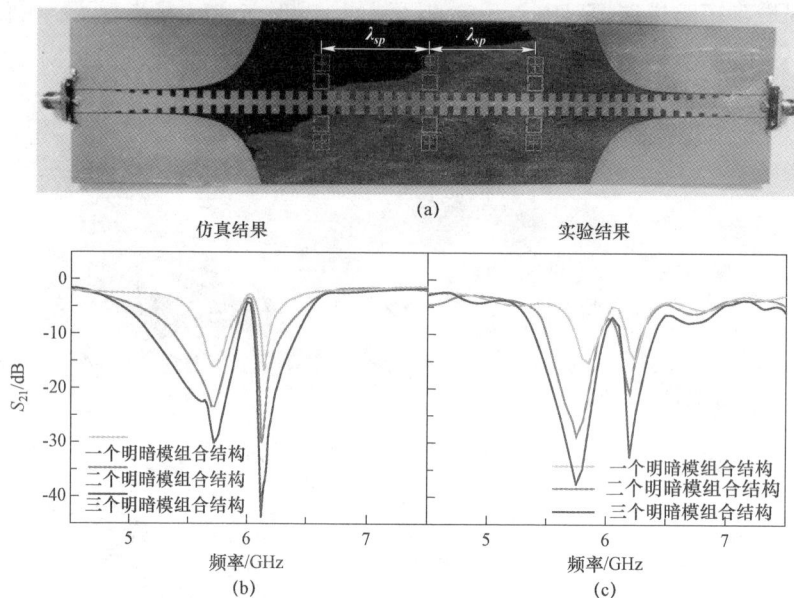

图 5-11 SSPP 波导的级联特性

(a)样品实物图;(b)仿真结果;(c)实验结果

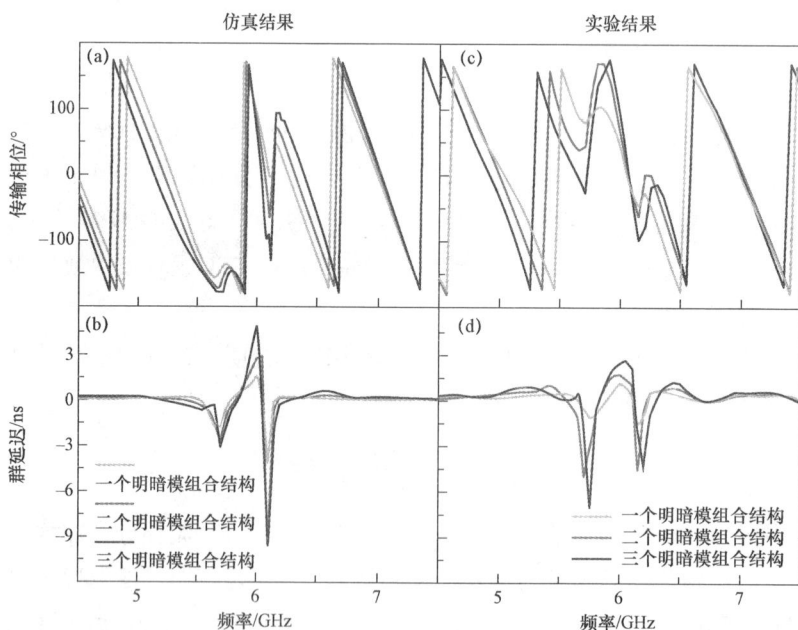

图 5-12 级联状态下的传输相位和群延迟

(a、b)仿真结果;(c、d)实验结果

本节将由明模谐振器和暗模谐振器所组成的 EIT 模块加载到 SSPP 波导附近,通过耦合作用实现了片上 EIT 效应,电磁仿真、理论分析和实验测量均表明,物理机理归因于明模的两个相反激发路径之间的相消干涉。此外,通过实验测量和数值模拟证明了在 SSPP 波导附近加载多个 EIT 模块来增强 EIT 效应的级联能力。基于 EIT 效应的 SSPPs 传输调控为发展小型化、多功能化的片上集成等离电路开辟了新的途径。

5.2　基于 PIN 二极管的电控级联慢光特性

本节将在前一节内容的基础上,通过将 PIN 二极管嵌入到谐振器结构中,通过施加直流偏置电压来动态调控 SSPP 波导的 EIT 响应。利用电磁仿真和耦合模理论阐明了 EIT 效应的动态调控机理,为主动片上慢光器件开辟了新的技术途径[272]。

5.2.1　电控谐振器结构设计与调控机理

SSPP 波导仍然选用双侧周期均匀开槽的金属条带结构,其几何参数设置与上一节中介绍的一致。如图 5-13 所示,EIT 模块由一对无源的开口方环和有源的开口方环构成,其中无源开口方环的周期 $px = py = 6$ mm,线宽 $w = 0.75$ mm,开口高度 $g_1 = 0.4$ mm,与 SSPP 波导之间的间距 $s_1 = 0.5$ mm;有源开口方环的周期、线宽与被动谐振器结构一致,开口高度

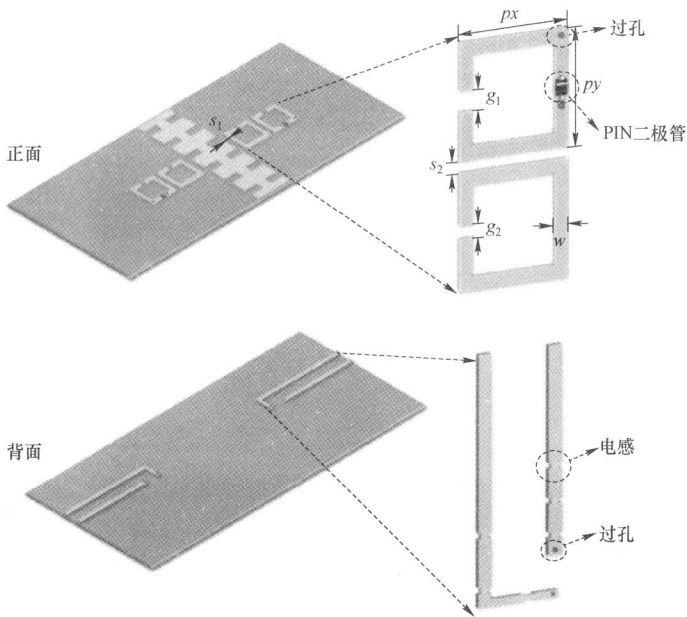

图 5-13　电控 EIT 模块设计示意图

$g_2 = 1$ mm，同时将一个 PIN 二极管安装在开口方环的另一侧，PIN 二极管的两极通过金属过孔连通到介质基板的背面，并且通过两条金属线连接到基板的末端。实验中为了隔离直流偏置电压和射频信号之间的串扰，在两条金属线中分别串联 3 个 100 nH 的电感，这些器件同时也能降低直流偏置对有源方环结构谐振特性的影响。两个谐振器结构之间的间距 $s_2 = 0.5$ mm。

基于 SSPP 传输线波导倏逝场分布的特性，内侧的无源谐振器能够被波导的电磁场直接耦合，并激发 LC 谐振；而处于外侧的有源谐振器不能被波导的电磁场直接耦合，只能通过无源谐振器来间接激发其 LC 谐振。选用合适的 PIN 二极管，使有源谐振器在接通电源时的谐振频率与无源谐振器的谐振频率一致。如图 5-14 所示，利用电磁仿真软件 CST 模拟了 SSPP 波导在加载不同谐振器时的透射系数 S_{21}，即在接通电源时 PIN 二极管的状态 "ON"：电阻 $R_d = 0.9\ \Omega$，电感 $L_d = 1.5$ nH；而在断开电源时 PIN 二极管的状态 "OFF"：电容 $C_d = 0.3$ pF，$L_d = 1.5$ nH。从仿真结果可以发现，有源谐振器在 "ON" 状态下的谐振频率为 5.43 GHz，与无源谐振器的谐振频率基本一致，因此会发生近场耦合作用实现 EIT 现象，导致 SSPP 波导的透射系数 S_{21} 出现一个透射峰；而当有源谐振器在 "OFF" 状态下时其谐振频率变为 6.29 GHz，这时不会发生近场耦合作用，SSPP 波导的透射系数仍然是与无源谐振器耦合所产生的吸收谷。通过直流偏置电压的开关状态实现了 SSPP 波导 EIT 效应的动态调控，并且在 5.42 GHz 频率下的振幅调制率达到了 14 dB。

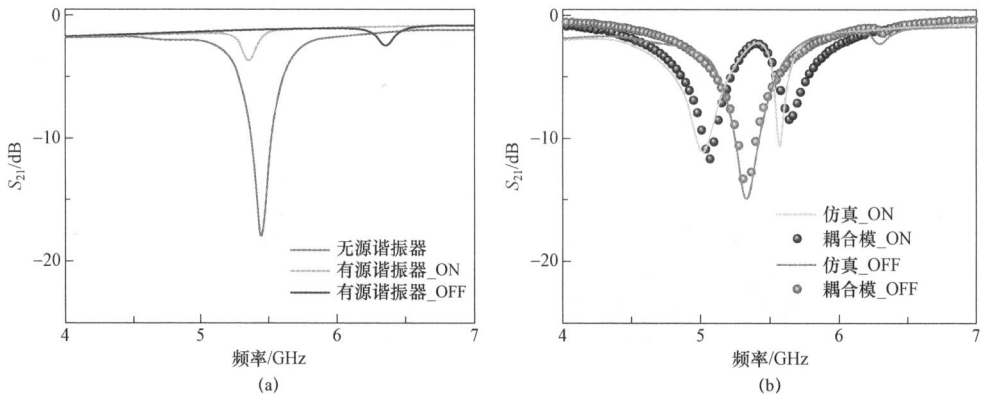

图 5-14　SSPP 波导加载不同谐振器时的透射响应
（a）单独无源或有源谐振器加载时的响应；（b）EIT 模块在 PIN 二极管开关状态下的响应

5.2.2　耦合模理论分析

为了理解 SSPP 波导 EIT 效应的动态调控机理，使用耦合模理论来进行分析其内在的近场耦合作用[273-275]。根据耦合模方程，无源谐振器和有源谐振器的振幅分别记作 a_1 和 a_2，可以表示为：

$$\frac{\partial}{\partial t}\begin{pmatrix} a_1 \\ a_2 \end{pmatrix} = \left[i\begin{pmatrix} \omega_1 & \kappa \\ \kappa & \omega_2 \end{pmatrix} - \begin{pmatrix} \gamma_1^s + \Gamma_1^i & 0 \\ 0 & \gamma_2^s + \Gamma_2^i \end{pmatrix} \right]\begin{pmatrix} a_1 \\ a_2 \end{pmatrix} + \begin{pmatrix} i\sqrt{\gamma_1^s} & 0 \\ 0 & 0 \end{pmatrix}\begin{pmatrix} S_{1+} \\ 0 \end{pmatrix} \tag{5-6}$$

其中：ω_1 和 ω_2 分别代表无源和有源谐振模式的工作频率，每种谐振模式的阻尼率包括两个部分，分别是辐射阻尼 $\gamma_{1,2}$ 和本征阻尼 $\Gamma_{1,2}^i$，κ 表示两种谐振器之间的耦合系数，整个 SSPP 波导系统只被由端口馈入的信号源激发，而且该电磁能量被内侧的无源谐振器直接耦合，记为 S_{1+}。由于有源谐振器距离波导较远，无法与波导直接发生耦合作用，因此整个 SSPP 波导系统的透射系数 S_{21} 可以表示为：

$$S_{21} = \frac{\kappa^2 + (i\omega - i\omega_1 + \Gamma_1^i) \cdot (i\omega - i\omega_2 + \gamma_2^s + \Gamma_2^i)}{\kappa^2 + (i\omega - i\omega_1 + \gamma_1^s + \Gamma_1^i) \cdot (i\omega - i\omega_2 + \gamma_2^s + \Gamma_2^i)} \tag{5-7}$$

利用仿真结果去拟合透射系数 S_{21} 中的参数，其结果如表 5-1 所示。拟合结果与仿真结果对于透射谱的线型吻合的较好。

表 5-1　基于耦合模的参数拟合

State	ω_1	ω_2	γ_1^s	γ_2^s	Γ_1^i	Γ_2^i	κ
ON	5.33	5.43	0.81	0.052	0.017	0.020	0.28
OFF	5.33	6.29	0.75	0.035	0.015	0.018	0.07

从表 5-1 中的拟合参数可以发现，ω_1 和 ω_2 与无源和有源谐振器的谐振频率相一致，无源谐振器作为明模被 SSPP 波导强烈的耦合，其阻尼率相比作为暗模的有源谐振器大的多，主要体现在辐射阻尼 γ_1，因此 SSPP 波导的透射特性主要是由阻抗不匹配所导致的回波增强而非吸收损耗。当 PIN 二极管处于"ON"状态时，这时有源谐振器的谐振频率变得和无源谐振器的谐振频率差不多，耦合系数 κ 变大，导致有源谐振器的谐振被间接激发，同时也会反向耦合无源谐振器，这两条相反的激发路径致使无源谐振器的上电磁能量局域效果消失，产生 EIT 现象，电磁能量被局域到了有源谐振器的开口区域处。当 PIN 二极管处于"OFF"状态时，这时有源谐振器的谐振频率变到 6.29 GHz，和无源谐振器的谐振频率差很多，而且这时的耦合系数 κ 也非常小，意味着两种模式不能发生近场耦合作用，导致 EIT 透明窗口的消失，电磁能量仍然被局域在无源谐振器的开口区域处，进而导致 SSPP 传输的抑制。图 5-15 显示了 5.42 GHz 频率"开 ON""关 OFF"两种状态下整个系统近场分布的仿真结果。因此，SSPP 波导 EIT 效应的动态调控归因于有源谐振器谐振频率的主动控制。

5.2.3　动态调控的性能表征

为了验证以上的电磁仿真和理论分析，使用印刷电路板工艺（PCB）分别制备了 SSPP 波导加载单纯无源谐振器、单纯有源谐振器以及组合模块等三种样品。如图 5-16 所示，整个样品的尺寸为 260 mm × 58.5 mm × 0.5 mm，将 PIN 二极管（型号 SMP1320-011，Skyworks），

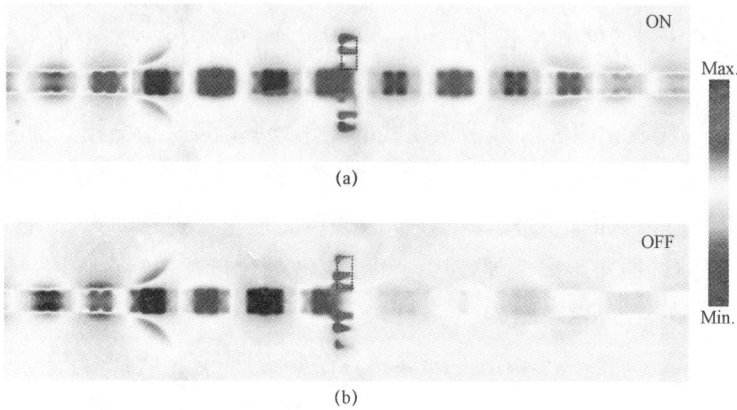

图 5-15 在 5.42 GHz 频率下 PIN 二极管开关状态下的近场分布
（a）"ON"；（b）"OFF"

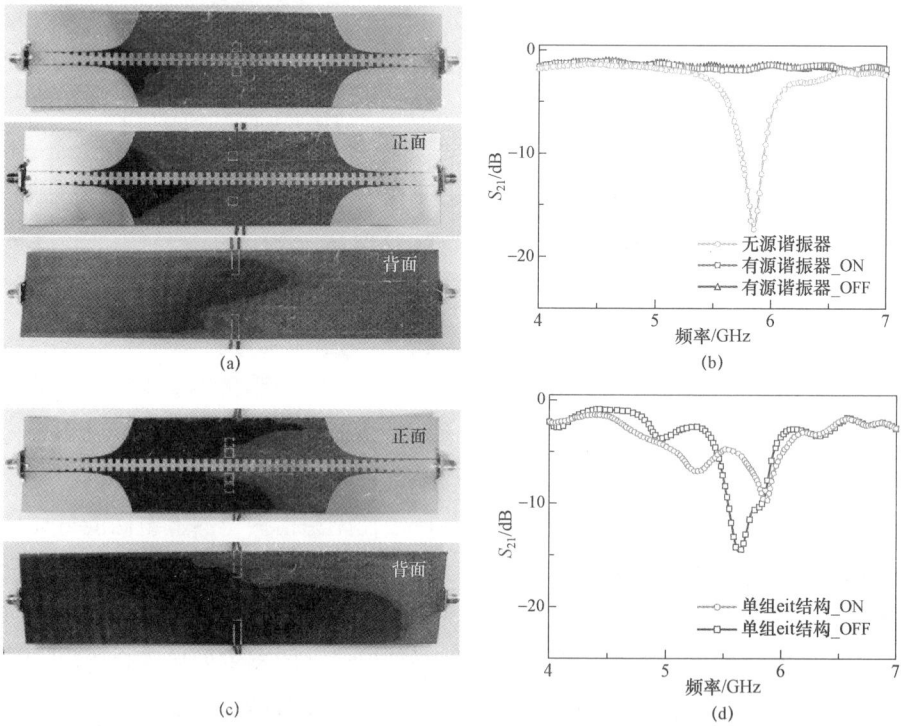

图 5-16 样品实物图与测量结果
（a、c）样品的正面和背面照片；（b、d）PIN 二极管在开关状态下的实验结果

电感元件和 SMA 转接头通过焊接的方式安装在样品对应的位置处。在测量过程中，每种样品的两端通过 50 Ω 端口阻抗的同轴电缆到矢量网络分析仪（N5230C，Agilent），通过样品背面的金属线来对 PIN 二极管施加偏置电压，当正向电压由 0.85 V 变为 0 V 时，PIN 二极管的状态在"ON"和"OFF"状态之间切换。从实验结果可以发现，通过调节电压的开关能够动态实现 SSPP 波导上 EIT 效应的主动控制，实验结果与仿真结果的差异来自于电子元件和基板的损耗。

此外，还制备了 SSPP 波导加载三组主动 EIT 模块的样品，如图 5-17 所示，每组 EIT 模块之间的距离为相应的等效波长 $\lambda_{sp} = 40$ mm，实验结果正如预期的那样，当正向电压达到 PIN 二极管的阈值时，激活了 EIT 效应，SSPPs 在工作频率下实现了高传输。当不施加偏置电压或反向电压时，EIT 效应消失，从而抑制了 SSPPs 的传播，在 5.42 GHz 时调制对比度高达 19 dB。

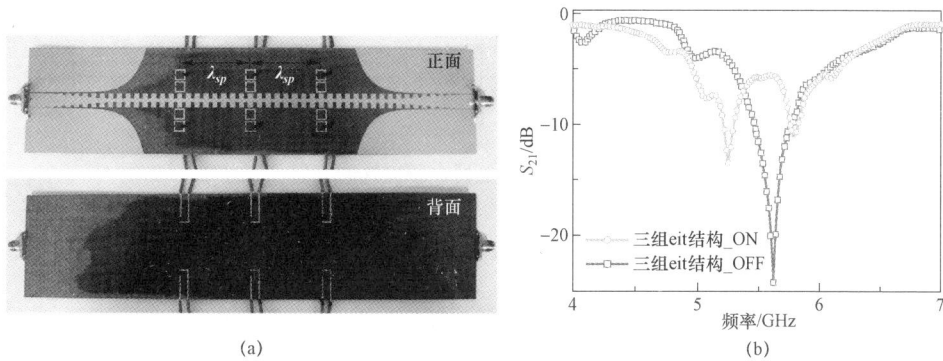

图 5-17　级联特性表征

（a）SSPP 波导加载三组主动 EIT 模块样品；（b）PIN 二极管在开关状态下的实验结果

伴随 EIT 效应的出现会导致在透射峰频率处的群速度显著降低，即慢光效应。由公式（5-5）分别仿真并计算了 SSPP 波导加载一组和三组主动 EIT 模块的传输相位和群延迟，与相同长度的纯波导结构相比，SSPP 波导加载单组和三组 EIT 主动模块时在 5.42 GHz 频率处分别延迟了 0.53 ns 和 1.36 ns，对应于在纯波导结构中等效的传播距离分别为 22.87 mm 和 58.68 mm。同时，PIN 二极管的开关状态能够动态调控慢光的开关状态。

本节通过将有源 PIN 二极管嵌入到谐振器结构的设计中，实现了 SSPP 波导 EIT 效应的主动控制、电磁仿真、理论分析和实验测量都证明了器件设计的动态特性，同时还研究了器件的级联特性，该方法为等离电路功能器件的动态调控铺平了道路。

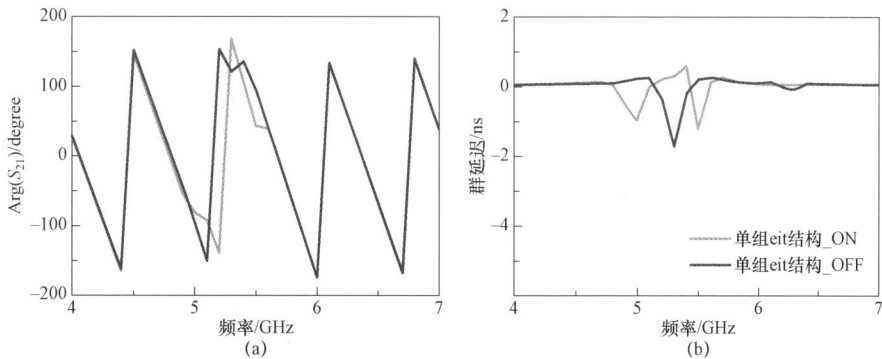

图 5-18　动态的慢光响应

（a、b）SSPP 波导加载一组主动 EIT 模块的传输相位和群延迟

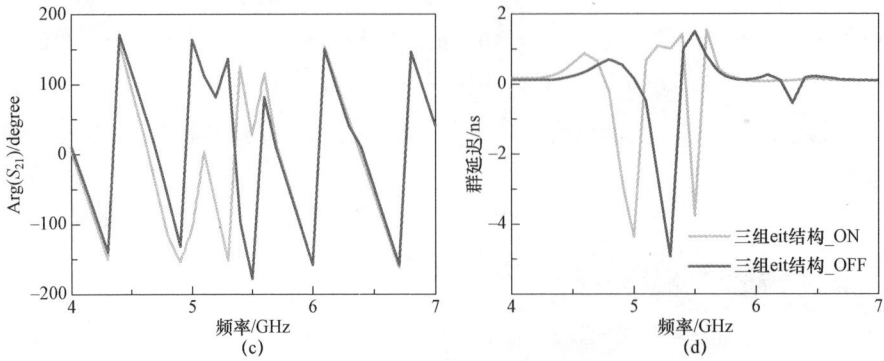

图 5-18　动态的慢光响应（续）

（c、d）SSPP 波导加载三组主动 EIT 模块的传输相位和群延迟

5.3　基于 EIT 效应的片上折射率传感器

利用 SSPPs 在深亚波长尺度的场束缚特性以及对周围介质的敏感特性，可实现在生物医学、化学分析、环境监测等领域的传感检测。Zhang Xuanru 等利用[276,277]基于亚波长深槽波纹形金属图案构建了人工局域表面等离激元（Spoof Localized Surface Plasmons，SLSPs），通过激发各种多阶/高阶谐振模式研究结构的几何参数和对周围环境折射率的敏感程度，并实现了高品质因数 Q（Quality Factor，Q）、高灵敏度的传感检测。Annamdas V G M 等[278]提出通过测量超薄刻槽金属圆盘结构在垂直方向上载荷电磁波的近场强度，实现了 SLSPs 共振模式对轴向载荷的非接触式监测。SHAO R L 等[279]利用二分之一或者四分之一的 SLSPs 结构通过微流体通道注入 3.9 μL 纯乙醇实现了 940 MHz 的共振频率偏移。此外，GAO F 等[280]设计了一种在垂直平面方向上堆叠刻槽金属圆盘来激发近场耦合，LIAO Z 等[281]实验验证了由两个半径不同的超薄刻槽圆盘所组成的平面系统通过发生相消干涉作用而产生多级法诺共振现象，这些工作同样可以作为微量物质的传感检测手段，而且在高阶模式下所引起的频率偏移比低阶模式更为灵敏。尽管已有由不同样式的谐振器结构所构成的平面传感器具有较好的传感性能[282,283]，但这些结构大多是基于 SLSPs 的电磁模式，器件的小型化、集成度和共振模式的激发效率有待提升。

EIT 效应由于其灵活的结构设计与丰富的应用场景一直以来都是电磁功能调控领域的研究热点，而且因其透明窗口轮廓较窄、高 Q 值以及高透射峰等优势已经被广泛应用于微量物质的高灵敏度传感检测，其工作原理是利用 EIT 效应的特征频率/波长的移动变化量来等效计算周围环境折射率的变化程度，其具体的性能指标则通过灵敏度（Sensitivity，S）和 FOM 值（Figure of Merit，FOM）来衡量，S 和 FOM 越大则传感性能越好，反之，则其传感检测的效果越差。然而，目前类 EIT 效应的传感检测大多局限于空间波的激发与探测[284,285]，而在片上的应用却鲜有报道。

　　本节基于在本章第一节介绍的 SSPP 波导上实现的 EIT 效应，由于 EIT 现象发生时在暗模谐振器中心开口处较强的场局域特性，将周围环境的折射率变化反馈到类 EIT 效应特征频率的偏移以及谐振强度的变化，从而实现了片上的传感检测[286]。不仅在电磁仿真方面分析了待测物折射率、正切损耗、厚度以及半径等参数对传感特性的影响，而且在实验上分别对三种食用油进行了测量，证明了所提出的 SSPP 波导片上传感器具有较高的灵敏度和 FOM 值，而且测试过程方便灵活。随着印刷集成电路、无线通信、可穿戴设备以及物联网等技术的进步，基于类 EIT 效应的片上传感技术有望获得更为广阔的发展前景。

5.3.1　传感机理与性能仿真

　　在发生 EIT 效应时，明模与暗模谐振器之间的近场耦合作用，使暗模谐振器结构中心的开口区域处聚集了高强度的电磁能量，导致该位置对周围环境折射率的变化非常敏感。当暗模结构中心开口区域正上方的折射率发生变化时，将会反映到 SSPP 波导 EIT 效应特征峰的频率偏移和强度变化，因此利用这一特点开展了基于片上 EIT 效应的传感性能仿真分析。

　　选用圆形的待测物作为研究对象，在暗模谐振器结构中心的开口区域正上方放置不同的材料，分别模拟仿真了待测物的折射率 n、正切损耗 $\tan\sigma$、厚度 th 和半径 r 等四种参数的变化对 SSPP 波导传输系数 S_{21} 的影响，其主要反映在类 EIT 透明窗口的频率漂移和透射峰的强弱变化。图 5-19 所示给出了待测物厚度为 0.6 mm，正切损耗为 0，半径为 1.5 mm 保持不变的情况下，其折射率值在 1.26～1.79（对应介电常数实部在 1.6～3.2）变化时 S_{21} 的响应特性，随着折射率的增加，整个 EIT 透明窗口向低频漂移。这一现象可以从明－暗模的耦合机理来解释，中心开口的暗模谐振器类似平行板电容器，电容 C 大小与周围环境的折射率成正比，随着待测物折射率的增大，暗模谐振器的电容也随之增大，导致其谐振频率 $f=\dfrac{1}{2\pi\sqrt{LC}}$（$L$、$C$ 分别代表电感和电容）产生了红移，进而使得明－暗模耦合产生的 EIT 透明窗口也发生了红移。利用 EIT 透射峰值频率在单位折射率变化内的平移量来衡量其传感的灵敏度 S 大小，其值为 $S=\Delta f/\Delta n$，单位为 GHz/RIU，其中 Δf 和 Δn 分别是特征频率的偏移量以及所对应的折射率变化量。图 5-19 显示了提取出的类 EIT 效应透明窗口的频率随折射率的变化关系，通过数据拟合显示二者呈线性关系，直线的斜率为该片上传感器的折射率灵敏度，具体大小为 0.91 GHz/RIU。此外，FOM 值也是常用的评价传感器性能的参数，其定义为待测物单位折射率变化所引起谐振峰频率的变化与谐振峰半高宽的比值，FOM 值比灵敏度多考虑了谐振峰线宽的因素，反映了传感器的整体性能指标，计算得到基于 SSPP 波导类 EIT 效应透射峰频率偏移传感的 FOM 为 4.39。

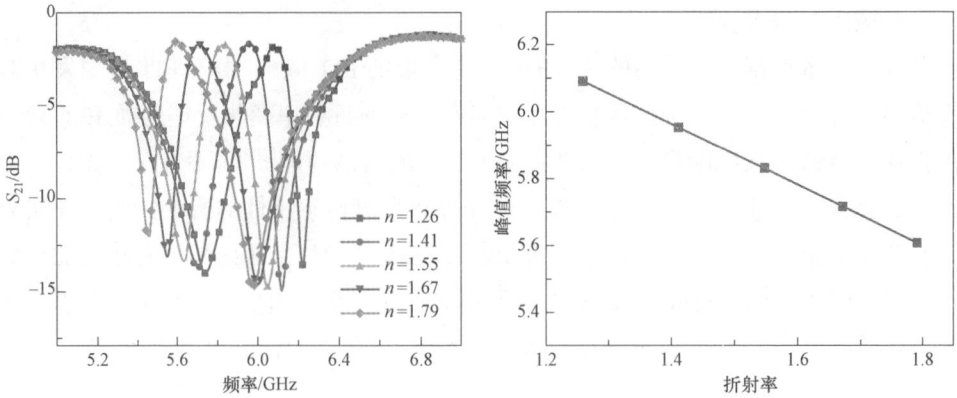

图 5-19　待测物不同折射率下对应的传输系数 S_{21} 及类 EIT 峰值频率与折射率的拟合线型

待测物介电常数的虚部会对暗模谐振器的谐振峰和 Q 值产生影响，进而会对明－暗模的近场耦合产生影响，设待测物的复介电常数为 $\varepsilon = \varepsilon_r + \varepsilon_i$，折射率 $n = \sqrt{\varepsilon_r}$，正切损耗 $\tan\sigma = \varepsilon_i / \varepsilon_r$。图 5-20 给出了待测物厚度为 0.6 mm，折射率为 1.55（对应介电常数实部为 2.4），半径为 1.5 mm 保持不变的情况下，其正切损耗 $\tan\sigma$ 分别为 0、0.04、0.12、0.4、0.6 变化时 S_{21} 的响应特性，随着待测物正切损耗 $\tan\sigma$ 的增大，即复介电常数虚部 ε_i 增大，意味着待测物的损耗变大，导致 SSPP 波导 EIT 透射峰的强度逐渐减小直至演变成只由明模谐振器与 SSPP 波导耦合所形成的吸收谷。图 5-20 显示了提取出的 EIT 透射峰值随正切损耗的变化曲线，峰值强度的逐渐降低主要是因为暗模谐振器受待测物正切损耗的增大其谐振特性逐渐减弱，导致无法形成有效的近场耦合以致不能形成透明窗口。

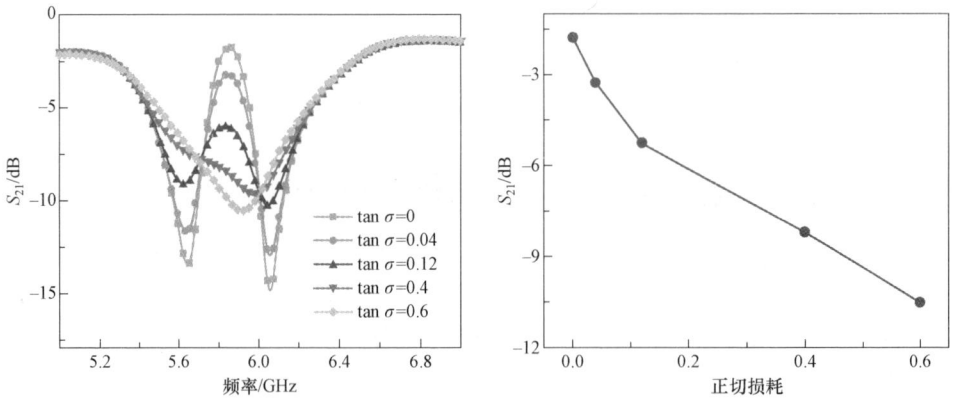

图 5-20　待测物的正切损耗对类 EIT 效应的影响

图 5-21 给出了待测物折射率为 1.55（对应介电常数实部为 2.4），正切损耗为 0，半径为 1.5 mm 保持不变的情况下，其待测物的厚度 th 分别为 0.6 mm、0.7 mm、0.8 mm、0.9 mm、1.0 mm 变化时 S_{21} 的响应特性。可以看出，随着待测物厚度的增加，整个 EIT 透明窗口也发生了向低频漂移的现象，其原因也是由于待测物厚度的增加会使暗模谐振器的电容变大，使得其谐振频率减小，从而导致产生的 EIT 透射峰发生红移。图 5-21 显示了在待测物不同

厚度的情况下其 EIT 透射峰频移量与折射率变化之间的关系曲线，二者明显成线性关系，通过线性拟合可以得到直线的斜率，其对应的是不同厚度下的折射率传感灵敏度。可以发现，待测物半径一定的情况下，随着厚度的增加其单位折射率变化所对应的 EIT 峰值频率的偏移量逐渐增加，拟合线的斜率也逐渐增大，其灵敏度在待测物厚度在 0.6～1.0 mm 变化下值为 0.91～1.12，相应地 FOM 值在 4.39～5.45 之间变化。

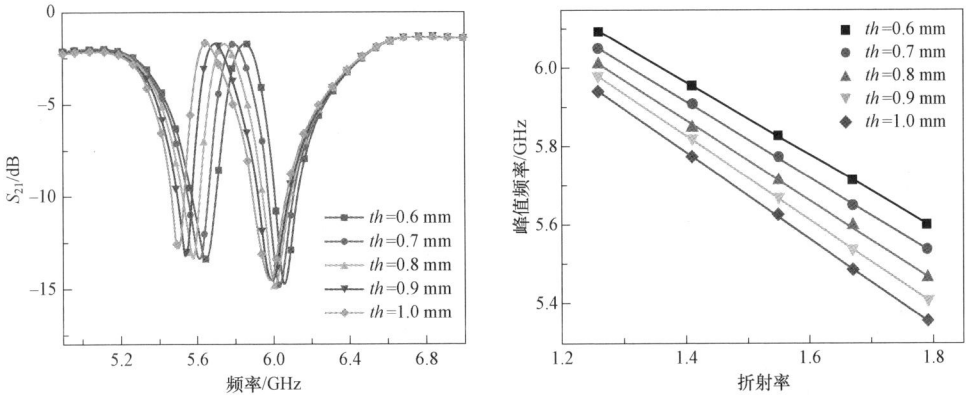

图 5-21　待测物不同厚度下对应的传输系数 S_{21} 及类 EIT 峰值频率与折射率的拟合线型

图 5-22 给出了待测物折射率为 1.55（对应介电常数实部为 2.4），正切损耗为 0，厚度为 0.6 mm 保持不变的情况下，其待测物的半径 r 分别为 1.5 mm、2.5 mm、3.5 mm、4.5 mm 变化时 S_{21} 的响应特性。可以看出，随着待测物半径的增加，整个 EIT 透明窗口同样也发生了向低频漂移的现象。图 5-22 显示了在待测物不同半径的情况下其 EIT 透射峰频移量与折射率变化之间的线性关系，拟合直线的斜率为不同半径情况下的折射率传感灵敏度，其值在 0.91～1.06 之间变化，对应 FOM 值在 4.39～5.13 之间逐渐增大。值得注意的是，随着待测物半径的逐渐增大，其灵敏度也在逐渐增大，但受待测物厚度影响的灵敏度增加并不是没有限制，当半径大于 3.5 mm 以上时灵敏度的变化趋势慢慢趋于恒定。这是由于电磁场能量主要局域在暗模谐振器中心开口处的区域，当待测物所覆盖的区域逐渐大于场局域的区

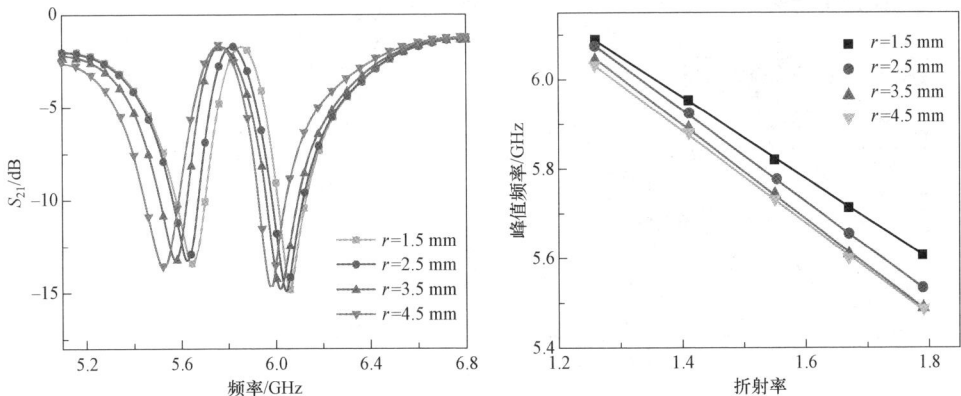

图 5-22　待测物不同半径下对应的传输系数 S_{21} 及类 EIT 峰值频率与折射率的拟合线型

域时，其对暗模谐振特性的影响也将趋于饱和，因此相应的 EIT 透射峰的频移量也逐渐趋于恒定。

5.3.2 实验验证与结果分析

为了验证所提出的片上 SSPP 波导基于 EIT 效应的传感性能，样品如图 5-23 所示，于本章第一节几何参数一致，在 SSPP 波导两端的共面波导区域焊接上 SMA 连接头，并通过两根 50 Ω 阻抗的同轴电缆连接到矢量网络分析仪（Agilent N5230C）的两个端口 1 和 2，透射系数的测量值 S_{21} 显示了在无待测物（none）的情况下通带内有一个 EIT 的透明窗口，相比模拟结果略有差异的原因是由加工误差和介质基底 F4B 的介电常数不准确所造成的。其次进一步利用该器件对三种常用的食用油进行了传感检测，分别是胡麻油（linseed oil）、葵花油（sunflower oil）和亚麻籽油（flaxseed oil），不同种类食用油的区别主要在于脂肪的含量有所不同，导致其相应的折射率会有所差异。采用带针头的针筒注射器将每种待测的食用油滴在暗模谐振器中心开口的位置处，而且同时在 SSPP 波导两侧对称的暗模结构处各注射 1 滴，注射器的规格型号为 1 mL，匹配针头型号为 0.45×16RWLB。实验中为了避免待测食用油对器件的污染，方便重复多次地快速检测，使用超薄的保鲜膜紧贴在 SSPP 波导器件的上方，将待测食用油滴在传感位置对应上方的保鲜膜上，该方法已被验证所测量的实验数据与直接滴在器件上的效果一致，所有实验数据都是经过多次取平均后的结果。将三种食用油的实验测量结果与仿真结果进行了对比，当仿真设置中待测物厚度为 0.6 mm，半径为 1.5 mm，正切损耗为 0，折射率分别为 1.52、1.51、1.49 时，仿真结果的 EIT 透射峰值频率与实验结果相匹配，相应的曲线走势也基本一致，表明所设计的传感器能够对折射率差别在 0.01 的不同待测物有着较为明显的检测鉴别能力。

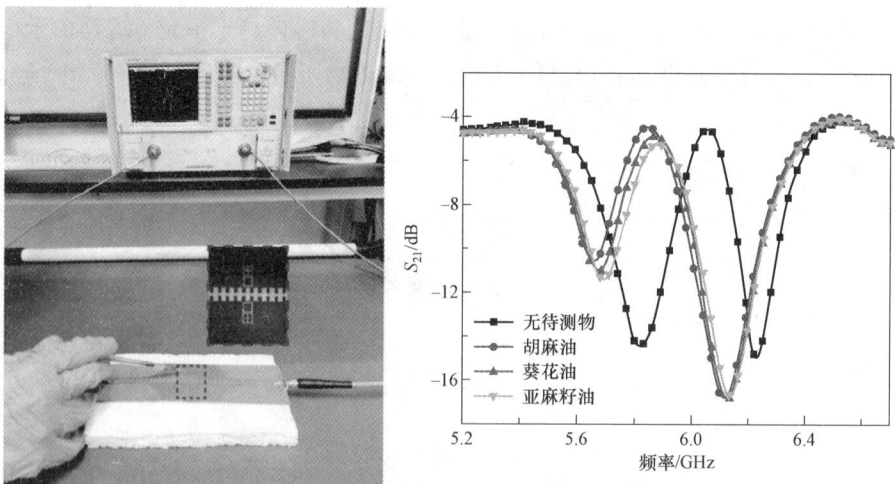

图 5-23　基于类 EIT 效应的 SSPP 传输线对三种食用油的实验结果

　　本节基于 SSPP 波导的 EIT 现象,利用暗模谐振器在 EIT 透射峰值频率处对周围环境折射率敏感的特性,实现了片上的传感检测,分别对待测物的折射率、正切损耗、厚度以及半径变化所引起的 EIT 效应特征频率的偏移量和透射强度变化进行了仿真分析,得到该传感器在 1.26～1.79 折射率变化下的灵敏度最高可达 1.12 GHz/RIU,FOM 值可达 5.45。实验上对三种食用油进行了测量,验证了基于 EIT 效应的片上传感性能。本节所提出的基于 EIT 效应的 SSPP 波导片上传感器具有结构设计简单、易于集成、较高的传感灵敏度等特点,并且通过在 SSPP 波导两侧同时放置不同特征频率的类 EIT 谐振结构,可实现多种物质的同时在线检测,为片上传感的设计提供了新的思路。

第六章

太赫兹人工表面等离激元的
传输波前调控

6.1 基于人工微结构的 THz SSPPs 激发

由于表面等离激元的传播常数大于光在介质中的波矢，导致它们之间的动量不匹配，因此自由空间入射波无法直接激发表面等离激元，需要一种特殊的结构来补偿入射波波矢与表面等离激元波矢之间的失配，从而满足动量匹配条件。第一章已介绍过常用的几种表面等离激元激发方式，如棱镜、光栅和近场激发等。利用人工微结构来激发表面等离激元是当前电磁功能材料领域的研究热点，该方法展现出了超高地设计自由度，特别是结合几何相位、全息原理和近场耦合等方法，能够实现对表面等离激元的特殊光束、复杂波前调控或非对称激发等功能。

本节介绍两种形状的金属狭缝来激发太赫兹人工表面等离激元（THz SSPPs），即矩形狭缝和 C 形狭缝，分别从电磁仿真和理论上分析了两种狭缝激发 THz SSPPs 的工作机理，为后续研究实现对 THz SSPPs 在传输过程中的调控提供了有利支撑。

6.1.1 基于矩形狭缝的 THz SSPPs 激发

亚波长金属狭缝是被用来激发表面等离激元的一种常用方式[287,288]，图 6-1（a）给出了尺寸为 200 μm × 40 μm 的矩形金属狭缝结构，在仿真设置中，x 和 y 两个方向都使用周期性边界条件，在 z 方向上使用完美匹配层 PML 边界条件，通过利用平面波从一侧（xy 平面）入射，而在另一侧金属表面上监测其场分布的形式表征该金属狭缝结构对 THz SSPPs 的激发特性，需要注意的是入射平面波的偏振方向沿 x 方向，即偏振方向垂直于狭缝的长边方向。图 6-1（b、c）分别显示了在 0.75 THz 频率处 xy 截面和 xz 截面上金属界面处电场 E_z 分量的场分布，能够明显的发现矩形狭缝的功能像一个平面偶极子单元，两侧激发的表面等离激元相位差为 π，距离狭缝越远的位置，电场振幅逐渐变弱。理论上矩形狭缝所激发的表面等离激元为宽带响应，而且长边越长，激发的 SSPPs 在靠近狭缝中心区域波前越平坦。在实际使用中，通过以特定激发频率所对应的波长 λ_{SSPPs} 为间距放置矩形狭缝阵列的方式来实现激发波的相干叠加，从而获得高强度且波前平坦的表面等离激元输出。同时，该激发方式还可以通过旋转狭缝结构的方向来控制表面等离激元的出射方向。然而，如此低的占空比以及总是双侧同时激发的特性导致自由空间光到表面等离激元的耦合效率十分低。

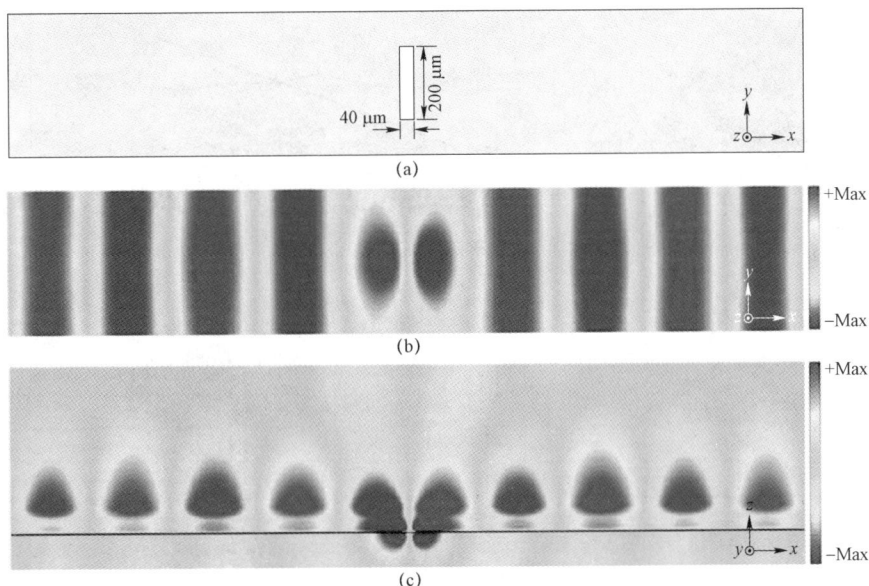

图 6-1　金属矩形狭缝激发 THz SSPPs

（a）结构示意图；（b）xy 截面电场 E_z 分量的场分布；（c）xz 截面电场 E_z 分量的场分布

6.1.2　基于 C 形狭缝的 THz SSPPs 单向激发

第四章介绍过利用 C 形金属狭缝谐振器所组成的相位不连续超构表面，能够实现交叉极化的异常出射。如图 6-2（a）所示，C 形金属狭缝半径为 r，缝宽为 w，分别沿 x 和 y 两个方向的周期为 P_x 和 P_y，开口角为 α，开口中心线于 x 轴的夹角为 β。保持 $\beta = \pi/4$，通过优化 C 形狭缝的其他几何参数可以实现 x 偏振入射下 y 偏振透射振幅基本一致，且相位分布覆盖 π 的五个单元结构，然后将这五个单元结构各自沿中心逆时针旋转 $\pi/2$，根据几何相位的原理，旋转后的五个单元结构振幅仍然基本一致，且相位覆盖另外 π 的范围，这样利用十个 C 形金属狭缝结构就构成了相位分布覆盖 2π 的梯度相位超构表面，如图 6-2（b）所示。最终优化得到 0.75 THz 频率下相位分布覆盖 2π 的十个单元结构几何参数为：$P_x = P_y = 80\ \mu m$ 前五个结构半径 r 分别为 35 μm、36 μm、36 μm、37 μm、38 μm，开口角度 α 分别为 80°、65°、43°、17°、10°，缝宽 w 分别为 10 μm、9 μm、7 μm、6 μm、5 μm；后五个分别为对应结构的镜像对称。当相位梯度沿 x 方向线性变化并且满足 $\mathrm{d}\Phi/\mathrm{d}x < k_0$ 时，以 y 偏振波垂直入射会产生 x 偏振且波前倾斜的透射波，倾斜角度可以由广义斯涅尔透射定律根据沿 x 方向的相位梯度 $\mathrm{d}\Phi/\mathrm{d}x$ 大小来求出，如图 6-2（c）所示。值得注意的是，该倾斜的角度会随着相位梯度的增大而增大，直到 $\mathrm{d}\Phi/\mathrm{d}x = k_{\mathrm{sp}}$ 时，如图 6-2（d）所示，透射波被耦合至表面等离激元并沿金属界面上传播。

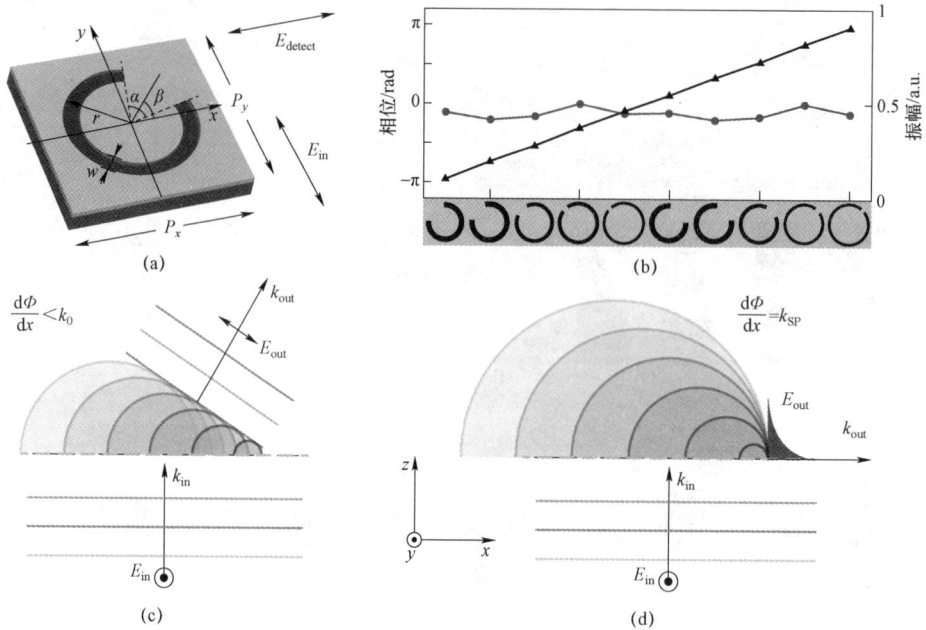

图 6-2 C 形金属狭缝激发 THz SSPPs 工作机理
（a）结构示意图；（b）不同几何参数的振幅和相位仿真优化；（c、d）不同相位梯度下的异常出射[289]

从上述相位分布覆盖 2π 的十个 C 形金属狭缝单元结构中找五个单元构成 2π 的相位分布，其相位梯度为 $\mathrm{d}\Phi/\mathrm{d}x = 2\pi/(5 \times 80\ \mu\mathrm{m})$，恰好约等于 0.75 THz 频率下的 $k_{\mathrm{sp}} = 2\pi \times 0.75\ \mathrm{THz}/c$，其中 c 为真空中的光速。为了进行仿真对比，分别选用十个 C 形金属狭缝和五个 C 形金属狭缝结构沿 x 方向构成 2π 的相位大周期，其相应的相位梯度分别为 $2\pi/800\ \mu\mathrm{m}$ 和 $2\pi/400\ \mu\mathrm{m}$，前者小于 0.75 THz 处的 k_0，而后者则是约等于 0.75 THz 处的 k_{sp}。仿真设置为 x 方向和 y 方向为周期性边界条件，z 方向为开放边界 open，整个结构的界面位于 $z = 0$ 处，y 偏振的宽带平面波从 $-z$ 方向入射，从 $+z$ 方向可以分别监测每种情况下电场 E_x 和 E_z 分量的场分布，如图 6-3 所示。相位梯度为 $2\pi/800\ \mu\mathrm{m}$ 的情况下其电场同时包含 E_x 和 E_z 分量，并且 E_z 分量会随着出射角度的增大而增大；相位梯度为 $2\pi/400\ \mu\mathrm{m}$ 的情况下电场 E_x 分量非常弱，而 E_z 分量非常强，并且表现出沿界面指数衰减的特性。如果将若干个相位梯度为 $2\pi/400\ \mu\mathrm{m}$ 的大周期串联摆放在一起，由于每个大周期激发的 THz SSPPs 传播到其他大周期位置处的传播相位恰好等于它们之间的激发相位差，这样通过相干叠加来增强 THz

SSPPs 的发射。更为重要的是，该方法利用的是 C 形金属狭缝阵列的相位梯度，因此激发的 THz SSPPs 具有单向传输特性。

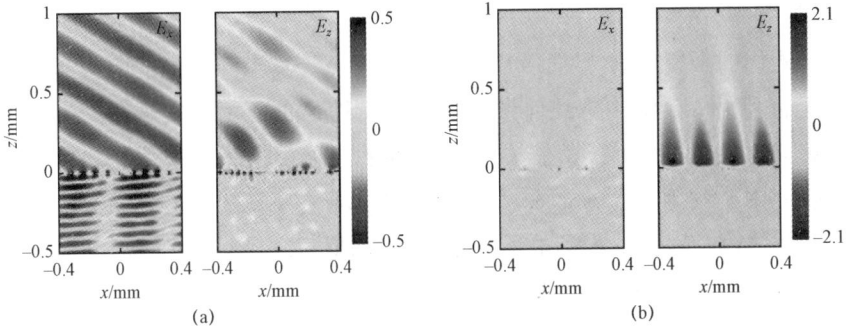

图 6-3　两种情况下电场 E_x 和 E_z 分量的场分布
（a）相位梯度为 $2\pi/800$ μm；（b）相位梯度为 $2\pi/400$ μm[289]

图 6-4 显示了四个相位梯度为 $2\pi/400$ μm 的大周期激发 THz SSPPs 距离金属表面上方 50 μm 处 xy 平面电场 E_z 分量的场分布，激发区域位于 $x = -1.6$ mm 至 0 mm 处，y 方向成周期性排列 $\mathrm{d}\Phi/\mathrm{d}y = 0$，$x$ 和 z 方向边界条件设置为 open。可以明显的发现电场强度沿 $+x$ 方向逐渐增强，而沿 $-x$ 方向几乎没有激发，THz SSPPs 的出射波前非常平坦。相同区域内，放置 C 形金属狭缝比矩形狭缝激发 THz SSPPs 的效率更高，理论上能达到 23.3%。进一步，如果将相位梯度的思想应用在 y 方向上，使得 $\mathrm{d}\Phi/\mathrm{d}y \neq 0$，这样就能够控制激发 THz SSPPs 的出射波前方向[289]。

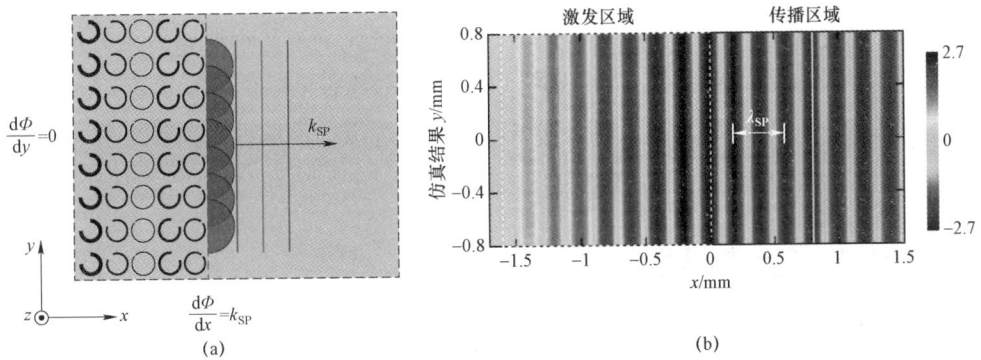

图 6-4　THz SSPPs 平坦波前激发
（a）结构排布示意图；（b）仿真结果[289]

本节分别介绍以矩形金属狭缝和 C 形金属狭缝为单元结构激发 THz SSPPs 的工作机理，C 形金属狭缝相比矩形狭缝结构具有更高的占空比以及更高的激发效率，而且通过控制 y 方向上的相位梯度就能灵活地控制 THz SSPPs 的出射方向。以上两种方法为设计和研究高性能 THz SSPPs 调控功能器件提供了广阔的平台。

6.2 基于渐变折射率的 THz SSPP 二维传输波前调控

借助于结构化的金属/介质界面所形成的人工表面等离激元，能够将太赫兹场束缚在亚波长量级，同时利用单元结构对几何参数的色散特性，进而可以实现在二维尺度上操纵太赫兹波，为集成化、小型化片上太赫兹功能器件的发展提供了解决途径。近年来，天津大学的太赫兹研究中心利用立体方形金属柱子结构实现了太赫兹人工表面等离激元在一维波导结构上的高效传输，实验上得到电场分量 E_z 的幅值衰减为初始值的 $1/e$ 时所传播的距离为 9.2 mm，对应的传播损耗为 8 dB/cm，电场分量 E_z 的幅值沿 z 方向在空气中的衰减长度为 197 μm，都证明了立体金属柱子对 THz SSPPs 的强束缚特性[290]。此外利用一维波导结构还设计了如分束器、耦合器、逻辑门等一维片上功能器件[291-295]。近年来，国内外多个课题组在操控 SSPPs 及表面波传输方面都开展了相关研究工作，其主要成果集中在空间光与表面波之间的高效转换，以及基于相位突变的方法控制 THz 波段下表面波的激发[296-304]，而涉及 THz SSPPs 的操控及相关功能器件的研究工作开展的并不多，相关研究集中在一维波导结构的设计，而对 THz SSPPs 在二维传输过程中的调控还鲜有报道。

本节介绍利用亚波长金属柱子结构对 THz SSPPs 的强束缚特性，通过运用本征模数值计算单元周期中立体金属结构的不同占空比下的色散曲线，分析其几何参数与有效折射率的对应关系，基于渐变折射率的原理设计并实现了 THz SSPPs 片上自聚焦透镜，该透镜能够实现对 THz SSPPs 在二维尺度上的高效波前操控。基于该透镜进一步设计了平面望远镜、波导耦合器、多路复用器和双功能透镜等二维太赫兹人工表面等离激元传输调控器件，通过电磁仿真分析了每种功能器件的工作性能，利用传统光刻工艺和深硅刻蚀工艺对样品进行了加工制备，并通过太赫兹近场光谱系统（NSTM）对器件的性能进行了表征分析[305-307]。本工作不仅丰富了太赫兹表面波调控器件家族，并有望进一步发展表面等离激元链路的太赫兹片上系统。

6.2.1 单元结构的色散特性

根据麦克斯韦方程组和边界条件，可以很容易求得金属－介质界面处表面等离激元的色散关系 $k_{sp} = k_0 \sqrt{\dfrac{\varepsilon_d \varepsilon_m}{\varepsilon_d + \varepsilon_m}}$。其中，$k_{sp}$ 代表表面等离激元的波矢；k_0 代表真空中的波矢；ε_d 和 ε_m 分别代表介质和金属的相对介电常数。根据 Drude 模型可知，在低频段，金属的介电常数 ε_m 非常大，远远大于一般介质的介电常数 ε_d，所以在低频段下 $k_{sp} \approx k_0$，即表面等离激元的波矢约等于光在空气中的波矢，意味着表面等离激元演变成掠入射的光场，无法形成有效的束缚性光场。通过在平面金属上加工周期性的结构，如凹槽或者凸起的柱子，来改变有结构金属区域的有效等离子频率，使其往低频靠拢，进而实现 $k_{sp}>k_0$，这样使得在低频波段下也能实现类似光波段表面等离激元的特性。因此，构建图案化的金属结构是形成人工表面等离激元的关键。

亚波长立体金属柱子单元结构示意图如图 6-5（a）所示，整个结构的横截面为正方形，保持周期 $p=80\ \mu m$ 和高度 $h=70\ \mu m$ 不变，利用商业软件 CST Microwave Studio 的本征模式求解器（the eigen-mode solver）得到在改变边长 a 的情况下，单元结构在第一布里渊区基模的色散关系，如图 6-5（b）所示。在 THz 波段下金属的材质可用 PEC 来代替，单元结构沿 x 和 y 方向上设置为周期性边界条件，z 方向上通过设置 1 mm 的空气层来避免对本征模计算结果的影响。分别仿真边长 $a=34\ \mu m$、$54\ \mu m$、$74\ \mu m$ 的色散曲线，图中 light line 为光在真空中的传输特性。根据色散关系曲线，单元结构的有效折射率可由公式 $n_{eff}=k_{spp}/k_0=\text{Phi}/(p\cdot k_0)$ 计算所得。其中 k_{sp} 为某工作频率的表面等离激元波矢，k_0 为相应频率在自由空间中的波矢，Phi 为表面等离激元的传输相位。图 6-5（c）给出了在 0.75 THz 频率下有效折射率 n_{eff} 随边长 a 的变化曲线，能够看出边长 a 的变化范围在 $34\ \mu m$ 到 $76\ \mu m$ 时对应有效折射率 n_{eff} 的变化范围为 1.52 到 1.01，即有效折射率 n_{eff} 与 a 成反比关系。

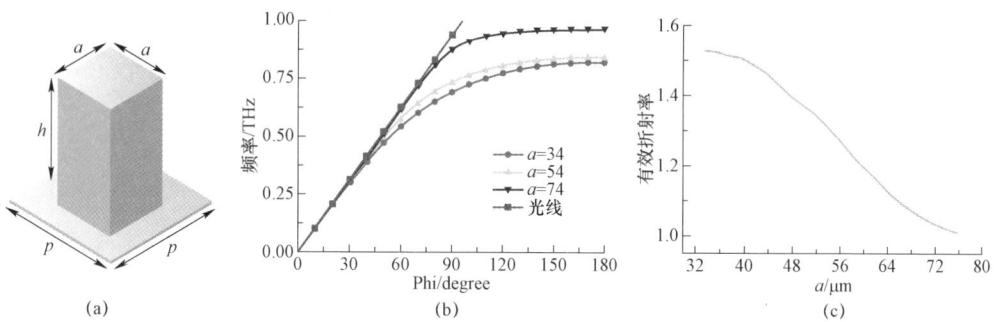

图 6-5　立体金属柱子单元结构及参数

（a）单元结构的三维图；（b）单元结构在第一布里渊区基模的色散关系；

（c）0.75 THz 频率下有效折射率 n_{eff} 随边长 a 的变化曲线

6.2.2　基于渐变折射率的自聚焦透镜

渐变折射率透镜（Gradient Index Lens）的折射率分布会随着空间位置的变化发生连续的变化，从而能够消除球差和像差等光学缺陷，提高成像质量。此外，渐变折射率透镜还可以实现更加紧凑和轻量化的光学系统设计[308,309]。图 6-6（a）给出了基于立体金属柱子结构的片上渐变折射率透镜示意图，该透镜设计在 x 轴方向上保持折射率分布不变，而在 y 方向上的折射率呈现的分布为：

$$n(y)=n_{\max}\sqrt{1-\alpha^2 y^2}\ ,\quad \alpha=\frac{1}{W}\sqrt{\frac{n_{\min}}{n_{\max}}}\ ,\quad (|y|\leqslant W) \tag{6-1}$$

其中，n_{min} 和 n_{max} 分别为透镜中心和边缘最大和最小的折射率值，α 定义了渐变折射率透镜呈现抛物线型分布的曲率，W 为透镜在 y 方向上的半宽度。从射线光学的角度出发，该渐变折射率透镜对入射的平面波进行自聚焦，焦距为 $L = \pi / 2\alpha$。通过设定 $n_{max} = 1.52$，$n_{min} = 1.01$，$W = 1\,520\,\mu m$，根据色散关系将不同边长的方形金属柱子按照折射率分布依次排列，整个透镜的尺寸约为 $5.2\,mm \times 3.0\,mm$。在仿真设计中，所有金属的柱子结构以厚度为 200 nm 的金属平板作为基底，所有的边界条件设置为完美匹配层（Perfect Match Layer，PML）。值得注意的是，在 $-z$ 方向上 PML 直接与基底接触以避免法玻干涉，同时在 $+z$ 方向上设置 1 mm 的空气层，为的是让 THz SSPPs 在结构顶层平滑地激发与传输。通过背面入射 THz 平面波到金属平板上的 C 形金属狭缝来激发 THz SSPPs，C 形金属狭缝的几何参数参照第一节中的介绍，经过相干作用后能够产生中心频率为 0.75 THz 且波前平坦的 THz SSPPs，而且只沿 $+x$ 方向出射。图 6-6（b）显示了 THz SSPPs 的电场分量 E_z 在距离柱子高度为 $60\,\mu m$ 的 xy 截面和在传播方向上 xz 截面的场分布仿真结果，能够很清晰的看出 THz SSPPs 在穿过渐变折射率透镜的区域过程中，波前形状由平坦型逐渐变成汇聚型，最终聚焦到傅里叶平面上的一个点，然后波前又会逐渐变成了平坦型，这符合渐变折射率透镜对入射波的周期性波前调制的特性，同时 THz SSPPs 在传播过程中始终很好的束缚在金属柱子结构顶部的亚波长尺度内。此外，根据场分布的仿真结果还可以得到渐变折射率透镜的焦距约为 2.68 mm，与理论计算所得的 2.85 mm 基本一致。图 6-6（c）显示了在焦点位置处电场归一化振幅随 y 坐标的变化曲线，其半高全宽（FHWM）大约为 $243\,\mu m$。

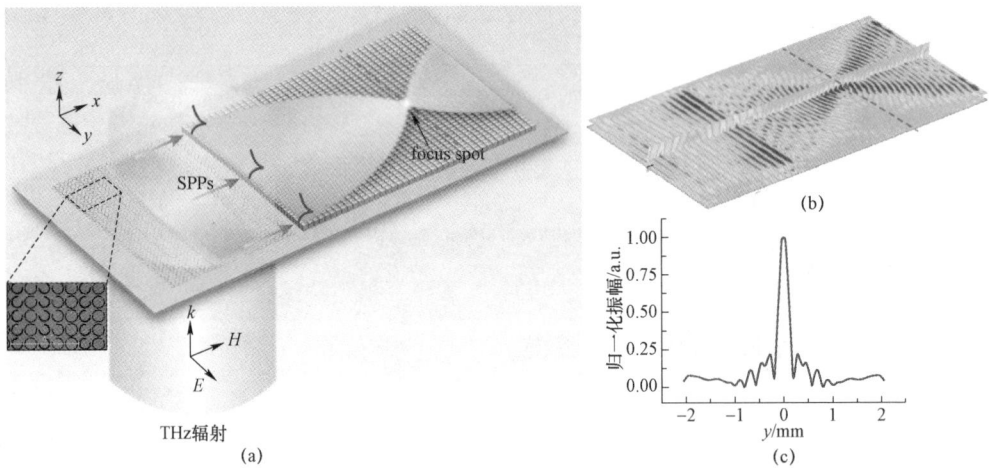

图 6-6　片上渐变折射率透镜示意图及工作特性

（a）结构示意图及仿真设置；（b）电场分量 E_z 在 xy 和 xz 截面的场分布；（c）焦点位置处电场归一化振幅随 y 坐标的变化曲线

6.2.3　片上功能器件设计

在利用立体金属柱子设计片上渐变折射率自聚焦透镜的基础之上，还设计了更为复杂的片上功能器件，以应对多种场景的需求，具体包括平面望远镜、波导耦合器、多路复用器和双功能透镜。

1. 平面望远镜

平面望远镜是由两个不同宽度的渐变折射率透镜沿 x 轴紧密相连构成，示意图如图 6-7（a）所示，两个透镜的宽度分别是 $W_1 = 1\,520\ \mu m$ 和 $W_2 = 720\ \mu m$，其各自在 x 轴方向上的长度等于每个透镜的焦距。为了降低界面的反射影响，这个共焦透镜组的外边缘用最小折射率所对应的金属柱子（$a = 76\ \mu m$）来填充。图 6-7（b）给出 0.75 THz 频率下 THz SSPPs 的电场分量 E_z 在距离柱子高度为 60 μm 的 xy 截面上的场分布仿真结果，图中两个虚线框分别为两个透镜所在的区域，可以清楚地看到由同样 C 形金属狭缝激发的 THz SSPPs 先经过大透镜，宽度为 $2W_1$ 的平坦波前逐渐汇聚到一点，而后经过小透镜，波前又逐渐发散并再次变为平坦，但此时波前的宽度变为 $2W_2$，波前呈现的是缩放状态，转化比例为 W_2/W_1。相似地，如果 THz SSPPs 先经过小透镜而后经过大透镜，此时波前则呈现的是放大状态。图 6-7（c）显示了分别在入射端口、焦点和出射端口等三个位置处电场归一化振幅随 y 坐标的变化曲线，三条曲线的线型与近场分布中的表现相吻合，出射端与入射端的半高全宽比值为 0.47，与理论设计的结果一致。

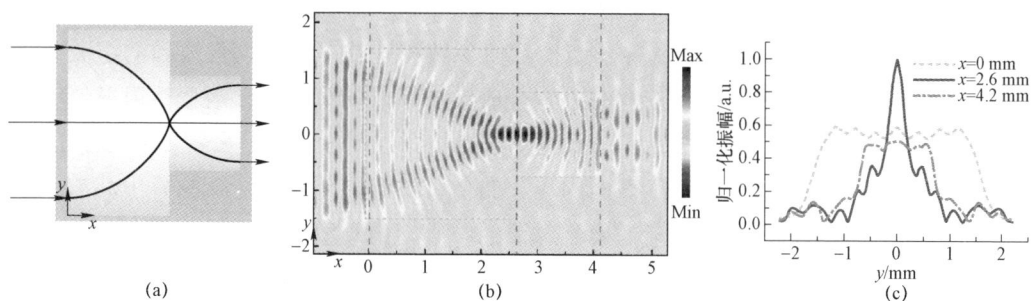

图 6-7　平面望远镜结构示意图及工作性能
（a）工作示意图；（b）电场分量 E_z 在 xy 截面的场分布；（c）三条虚线位置处电场归一化振幅随 y 坐标的变化曲线

利用等周期的矩形金属狭缝通过旋转狭缝的角度来获得激发的 THz SSPPs 与水平线成一定的角度，图 6-8 显示了设计的平面望远镜系统在当 THz SSPPs 与水平线成 10° 倾斜入射时，由仿真计算能够清楚地看到虽然波前聚焦的传播轨迹和焦点在竖直方向的位置都发生了偏移，但出射的 THz SSPPs 仍能保持平坦的波前，而且缩放比例保持不变，同时出射方向与入射方向位于水平基准线的同侧。当入射的 THz SSPPs 倾斜角度进一步增大时，直到焦点位置在 y 方向上超出了后面第二个透镜的边缘时，就会破坏这个透镜的准直效果，导致 THz SSPPs 无法正常以平坦的波前出射，因此，该平面望远镜正常工作需要满足的条件是对于激发的 THz SSPPs 与水平线所成的角度要求小于等于 10°，这个角度还与两个透镜的宽度有关。

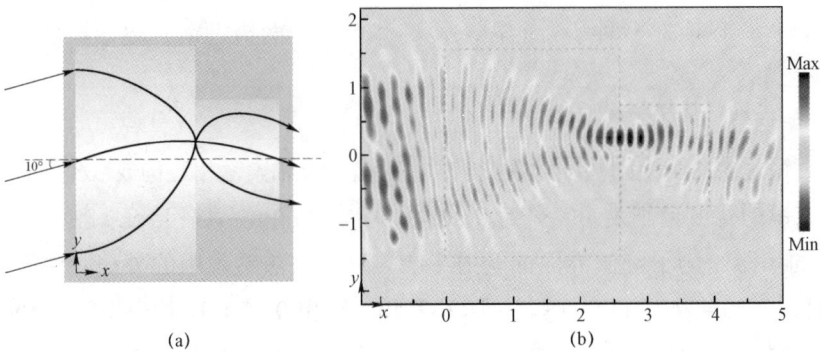

图 6-8　平面望远镜结构示意图及斜入射工作性能

（a）工作示意图；（b）电场分量 E_z 在 xy 截面的场分布

2. 波导耦合器

现阶段通常利用亚波长单元结构形成某种相位梯度的设计，使自由空间光耦合成表面等离激元，并且能够形成特定的传输波前。耦合器作为两种形态波束的过渡或者转化元件，是片上光学系统的重要组成部分。在实际的太赫兹片上系统设计中通常也需要将 THz SSPPs 耦合到直波导结构上，传统的耦合器通常采用漏斗型结构设计，将 THz SSPPs 逐渐压缩到单个波导结构上，这种方法不但耦合效率较低，而且形式单一，不利于组建多通道的耦合输出。利用渐变折射率透镜作为耦合器，示意图如图 6-9（a）所示，先将 THz SSPPs 汇聚到焦点位置，然后使用与临近金属柱子结构几何参数相同的单元作为直波导的组成元素，这样就将 THz SSPPs 由波前平坦的宽波束耦合成波导模式的窄波束。渐变折射率透镜的参数配置以及 THz SSPPs 的激发设置都与前面介绍的相同，图 6-9（b）显示了 0.75 THz 频率下 THz SSPPs 的电场分量 E_z 在 xy 截面的场分布仿真结果，能够很清晰的看出波前平坦的 THz SSPPs 被渐变折射率透镜逐渐汇聚到透镜的中心，由于组成直波导的金属柱子单元结构与透镜中心金属柱子的几何参数一致，保证了阻抗匹配，即二者的有效折射率相等，从而使 THz SSPPs 从透镜耦合到直波导的效率达到最大。图 6-9（c）显示了在场分布结果中 $y=0$ 的传播路径上电场归一化振幅随 x 坐标的变化曲线，能够看出由单行金属柱子所组成的直波导对传输的表面电磁场具有非常高的束缚性，即传播损耗约为 5.7 dB/cm。当水平坐标 $x>6\,\mathrm{mm}$ 时，没有了金属柱子对 THz SSPPs 的传输支撑和束缚，场强迅速衰减。

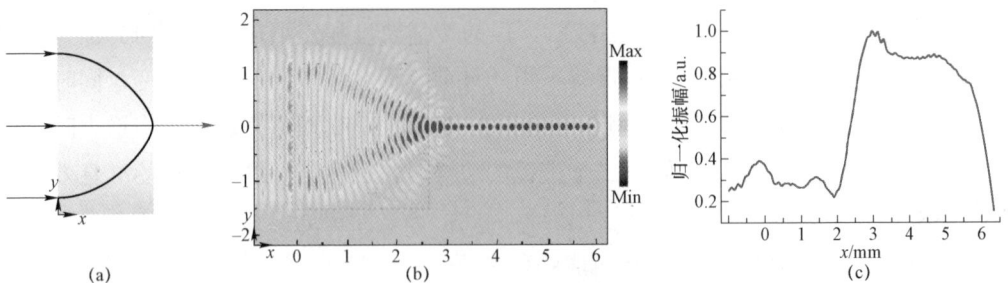

图 6-9　波导耦合器结构示意图及工作性能

（a）工作示意图；（b）电场分量 E_z 在 xy 截面的场分布；（c）$y=0$ 的传播路径上电场归一化振幅随 x 坐标的变化曲线

图 6-10 证明了所设计的渐变折射率透镜能够实现对两束分别与 x 轴成 30°和 -30°的 THz SSPPs 同时汇聚的效果，这两束斜入射的波在水平方向上保持与正入射时相同的焦距，而焦点则在 y 方向上对称地分布在 x 轴的两侧，偏移的量与斜入射的角度成正比关系，在每个焦点后紧接由单排金属柱子组成的直波导，因而 THz SSPPs 最终被耦合到两个直波导上。根据以上的设计思路利用渐变折射率透镜能够同时实现 THz SSPPs 的多路耦合输出。

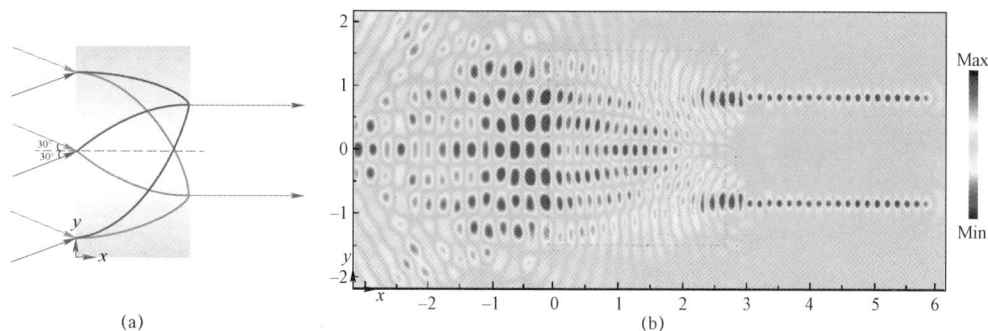

图 6-10　波导耦合器结构示意图及两路斜入射时工作性能
（a）工作示意图；（b）电场分量 E_z 在 xy 截面的场分布

3. 多路复用器

利用渐变折射率透镜不仅能够实现多路的耦合输出，而且还能对输出后的每路波导进行功能复用。当两束倾斜入射的 THz SSPPs 引入一定的相位差后，将对两路输出波导的合并带来不一样的干涉效果。当相位差为 0 时，两路输出的合并会实现相干相长的效果，如图 6-11（a、b）所示。此外，由光路可逆的原理可知，当 THz SSPPs 从直波导一侧馈入，那上述的整套装置可以被用作一个分流器，即入射波束将在渐变折射率透镜的左侧分成两条 THz SSPPs，且分别与 x 轴成 30°和 -30°。而当相位差为 π 时，两路输出的合并会产生相干相消的效果，如图 6-11（c、d）所示，其电场分量 E_z 在 xy 截面的场分布很清晰地反映了干涉效果。值得注意的是，如果只倾斜入射一路 THz SSPPs 并且移除合并后的直波导，那么该器件能够实现回射器的功能，即 THz SSPPs 从 30°方向入射后从 -30°方向出射。因此，这种多路复用的片上元件能够为无线信号和片上微处理器之间建立路由和数据交互的桥梁。

4. 双功能透镜

如果将方形金属柱子结构的横截面设计成矩形，即在 x 和 y 轴两个方向上边长不相等，单元结构的性能此时则表现为各向异性，那么就可以在同一块区域的两个方向上实现不同的功能，这对于表面等离激元链路在高度集成和信息交互方面具有非常重要的意义[310-313]。因此设计了一种 THz SSPPs 双功能透镜，是把在 x 轴传播方向上的龙勃（Luneburg）透镜和在 y 轴传播方向上的鱼眼（Fisheye）透镜两种功能融合在一起，前者是将汇聚的点源逐渐转化为波前平坦的波束从透镜另一端出射，而后者则是将点源从透镜入射端一侧重新聚焦到另一侧。这两种功能的透镜都具有圆对称性的折射率分布，相应的公式分别为龙勃

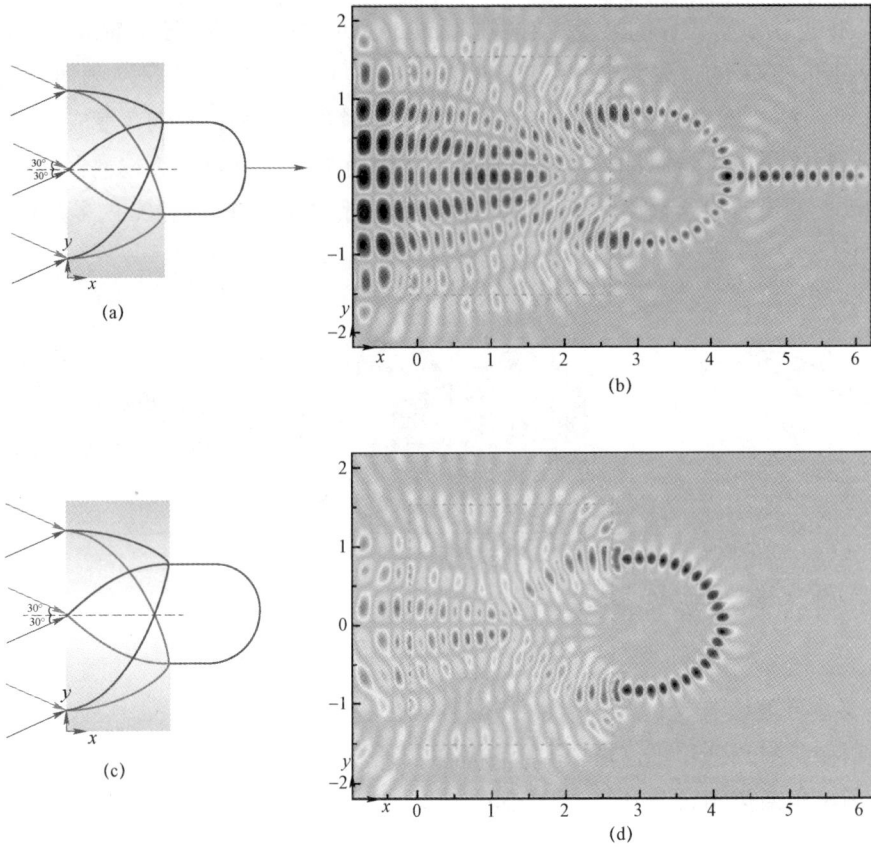

图 6-11   多路复用的干涉效果

（a）两路输出波导相位差为 0 时工作示意图；（b）电场分量 E_z 在 xy 截面的场分布；
（c）两路输出波导相位差为 π 时工作示意图；（d）电场分量 E_z 在 xy 截面的场分布

透镜：$n_1 = \sqrt{2-(r/R)^2}$，鱼眼透镜：$n_f = n_{max}/[1+(r/R)^2]$，其中 R 表示整个透镜的半径，r 表示透镜内部各点距圆心的径向距离，n_{max} 为最大的折射率值。图 6-12 显示了 THz SSPPs 双功能透镜的设计示意图，金属柱子单元结构的周期 $p=80\ \mu m$ 和高度 $h=75\ \mu m$ 保持与前面的设计一致，通过调谐边长 a_x 和 a_y 分别在 [$34\ \mu m$，$76\ \mu m$] 范围内变化，根据色散关系曲线，0.75 THz 频率下分别在 x 轴和 y 轴两个方向上相应有效折射率 n_{eff} 的变化范围为[1.81，1.02]。按照每种功能透镜的折射率分布将对应几何参数的金属柱子放置在相应的位置上，整个圆形透镜的边缘用最小折射率所对应的金属柱子（$a=76\ \mu m$）来填充，整个双功能透镜的半径 R 为 2.4 mm。利用金属弧形狭缝来将从背面入射的自由空间太赫兹波束转化为 THz SSPPs，弧形狭缝的周期为 400 μm，宽度为 40 μm，圆心角为 60°，弧形狭缝从外到内边长逐渐减小以此来让激发的 THz SSPPs 在 0.75 THz 频率下相干相长同时向圆心聚焦，直至在双功能透镜的入射端面处形成点源。图 6-13 显示了 THz SSPPs 的电场分量 E_z 在距离柱子高度为 60 μm 的 xy 截面场分布的仿真结果，可以清楚的看到图 6-13（a）中由弧形金属狭缝激发的 THz SSPPs 波前成汇聚状直至形成点源，并在 x 轴方向上穿过双功能透镜区域过程中逐渐被准直成波前平坦的平行波束，而图 6-13（b）中 THz SSPPs 点源在 y 轴方向上穿过双功能透镜区域过程中先被准直然后又被汇聚到一点，上述的场分布形象直观地证明了我们设计的双功能透镜能够将龙勃和鱼眼透镜组合到同一块区域的正交方向上，而且在两个方向上的操控相对独立，串扰较小。

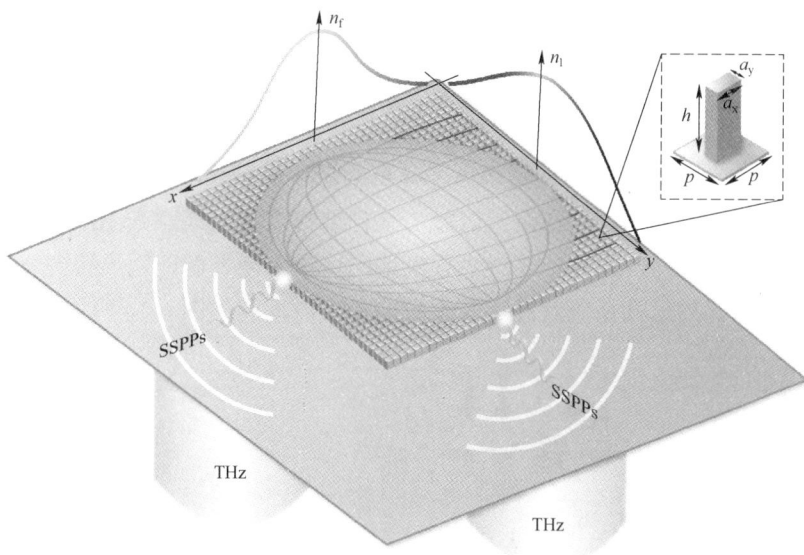

图 6-12　双功能透镜结构示意图

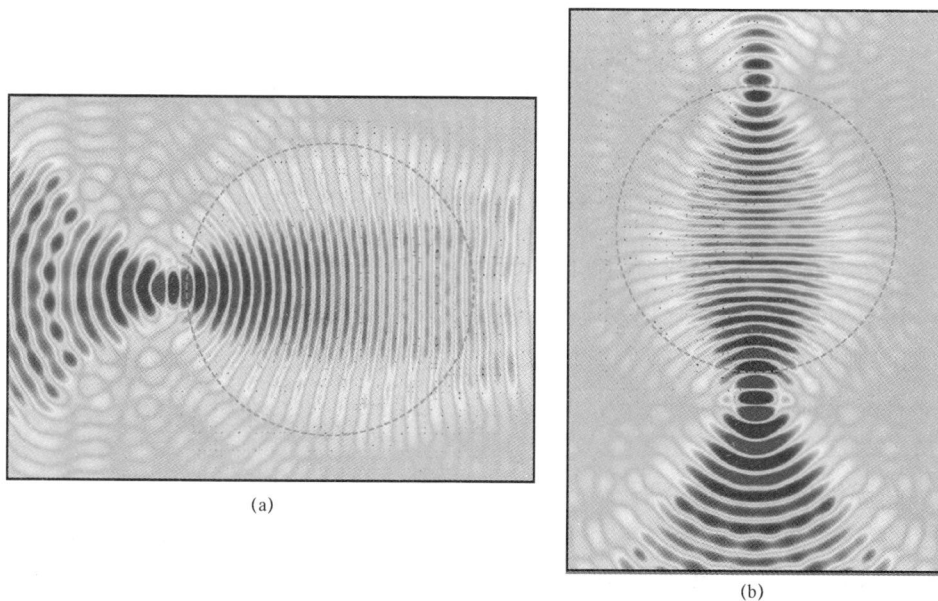

(a)

(b)

图 6-13　双功能透镜的工作特性

（a）在 x 轴方向上的功能 – 龙勃（Luneburg）透镜；（b）在 y 轴方向上的功能 – 鱼眼（Fisheye）透镜

6.2.4　样品制备工艺

在仿真中所用的立体金属结构，在制备过程中可以先在高阻硅片上刻蚀出立体硅柱子结构后在其表层蒸镀金属，而且金属的厚度大于趋肤深度（200 nm），这样二者在性能方面是一样的。因而，整个加工过程可以分为两步：第一步，对高阻硅片进行深度刻蚀，可选用电感耦合式反应离子刻蚀（ICP RIE），保证刻蚀深度的同时确保刻蚀的边缘锐度，刻蚀深度为 70 μm，由于刻蚀深度较大，因而需要选择较厚的光刻胶（如 AZ9260）或者金属来做为保护层；第二步，套刻蒸镀金属，为了减小刻蚀后的结构区域光胶的不均匀对曝光、显影的影响，采用负胶工艺，即在激发区域的互补结构被 UV 曝光固化而其他区域没有曝光可以被显影液完全去除，这样能够最大程度地确保作为激发源的矩形狭缝或者 C 形狭缝阵列结构与立体硅阵列结构精确对准。其大致的加工流程图如图 6-14 所示。

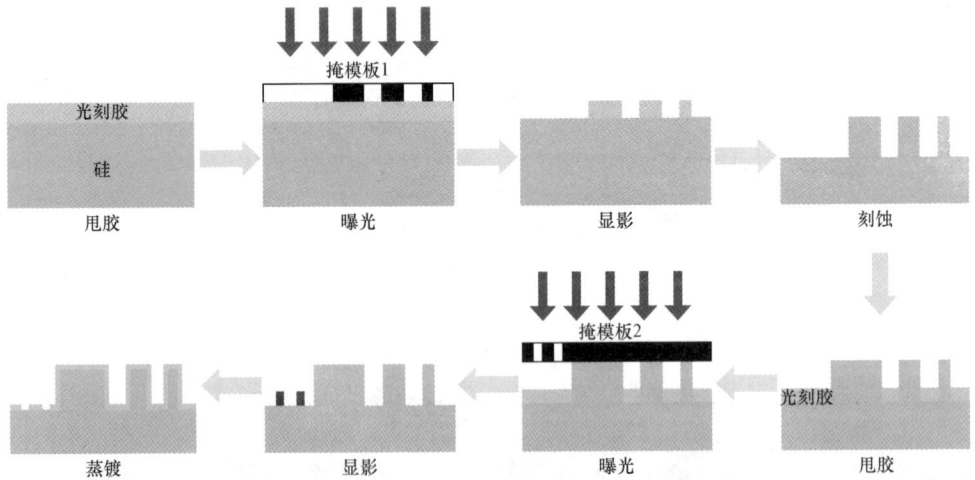

图 6-14　基于立体金属柱子功能器件的制备工艺流程图

图 6-15（a）给出了 2 mm 厚的高阻硅片通过深度刻蚀后成硅柱子结构侧面的扫描电子显微镜 SEM 照片，可以明显地发现柱子的侧臂非常笔直，而且角度也比较尖锐；同时，图 6-15（b）则给出了 4 寸的硅片经过全部加工工艺流程后的实物照片，蒸镀的金属材质为金，整个样品表面非常平整和洁净，验证了加工工艺流程的有效性。

6.2.5　样品性能表征与分析

利用太赫兹近场光谱系统（NSTM）对部分样品进行了性能测试，选取了三种不同功能的样品，分别是平面望远镜、耦合器和多路复用器。由于样品的功能区域比较大和单个像素点获取时域信号时间较长，因此为了提高测量效率在实测的时候只选取了每种样品的部

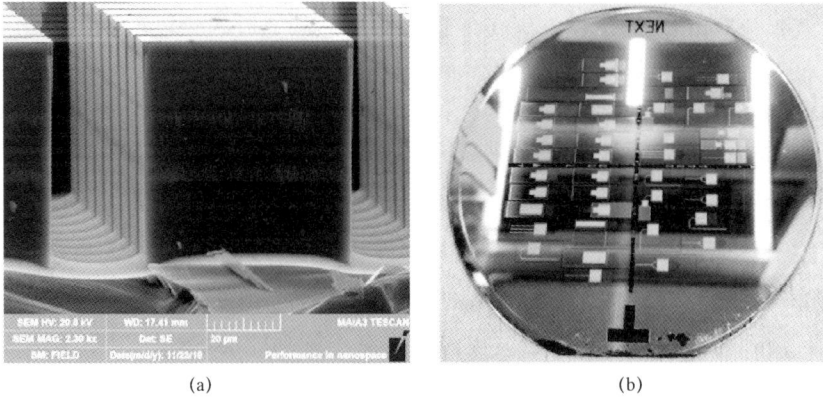

(a)　　　　　　　　　　　　　(b)

图 6-15　基于立体金属柱子功能器件的制备工艺流程图

分区域进行了扫描。值得注意的是，为了增加扫描过程中每个像素点的时域信号长度以获得更加完整的频谱信息，对样品的基底贴了 2 mm 厚的硅片，这样使得时域扫描的长度为100 ps。由光导天线发射的太赫兹波前后经过透镜准直和金属线栅纠正偏振方向，然后入射到样品 SSPPs 的激发区域。实验过程中，固定太赫兹发射端和样品，在二维方向上移动探针来对 THz SSPPs 穿过功能器件的传输过程进行扫描。测量 E_z 方向的探针距离金属柱子顶部 100 μm，在 x 方向和 y 方向的扫描步长也都为 100 μm。图 6-16 给出了三种功能样品的SEM 照片和样品部分区域的场分布扫描结果，可以清楚的发现每种功能样品的实验结果与仿真结果很好的吻合，能够实现对激发后的 THz SSPPs 在传输过程中实现波前调控。此外，所有功能器件虽然选取 0.75 THz（对应波长 400 μm）作为工作频率，计算了不同边长 a 所对应的等效折射率，理论上说根据渐变折射率原理所设计的三种功能调控器件在 0.75 THz

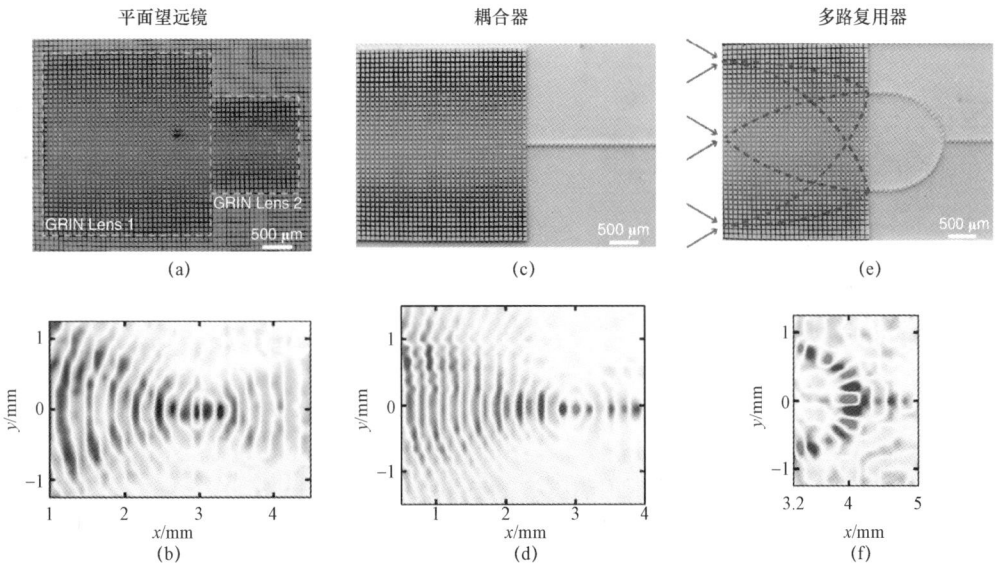

图 6-16　三种功能样品的 SEM 图和相应的实验结果

（a、c、e）平面望远镜、耦合器、多路复用器；（b、d、f）0.75 THz 下 E_z 场分布测量结果

频率（对应波长 400 μm）的工作性能是最佳的，虽然其邻近的频段也能实现相应的功能，但性能表现较差，相应的参数（如透镜焦距）也会发生变化而且无法精确预估。

基于渐变折射率的 THz SSPP 功能器件设计方案将立体金属柱子的应用范围从简单的波导扩展到二维波前调控，使得表面等离激元更加容易被操控；同时，器件的级联特性对于设计微型化和多功能的片上太赫兹系统非常重要。首先，未来的无线通信网络需要处理每个链路上数十甚至数百 Gbit/s 的数据速率，这就需要对未被分配的太赫兹频段作为载波频率。本节所提出的功能器件可以作为无线信号和芯片上微处理器之间的数据流桥梁，因为它们能够灵活地将自由空间太赫兹波耦合到具有不同功能的 SSPPs 中，例如聚焦、多路复用和路由到所需的位置或组件。其次，SSPPs 的场强束缚特性能够实现增强的光–物质相互作用，这对于片上的传感监测具有巨大的应用潜力。例如，所提出的 SSPP 多路复用器也可以作为马赫–曾德干涉仪，其中干涉仪的一个分支对周围介电环境的变化可以通过干涉光谱来体现。更为重要的是，本节所提出的所有 THz SSPPs 功能器件将会进一步激发对太赫兹片上链路系统的研究热潮，并且丰富各种实际的应用场景。

本节提出了利用立体金属柱子结构来作为 THz SSPPs 传输和调控的基本单元，证明了基于金属柱子结构的渐变折射率透镜不仅能实现对 THz SSPPs 的强束缚特性，而且还能实现 THz SSPPs 传输波前的有效调控。根据该设计思路，还设计了多种 THz SSPPs 功能器件，包括平面望远镜、波导耦合器、多路复用器和双功能透镜，通过样品制备和实验测量验证了所提出设计的可行性，有望应用于开发小型化和多功能的片上太赫兹系统。

参考文献

第一章

[1] Ebbesen T W, Genet C, Bozhevolnyi S I. Surface-plasmon circuitry [J]. Physics Today, 2008, 61(5): 44-50.

[2] Zia R, Schuller J A, Chandran A, et al. Plasmonics: the next chip-scale technology [J]. Materials today, 2006, 9(7-8): 20-27.

[3] Sorger V J, Oulton R F, Ma R M, et al. Toward integrated plasmonic circuits [J]. MRS bulletin, 2012, 37(8): 728-738.

[4] Melikyan A, Alloatti L, Muslija A, et al. High-speed plasmonic phase modulators [J]. Nature Photonics, 2014, 8: 229-233.

[5] Maier S A. Plasmonics: fundamentals and applications [M]. New York: springer, 2007.

[6] Pitarke J. M., Silkin V. M., Chulkov E. V., et al. Theory of surface plasmons and surface-plasmon polaritons [J]. Reports on Progress in Physics, 2006, 70(1): 1-87.

[7] Reather H. Surface plasmons on smooth and rough surfaces and on gratings [M]. Berlin, Heidelberg: Springer, 1988.

[8] Dragoman M., Dragoman D. Plasmonics: applications to nanoscale terahertz and optical devices [J]. Progress in Quantum Electronics, 2008, 32(1): 1-41.

[9] Barnes W L, Dereux A, Ebbesen T W. Surface plasmon subwavelength optics [J]. Nature, 2003, 424(6950): 824-830.

[10] 张学迁. 基于超材料的太赫兹功能器件 [D]. 天津：天津大学，2016.

[11] 许全. 基于超表面的太赫兹表面等离激元研究 [D]. 天津：天津大学，2018.

[12] Ye F, Merlo J M, Burns M J, et al. Optical and electrical mappings of surface plasmon cavity modes [J]. Nanophotonics, 2014, 3(1-2): 33-49.

[13] Kretschmann E., Raether H. Notizen: Radiative Decay of Non Radiative Surface Plasmons Excited by Light [J]. Zeitschrift Für Naturforschung A, 1968, 23(12): 2135-6.

[14] Otto A. Excitation of nonradiative surface plasma waves in silver by the method of frustrated total reflection [J]. Zeitschrift Für Physik A Hadrons & Nuclei, 1968, 216(4): 398-410.

[15] Devaux E, Ebbesen T W, Weeber J C, et al. Launching and decoupling surface plasmons via micro-gratings [J]. Applied physics letters, 2003, 83(24): 4936-4938.

［16］ Ebbesen T W, Lezec H J, Ghaemi H F, et al. Extraordinary optical transmission through sub-wavelength hole arrays ［J］. nature, 1998, 391(6668): 667-669.

［17］ Park S, Lee G, Song S H, et al. Resonant coupling of surface plasmons to radiation modes by use of dielectric gratings ［J］. Optics letters, 2003, 28(20): 1870-1872.

［18］ Novotny L, Hecht B. Surface plasmons ［J］. Principles of Nano-Optics, 2006, 90: 378.

［19］ Hecht B, Bielefeldt H, Novotny L, et al. Local excitation, scattering, and interference of surface plasmons ［J］. Physical review letters, 1996, 77(9): 1889.

［20］ Lopez-Tejeira F, Rodrigo S G, Martin-Moreno L, et al. Efficient unidirectional nanoslit couplers for surface plasmons ［J］. Nature Physics, 2007, 3(5): 324-328.

［21］ Liu Y, Palomba S, Park Y, et al. Compact magnetic antennas for directional excitation of surface plasmons ［J］. Nano letters, 2012, 12(9): 4853-8.

［22］ Lin J, Mueller J P, Wang Q, et al. Polarization-controlled tunable directional coupling of surface plasmon polaritons ［J］. Science, 2013, 340(6130): 331-4.

［23］ Sun S, He Q, Xiao S, et al. Gradient-index meta-surfaces as a bridge linking propagating waves and surface waves ［J］. Nature materials, 2012, 11(5): 426-31.

［24］ Huang L L, Chen X Z, Bai B F, et al. Helicity dependent directional surface plasmon polariton excitation using a metasurface with interfacial phase discontinuity ［J］. Light-Science & Applications, 2013, 2(3): e70.

［25］ Pors A, Nielsen M G, Bernardin T, et al. Efficient unidirectional polarization-controlled excitation of surface plasmon polaritons ［J］. Light-Science & Applications, 2014, 3(8): e197.

［26］ Williams C. R., Andrews S. R., Maier S. A., et al. Highly confined guiding of terahertz surface plasmon polaritons on structured metal surfaces ［J］. Nature Photonics, 2008, 2(3): 175-9.

［27］ Baron A, Devaux E, Rodier J C, et al. Compact antenna for efficient and unidirectional launching and decoupling of surface plasmons ［J］. Nano letters, 2011, 11(10): 4207-12.

［28］ Ditlbacher H, Krenn J R, Schider G, et al. Two-dimensional optics with surface plasmon polaritons ［J］. Applied Physics Letters, 2002, 81(10): 1762-1764.

［29］ Adam P M, Salomon L, De Fornel F, et al. Determination of the spatial extension of the surface-plasmon evanescent field of a silver film with a photon scanning tunneling microscope ［J］. Physical review B, 1993, 48(4): 2680.

［30］ Dawson P, De Fornel F, Goudonnet J P. Imaging of surface plasmon propagation and edge interaction using a photon scanning tunneling microscope ［J］. Physical review letters, 1994, 72(18): 2927.

［31］ Marti O, Bielefeldt H, Hecht B, et al. Near-Field Optical Measurement of the Surface-

Plasmon Field [J]. Opt Commun, 1993, 96(4-6): 225-8.

[32] Betzig E, Lewis A, Harootunian A, et al. Near Field Scanning Optical Microscopy(NSOM): Development and Biophysical Applications [J]. Biophys J, 1986, 49(1): 269-79.

[33] 许悦红，张学迁，王球，等. 基于光导微探针的近场/远场可扫描太赫兹光谱技术 [J]. 物理学报，2016，65（3）：227-38.

[34] Wachter M, Nagel M, Kurz H. Tapered photoconductive terahertz field probe tip with subwavelength spatial resolution [J]. Applied Physics Letters, 2009, 95(4): 1325.

[35] Zhang X, Xu Q, Li Q, et al. Asymmetric excitation of surface plasmons by dark mode coupling [J]. Science Advances, 2016, 2(2): e1501142.

[36] Yang Q, Zhang X, Li S, et al. Near-field surface plasmons on quasicrystal metasurfaces [J]. Scientific Reports, 2016, 6(1): 26.

[37] Zhang X, Xu Y, Yue W, et al. Anomalous Surface Wave Launching by Handedness Phase Control [J]. Advanced Materials (Deerfield Beach, Fla.), 2015, 27(44): 7123-7129.

[38] Zhang H C, Cui T J, Zhang Q, et al. Breaking the challenge of signal integrity using time-domain spoof surface plasmon polaritons [J]. ACS photonics, 2015, 2(9): 1333-1340.

[39] Zhang H C, Fan Y, Guo J, et al. Second-harmonic generation of spoof surface plasmon polaritons using nonlinear plasmonic metamaterials [J]. Acs Photonics, 2016, 3(1): 139-146.

[40] Shen X, Cui T J. Ultrathin plasmonic metamaterial for spoof localized surface plasmons [J]. Laser & Photonics Reviews, 2014, 8(1): 137-145.

[41] Huang C P, Zhu Y Y. Plasmonics: manipulating light at the subwavelength scale [J]. Active and Passive Electronic Components, 2007, 2007.

[42] Chai Z, Zhu Y, Hu X, et al. On-Chip Optical Switch Based on Plasmon-Photon Hybrid Nanostructure-Coated Multicomponent Nanocomposite [J]. Advanced Optical Materials, 2016, 4(8): 1159-1166.

[43] Fang Y R, Sun M T. Nanoplasmonic waveguides: towards applications in integrated nanophotonic circuits [J]. Light-Science & Applications, 2015, 4(6): e294.

[44] Wei H, Wang Z, Tian X, et al. Cascaded logic gates in nanophotonic plasmon networks [J]. Nature communications, 2011, 2(387).

[45] Kou S S, Yuan G, Wang Q, et al. On-chip photonic Fourier transform with surface plasmon polaritons [J]. Light Sci Appl, 2016, 5(2): e16034.

[46] Chen J, Chen X, Li T, et al. On-Chip Detection of Orbital Angular Momentum Beam by Plasmonic Nanogratings [J]. Laser & Photonics Reviews, 2018, 12(8): 1700331.

[47] Campion A, Kambhampati P. Surface-enhanced Raman scattering [J]. Chemical society reviews, 1998, 27(4): 241-250.

［48］ Kneipp K., Wang Y., Kneipp H., et al. Single molecule detection using surface-enhanced Raman scattering (SERS) ［J］. Physical Review Letters, 1997, 78(9): 1667-70.

［49］ Langer J, Jimenez de Aberasturi D, Aizpurua J, et al. Present and future of surface-enhanced Raman scattering ［J］. ACS nano, 2019, 14(1): 28-117.

［50］ Stiles P L, Dieringer J A, Shah N C, et al. Surface-enhanced Raman spectroscopy ［J］. Annu Rev Anal Chem(Palo Alto Calif), 2008, 1: 601.

［51］ Le Ru E C, Blackie E, Meyer M, et al. Surface enhanced Raman scattering enhancement factors: a comprehensive study ［J］. The Journal of Physical Chemistry C, 2007, 111(37): 13794-13803.

［52］ Srituravanich W, Fang N, Sun C, et al. Plasmonic nanolithography ［J］. Nano letters, 2004, 4(6): 1085-1088.

［53］ Ueno K, Takabatake S, Nishijima Y, et al. Nanogap-assisted surface plasmon nanolithography ［J］. The Journal of Physical Chemistry Letters, 2010, 1(3): 657-662.

［54］ Kim Y, Kim S, Jung H, et al. Plasmonic nanolithography with a high scan speed contact probe ［J］. Optics express, 2009, 17(22): 19476-19485.

［55］ Liu Z W, Wei Q H, Zhang X. Surface plasmon interference nanolithography ［J］. Nano letters, 2005, 5(5): 957-961.

［56］ Luo X, Ishihara T. Surface plasmon resonant interference nanolithography technique ［J］. Applied Physics Letters, 2004, 84(23): 4780-4782.

［57］ Fang N, Lee H, Sun C, et al. Sub-diffraction-limited optical imaging with a silver superlens ［J］. Science, 2005, 308(5721): 534-7.

［58］ Lee H. Sub-diffraction-limited optical imaging with superlens and hyperlens ［M］. 2007.

［59］ Liedberg B, Nylander C, Lunström I. Surface plasmon resonance for gas detection and biosensing ［J］. Sensors and actuators, 1983, 4: 299-304.

［60］ Homola J, Vaisocherová H, Dostálek J, et al. Multi-analyte surface plasmon resonance biosensing ［J］. Methods, 2005, 37(1): 26-36.

［61］ Zhao J, Zhang X, Yonzon C R, et al. Localized surface plasmon resonance biosensors ［J］. 2006.

［62］ Homola J. Surface plasmon resonance sensors for detection of chemical and biological species ［J］. Chemical reviews, 2008, 108(2): 462-493.

［63］ 苏晓强. 基于光、电调控的太赫兹人工电磁材料特性 ［D］. 天津：天津大学，2016.

［64］ Vesslago, V G, The electrodynamics of substances with simultaneously negative values of e and m, Soviet Physics Uspekhi, 1968, 10(4): 509-514.

［65］ Shelby, R A, Smith, D. R., & Schultz, S., Experimental verification of a negative index of refraction, Science, 2001, 292(5514), 77-79.

［66］ Pendry, J B, Negative refraction makes a perfect lens, Physical Review Letters, 2000, 85(18): 3966.

［67］ Seddon, N and Bearpark, T, Observation of the inverse Doppler effect, Science, 2003, 302(5650), 1537-1540.

［68］ Luo, C, Ibanescu, M., Johnson, S. G. and Joannopoulos, J. D., Cerenkov radiation in photonic crystals, Science, 2003, 299(5605), 368-371.

［69］ Berman, P R, Goos-Hänchen shift in negatively refractive media, Physical Review E, 2002, 66(6), 067603.

［70］ Pendry J B, Martin-Moreno L, Garcia-Vidal F J. Mimicking surface plasmons with structured surfaces ［J］. science, 2004, 305(5685): 847-848.

［71］ Hibbins A P, Evans B R, Sambles J R. Experimental verification of designer surface plasmons ［J］. science, 2005, 308(5722): 670-672.

［72］ De Abajo F J G, Sáenz J J. Electromagnetic surface modes in structured perfect-conductor surfaces ［J］. Physical review letters, 2005, 95(23): 233901.

［73］ Tanaka K, Tanaka M. Simulations of nanometric optical circuits based on surface plasmon polariton gap waveguide ［J］. Applied Physics Letters, 2003, 82(8): 1158-1160.

［74］ Pile D F P, Ogawa T, Gramotnev D K, et al. Theoretical and experimental investigation of strongly localized plasmons on triangular metal wedges for subwavelength waveguiding ［J］. Applied Physics Letters, 2005, 87(6).

［75］ Zhao W, Eldaiki O M, Yang R, et al. Deep subwavelength waveguiding and focusing based on designer surface plasmons ［J］. Optics Express, 2010, 18(20): 21498-21503.

［76］ Fernández-Domínguez A I, Williams C R, García-Vidal F J, et al. Terahertz surface plasmon polaritons on a helically grooved wire ［J］. Applied Physics Letters, 2008, 93(14).

［77］ Gao Z, Zhang X, Shen L. Wedge mode of spoof surface plasmon polaritons at terahertz frequencies ［J］. Journal of Applied Physics, 2010, 108(11).

［78］ Zhu W, Agrawal A, Nahata A. Planar plasmonic terahertz guided-wave devices ［J］. Optics express, 2008, 16(9): 6216-6226.

［79］ Gao Z, Wu L, Gao F, et al. Spoof plasmonics: From metamaterial concept to topological description ［J］. Advanced Materials, 2018, 30(31): 1706683.

［80］ Goubau G. Surface waves and their application to transmission lines ［J］. Journal of Applied Physics, 1950, 21(11): 1119-1128.

［81］ Jiang T, Shen L, Wu J J, et al. Realization of tightly confined channel plasmon polaritons at low frequencies ［J］. Applied Physics Letters, 2011, 99(26).

［82］ Shen X, Cui T J, Martin-Cano D, et al. Conformal surface plasmons propagating on ultrathin and flexible films ［J］. Proceedings of the National Academy of Sciences, 2013,

110(1): 40-45.

[83] Ma H F, Shen X, Cheng Q, et al. Broadband and high-efficiency conversion from guided waves to spoof surface plasmon polaritons [J]. Laser & Photonics Reviews, 2014, 8(1): 146-51.

[84] Zhang H C, Liu S, Shen X P, et al. Broadband amplification of spoof surface plasmon polaritons at microwave frequencies [J]. Laser & Photonics Reviews, 2015, 9(1): 83-90.

[85] Wang J, Zhao L, Hao Z C, et al. An ultra-thin coplanar waveguide filter based on the spoof surface plasmon polaritons [J]. Applied Physics Letters, 2018, 113(7).

[86] Wang Z X, Zhang H C, Lu J, et al. Compact filters with adjustable multi-band rejections based on spoof surface plasmon polaritons [J]. Journal of Physics D: Applied Physics, 2018, 52(2): 025107.

[87] Zhang X F, Fan J, Chen J X. Bandwidth-controllable band-stop filter using spoof surface plasmon polaritons [J]. International Journal of RF and Microwave Computer-Aided Engineering, 2020, 30(1): e21923.

[88] Li W, Qin Z, Wang Y, et al. Spoof surface plasmonic waveguide and its band-rejection filter based on H-shaped slot units [J]. Journal of Physics D: Applied Physics, 2019, 52 (36): 365303.

[89] Ling H, Zhang Y, Qian P, et al. Spoof surface plasmon polariton band-stop filter with single-loop split ring resonators [J]. International Journal of RF and Microwave Computer-Aided Engineering, 2020, 30(8): e22267.

[90] Jidi L, Cao X, Gao J, et al. Excitation of odd-mode spoof surface plasmon polaritons and its application on low-pass filters [J]. Applied Physics Express, 2020, 13(8): 084004.

[91] Zhao H, Zhou P, Xu Z, et al. Tri-band band-pass filter based on multi-mode spoof surface plasmon polaritons [J]. IEEE Access, 2020, 8: 14767-14776.

[92] Jaiswal R K, Pandit N, Pathak N P. Amplification of propagating spoof surface plasmon polaritons in ring resonator-based filtering structure [J]. IEEE Transactions on Plasma Science, 2020, 48(9): 3253-3260.

[93] Zhou S, Lin J Y, Wong S W, et al. Spoof surface plasmon polaritons power divider with large isolation [J]. Scientific reports, 2018, 8(1): 5947.

[94] Feng Y, Feng W, Che W, et al. Wideband power divider using double-layer periodic spoof surface plasmon polaritons [C] //2018 IEEE MTT-S International Wireless Symposium (IWS). IEEE, 2018: 1-3.

[95] Wu B, Zu H R, Xue B Y, et al. Flexible wideband power divider with high isolation incorporating spoof surface plasmon polaritons transition with graphene flake [J]. Applied Physics Express, 2019, 12(2): 022008.

［96］ Zhou S Y, Wong S W, Lin J Y, et al. Four-way spoof surface plasmon polaritons splitter/ combiner［J］. IEEE microwave and wireless components letters, 2019, 29(2): 98-100.

［97］ Li M, Wu Y, Qu M, et al. A novel power divider with ultra-wideband harmonics suppression based on double-sided parallel spoof surface plasmon polaritons transmission line［J］. International Journal of RF and Microwave Computer-Aided Engineering, 2018, 28(4): e21231.

［98］ Farokhipour E, Komjani N, Chaychizadeh M A. An ultra-wideband three-way power divider based on spoof surface plasmon polaritons［J］. Journal of Applied Physics, 2018, 124(23).

［99］ Feng W, Che W. Wideband filtering power dividers using single-and double-layer periodic spoof surface plasmon polaritons［J］. International Journal of RF and Microwave Computer-Aided Engineering, 2019, 29(6): e21706.

［100］ Chen W C, Mock J J, Smith D R, et al. Controlling gigahertz and terahertz surface electromagnetic waves with metamaterial resonators［J］. Physical Review X, 2011, 1(2): 021016.

［101］ Xu Z, Liu S, Li S, et al. Tunneling of spoof surface plasmon polaritons through magnetoinductive metamaterial channels［J］. Applied Physics Express, 2018, 11(4): 042002.

［102］ Huang W, Qu X, Yin S, et al. Quantum engineering enables broadband and robust terahertz surface plasmon-polaritons coupler［J］. IEEE Journal of Selected Topics in Quantum Electronics, 2020, 27(2): 1-7.

［103］ Pan B C, Liao Z, Zhao J, et al. Controlling rejections of spoof surface plasmon polaritons using metamaterial particles［J］. Optics express, 2014, 22(11): 13940-13950.

［104］ Su H, Shen X, Su G, et al. Efficient generation of microwave plasmonic vortices via a single deep-subwavelength meta-particle［J］. Laser & Photonics Reviews, 2018, 12(9): 1800010.

［105］ Törmä P, Barnes W L. Strong coupling between surface plasmon polaritons and emitters: a review［J］. Reports on Progress in Physics, 2014, 78(1): 013901.

［106］ Han Z, Liu L, Forsberg E. Ultra-compact directional couplers and Mach-Zehnder interferometers employing surface plasmon polaritons［J］. Optics communications, 2006, 259(2): 690-695.

［107］ Meng Y, Ma H, Wang J, et al. Broadband spoof surface plasmon polaritons coupler based on dispersion engineering of metamaterials［J］. Applied Physics Letters, 2017, 111(15).

［108］ Xu J J, Zhang H C, Zhang Q, et al. Efficient conversion of surface-plasmon-like modes to spatial radiated modes［J］. Applied Physics Letters, 2015, 106(2).

［109］ Wu Y, Soltani S, Sennik B, et al. Design of Quasi-Endfire Spoof Surface Plasmon Polariton Leaky-Wave Textile Wearable Antennas ［J］. IEEE Access, 2022, 10: 115338-115350.

［110］ Li S, Zhang Q, Xu Z, et al. Phase transforming based on asymmetric spoof surface plasmon polariton for endfire antenna with sum and difference beams ［J］. IEEE Transactions on Antennas and Propagation, 2020, 68(9): 6602-6613.

［111］ Zheng X, Zhang J, Luo Y, et al. Rotationally Symmetrical Spoof-Plasmon Antenna for Polarization-Independent Radiation Enhancement ［J］. Physical Review Applied, 2022, 18(5): 054018.

［112］ Zhu J F, Du C H, Zhang Z W, et al. Generating a multi-mode vortex beam based on spoof surface plasmon polaritons ［J］. Optics Letters, 2022, 47(17): 4459-4462.

［113］ Yin J Y, Yin T, Du X Y, et al. Efficient conversion from spoof surface plasmon polaritons to radiation mode ［J］. Applied Optics, 2021, 60(12): 3374-3379.

［114］ Hao Z C, Zhang J, Zhao L. A compact leaky-wave antenna using a planar spoof surface plasmon polariton structure ［J］. International Journal of RF and Microwave Computer-Aided Engineering, 2019, 29(5): e21617.

［115］ Wang M, Ma H F, Tang W X, et al. Leaky-wave radiations with arbitrarily customizable polarizations based on spoof surface plasmon polaritons ［J］. Physical Review Applied, 2019, 12(1): 014036.

［116］ Zhang H C, Liu L, He P H, et al. A wide-angle broadband converter: From odd-mode spoof surface plasmon polaritons to spatial waves ［J］. IEEE Transactions on Antennas and Propagation, 2019, 67(12): 7425-7432.

［117］ Fan Y, Wang J, Li Y, et al. Frequency scanning radiation by decoupling spoof surface plasmon polaritons via phase gradient metasurface ［J］. IEEE transactions on antennas and propagation, 2017, 66(1): 203-208.

［118］ Gao F, Gao Z, Shi X, et al. Probing topological protection using a designer surface plasmon structure ［J］. Nature communications, 2016, 7(1): 11619.

［119］ Gao Z, Gao F, Zhang Y, et al. Flexible photonic topological insulator ［J］. Advanced Optical Materials, 2018, 6(17): 1800532.

［120］ Serra-Garcia M, Peri V, Süsstrunk R, et al. Observation of a phononic quadrupole topological insulator ［J］. Nature, 2018, 555(7696): 342-345.

［121］ Hofmann J, Sarma S D. Surface plasmon polaritons in topological Weyl semimetals ［J］. Physical Review B, 2016, 93(24): 241402.

［122］ Qi J, Liu H, Xie X C. Surface plasmon polaritons in topological insulators ［J］. Physical Review B, 2014, 89(15): 155420.

［123］ Liu R, Ge L, Wu B, et al. Near-field radiative heat transfer between topological insulators via surface plasmon polaritons［J］. Iscience, 2021, 24(12).

［124］ Li L L, Xu W. Surface plasmon polaritons in a topological insulator embedded in an optical cavity［J］. Applied Physics Letters, 2014, 104(11).

［125］ Gao X, Zhang J, Luo Y, et al. Reconfigurable parametric amplifications of spoof surface plasmons［J］. Advanced Science, 2021, 8(17): 2100795.

［126］ Ourir A, Fink M. Active control of the spoof plasmon propagation in time varying and non-reciprocal metamaterial［J］. Scientific reports, 2019, 9(1): 2368.

［127］ Cui W Y, Zhang J, Gao X, et al. Reconfigurable Mach-Zehnder interferometer for dynamic modulations of spoof surface plasmon polaritons［J］. Nanophotonics, 2021, 11(9): 1913-1921.

［128］ Zhou Y J, Xiao Q X. Electronically controlled rejections of spoof surface plasmons polaritons［J］. Journal of Applied Physics, 2017, 121(12).

［129］ Jaiswal R K, Pandit N, Pathak N P. Center frequency and bandwidth reconfigurable spoof surface plasmonic metamaterial band-pass filter［J］. Plasmonics, 2019, 14: 1539-1546.

［130］ Zhang X, Tang W X, Zhang H C, et al. A spoof surface plasmon transmission line loaded with varactors and short-circuit stubs and its application in Wilkinson power dividers［J］. Advanced Materials Technologies, 2018, 3(6): 1800046.

［131］ Wang M, Ma H F, Tang W X, et al. Programmable controls of multiple modes of spoof surface plasmon polaritons to reach reconfigurable plasmonic devices［J］. Advanced Materials Technologies, 2019, 4(3): 1800603.

［132］ Gao X, Zhang X, Ma Q, et al. Programmable hybrid circuit based on reconfigurable SPP and spatial waveguide modes［J］. Advanced Materials Technologies, 2020, 5(1): 1900828.

［133］ Liu X, Lei Y, Zheng X, et al. Reconfigurable spoof plasmonic coupler for dynamic switching between forward and backward propagations［J］. Advanced Materials Technologies, 2022, 7(8): 2200129.

［134］ Lei Y, Zhang J, Cui T. The design of reconfigurable coupler based on spoof surface plasmons［C］//2021 IEEE International Workshop on Electromagnetics: Applications and Student Innovation Competition(iWEM). IEEE, 2021: 1-3.

［135］ Zhang Y, Ling H, Chen P, et al. Tunable surface plasmon polaritons with monolithic Schottky diodes［J］. ACS Applied Electronic Materials, 2019, 1(10): 2124-2129.

［136］ Xu J, Zhang H C, Tang W, et al. Transmission-spectrum-controllable spoof surface plasmon polaritons using tunable metamaterial particles［J］. Applied Physics Letters, 2016, 108(19).

［137］ Zhang H C, Zhang L P, He P H, et al. A plasmonic route for the integrated wireless communication of subdiffraction-limited signals [J]. Light: Science & Applications, 2020, 9(1): 113.

[138] Zhang H C, Cui T J, Xu J, et al. Real-time controls of designer surface plasmon polaritons using programmable plasmonic metamaterial [J]. Advanced Materials Technologies, 2017, 2(1): 1600202.

[139] Zhang L P, Zhang H C, Zhang J, et al. Reprogrammable control of electromagnetic spectra based on time-coding plasmonic metamaterials [J]. Applied Physics Letters, 2022, 121(16).

[140] Zhang H C, Cui T J, Luo Y, et al. Active digital spoof plasmonics [J]. National Science Review, 2020, 7(2): 261-269.

[141] Ren Y, Zhang J, Gao X, et al. Active spoof plasmonics: From design to applications [J]. Journal of Physics: Condensed Matter, 2021, 34(5): 053002.

[142] Liang Y, Yu H, Feng G, et al. An energy-efficient and low-crosstalk sub-THz I/O by surface plasmonic polariton interconnect in CMOS [J]. IEEE Transactions on Microwave Theory and Techniques, 2017, 65(8): 2762-2774.

[143] Zhang J, Zhang H C, Gao X X, et al. Integrated spoof plasmonic circuits [J]. Science Bulletin, 2019, 64(12): 843-855.

[144] Tian X, Lee P M, Tan Y J, et al. Wireless body sensor networks based on metamaterial textiles [J]. Nature Electronics, 2019, 2(6): 243-251.

[145] Zhang L, Cui T J. Space-time-coding digital metasurfaces: Principles and applications [J]. Research 2021, 1-25.

[146] Zhang L, Zhang H, Tang M, et al. Integrated multi-scheme digital modulations of spoof surface plasmon polaritons [J]. Science China Information Sciences, 2020, 63: 1-10.

第二章

[147] Sirtori C. Bridge for the terahertz gap [J]. Nature, 2002, 417(6885): 132-133.

[148] Kawase K, Ogawa Y, Watanabe Y, et al. Non-destructive terahertz imaging of illicit drugs using spectral fingerprints [J]. Optics express, 2003, 11(20): 2549-2554.

[149] Nagel M, Haring Bolivar P, Brucherseifer M, et al. Integrated THz technology for label-free genetic diagnostics [J]. Applied Physics Letters, 2002, 80(1): 154-156.

[150] 梁达川, 魏明贵, 谷建强, 等. 缩比模型的宽频时域太赫兹雷达散射截面（RCS）研究 [J]. 物理学报, 2014, 63 (21): 85-94.

[151] Song H J, Ajito K, Muramoto Y, et al. 24 Gbit/s data transmission in 300 GHz band for future terahertz communications [J]. Electronics Letters, 2012, 48(15): 953-954.

[152] Jepsen P U, Cooke D G, Koch M. Terahertz spectroscopy and imaging-Modern

techniques and applications [J]. Laser & Photonics Reviews, 2011, 5(1): 124-166.

[153] Shen N H, Kafesaki M, Koschny T, et al. Broadband blueshift tunable metamaterials and dual-band switches [J]. Physical Review B, 2009, 79(16): 161102.

[154] Zhao X, Fan K, Zhang J, et al. Optically tunable metamaterial perfect absorber on highly flexible substrate [J]. Sensors and Actuators A: Physical, 2015, 231: 74-80.

[155] Pitchappa P, Kumar A, Liang H, et al. Frequency-Agile Temporal Terahertz Metamaterials [J]. Advanced Optical Materials, 2020, 8(12): 2000101.

[156] Zhao X, Wang Y, Schalch J, et al. Optically modulated ultra-broadband all-silicon metamaterial terahertz absorbers [J]. Acs Photonics, 2019, 6(4): 830-837.

[157] Singh R, Xiong J, Azad A K, et al. Optical tuning and ultrafast dynamics of high-temperature superconducting terahertz metamaterials [J]. Nanophotonics, 2012, 1 (1): 117-123.

[158] Bolotovskii B M. Vavilov-Cherenkov radiation: its discovery and application [J]. Physics-Uspekhi, 2009, 52(11): 1099.

[159] Lebedev A N. Cherenkov radiation in electrodynamic structures and its applications [J]. Radiation Physics and Chemistry, 2006, 75(8): 799-804.

[160] Hebling J, Almasi G, Kozma I Z, et al. Velocity matching by pulse front tilting for large-area THz-pulse generation [J]. Optics express, 2002, 10(21): 1161-1166.

[161] Hebling J, Stepanov A G, Almási G, et al. Tunable THz pulse generation by optical rectification of ultrashort laser pulses with tilted pulse fronts [J]. Applied Physics B, 2004, 78: 593-599.

[162] Yeh K L, Hoffmann M C, Hebling J, et al. Generation of 10 μJ ultrashort terahertz pulses by optical rectification [J]. Applied Physics Letters, 2007, 90(17).

[163] Hebling J, Yeh K L, Hoffmann M C, et al. Generation of high-power terahertz pulses by tilted-pulse-front excitation and their application possibilities [J]. JOSA B, 2008, 25(7): B6-B19.

[164] Fülöp J A, Pálfalvi L, Almási G, et al. High energy THz pulse generation by tilted pulse front excitation and its nonlinear optical applications [J]. Journal of Infrared, Millimeter, and Terahertz Waves, 2011, 32: 553-561.

[165] Ollmann Z, Hebling J, Almási G. Design of a contact grating setup for mJ-energy THz pulse generation by optical rectification [J]. Applied Physics B, 2012, 108: 821-826.

[166] Stepanov A G, Hebling J, Kuhl J. Efficient generation of subpicosecond terahertz radiation by phase-matched optical rectification using ultrashort laser pulses with tilted pulse fronts [J]. Applied physics letters, 2003, 83(15): 3000-3002.

[167] Pálfalvi L, Fülöp J A, Almási G, et al. Novel setups for extremely high power single-

cycle terahertz pulse generation by optical rectification [J]. Applied Physics Letters, 2008, 92(17).

[168] Hirori H, Blanchard F, Tanaka K. Single-cycle terahertz pulses with amplitudes exceeding 1 MV/cm generated by optical rectification in $LiNbO_3$ [J]. Applied Physics Letters, 2011, 98(9).

[169] 苏晓强. 基于光、电调控的太赫兹人工电磁材料特性 [D]. 天津：天津大学，2016.

[170] Hebling J, Yeh K L, Hoffmann M C, et al. High-power THz generation, THz nonlinear optics, and THz nonlinear spectroscopy [J]. IEEE Journal of Selected Topics in Quantum Electronics, 2008, 14(2): 345-353.

[171] Grischkowsky D, Keiding S, Van Exter M, et al. Far-infrared time-domain spectroscopy with terahertz beams of dielectrics and semiconductors [J]. JOSA B, 1990, 7(10): 2006-2015.

[172] Tani M, Herrmann M, Sakai K. Generation and detection of terahertz pulsed radiation with photoconductive antennas and its application to imaging [J]. Measurement science and technology, 2002, 13(11): 1739.

[173] 朱星. 近场光学与近场光学显微镜 [J]. 北京大学学报：自然科学版，1997，33（3）：394-407.

[174] Wächter M, Nagel M, Kurz H. Tapered photoconductive terahertz field probe tip with subwavelength spatial resolution [J]. Applied Physics Letters, 2009, 95(4).

[175] Crooker S A. Fiber-coupled antennas for ultrafast coherent terahertz spectroscopy in low temperatures and high magnetic fields [J]. Review of scientific instruments, 2002, 73(9): 3258-3264.

[176] Ellrich F, Weinland T, Molter D, et al. Compact fiber-coupled terahertz spectroscopy system pumped at 800 nm wavelength [J]. Review of Scientific Instruments, 2011, 82(5): 053102.

第三章

[177] Hutter E, Fendler J H. Exploitation of localized surface plasmon resonance [J]. Advanced materials, 2004, 16(19): 1685-1706.

[178] Willets K A, Van Duyne R P. Localized surface plasmon resonance spectroscopy and sensing [J]. Annu. Rev. Phys. Chem., 2007, 58: 267-297.

[179] Zhao J, Xue S, Ji R, et al. Localized surface plasmon resonance for enhanced electrocatalysis [J]. Chemical Society Reviews, 2021, 50(21): 12070-12097.

[180] Langhammer C, Schwind M, Kasemo B, et al. Localized surface plasmon resonances in aluminum nanodisks [J]. Nano letters, 2008, 8(5): 1461-1471.

［181］ Haes A J, Zou S, Zhao J, et al. Localized surface plasmon resonance spectroscopy near molecular resonances ［J］. Journal of the American Chemical Society, 2006, 128(33): 10905-10914.

［182］ Chan G H, Zhao J, Schatz G C, et al. Localized surface plasmon resonance spectroscopy of triangular aluminum nanoparticles ［J］. The Journal of Physical Chemistry C, 2008, 112(36): 13958-13963.

［183］ Hsu C W, Zhen B, Stone A D, et al. Bound states in the continuum ［J］. Nature Reviews Materials, 2016, 1(9): 1-13.

［184］ Koshelev K, Bogdanov A, Kivshar Y. Meta-optics and bound states in the continuum ［J］. Science Bulletin, 2019, 64(12): 836-842.

［185］ Marinica D C, Borisov A G, Shabanov S V. Bound states in the continuum in photonics ［J］. Physical review letters, 2008, 100(18): 183902.

［186］ Singh R, Rockstuhl C, Lederer F, et al. The impact of nearest neighbor interaction on the resonances in terahertz metamaterials ［J］. Applied Physics Letters, 2009, 94(2).

［187］ Chowdhury D R, Singh R, Reiten M, et al. Tailored resonator coupling for modifying the terahertz metamaterial response ［J］. Optics express, 2011, 19(11): 10679-10685.

［188］ Al-Naib I, Hebestreit E, Rockstuhl C, et al. Conductive coupling of split ring resonators: a path to THz metamaterials with ultrasharp resonances ［J］. Physical review letters, 2014, 112(18): 183903.

［189］ Chiam S Y, Singh R, Zhang W, et al. Controlling metamaterial resonances via dielectric and aspect ratio effects ［J］. Applied Physics Letters, 2010, 97(19).

［190］ 苏晓强. 基于光、电调控的太赫兹人工电磁材料特性 ［D］. 天津：天津大学，2016.

［191］ Su X, Ouyang C, Xu N, et al. Dynamic mode coupling in terahertz metamaterials ［J］. Scientific reports, 2015, 5(1): 10823.

［192］ Zhang S, Genov D A, Wang Y, et al. Plasmon-induced transparency in metamaterials ［J］. Physical review letters, 2008, 101(4): 047401.

［193］ Singh R, Rockstuhl C, Lederer F, et al. Coupling between a dark and a bright eigenmode in a terahertz metamaterial ［J］. Physical Review B, 2009, 79(8): 085111.

［194］ Liu N, Langguth L, Weiss T, et al. Plasmonic analogue of electromagnetically induced transparency at the Drude damping limit ［J］. Nature materials, 2009, 8(9): 758-762.

［195］ Taubert R, Hentschel M, Kästel J, et al. Classical analog of electromagnetically induced absorption in plasmonics ［J］. Nano letters, 2012, 12(3): 1367-1371.

［196］ Tassin P, Zhang L, Koschny T, et al. Low-loss metamaterials based on classical electromagnetically induced transparency ［J］. Physical review letters, 2009, 102(5): 053901.

［197］ Xu H, Lu Y, Lee Y P, et al. Studies of electromagnetically induced transparency in metamaterials ［J］. Optics express, 2010, 18(17): 17736-17747.

［198］ Gu J, Singh R, Liu X, et al. Active control of electromagnetically induced transparency analogue in terahertz metamaterials ［J］. Nature communications, 2012, 3(1): 1151.

［199］ Wu J, Jin B, Wan J, et al. Superconducting terahertz metamaterials mimicking electromagnetically induced transparency ［J］. Applied physics letters, 2011, 99(16).

［200］ Kurter C, Tassin P, Zhang L, et al. Classical analogue of electromagnetically induced transparency with a metal-superconductor hybrid metamaterial ［J］. Physical Review Letters, 2011, 107(4): 043901.

［201］ Su X, Ouyang C, Xu N, et al. Broadband terahertz transparency in a switchable metasurface ［J］. IEEE Photonics Journal, 2015, 7(1): 1-8.

［202］ Shi X, Han D, Dai Y, et al. Plasmonic analog of electromagnetically induced transparency in nanostructure graphene ［J］. Optics express, 2013, 21(23): 28438-28443.

［203］ Miyamaru F, Morita H, Nishiyama Y, et al. Ultrafast optical control of group delay of narrow-band terahertz waves ［J］. Scientific reports, 2014, 4(1): 4346.

［204］ Kang H, Kim J S, Hwang S I, et al. Electromagnetically induced transparency on GaAs quantum well to observe hole spin dephasing ［J］. Optics Express, 2008, 16(20): 15728-15732.

［205］ Xiao S, Wang T, Liu T, et al. Active modulation of electromagnetically induced transparency analogue in terahertz hybrid metal-graphene metamaterials ［J］. Carbon, 2018, 126: 271-278.

［206］ Hu Y, Jiang T, Sun H, et al. Ultrafast frequency shift of electromagnetically induced transparency in terahertz metaphotonic devices ［J］. Laser & Photonics Reviews, 2020, 14(3): 1900338.

［207］ Chu Q, Song Z, Liu Q H. Omnidirectional tunable terahertz analog of electromagnetically induced transparency realized by isotropic vanadium dioxide metasurfaces ［J］. Applied Physics Express, 2018, 11(8): 082203.

［208］ Yang L, Fan F, Chen M, et al. Active terahertz metamaterials based on liquid-crystal induced transparency and absorption ［J］. Optics Communications, 2017, 382: 42-48.

［209］ Xu Q, Su X, Ouyang C, et al. Frequency-agile electromagnetically induced transparency analogue in terahertz metamaterials ［J］. Optics letters, 2016, 41(19): 4562-4565.

［210］ Bolotin K I, Sikes K J, Jiang Z, et al. Ultrahigh electron mobility in suspended graphene ［J］. Solid state communications, 2008, 146(9-10): 351-355.

［211］ Sensale-Rodriguez B, Yan R, Kelly M M, et al. Broadband graphene terahertz modulators enabled by intraband transitions ［J］. Nature communications, 2012, 3(1): 780.

［212］ Lee S H, Choi M, Kim T T, et al. Switching terahertz waves with gate-controlled active graphene metamaterials ［J］. Nature materials, 2012, 11(11): 936-941.

［213］ Liu W, Hu B, Huang Z, et al. Graphene-enabled electrically controlled terahertz meta-lens ［J］. Photonics Research, 2018, 6(7): 703-708.

［214］ Miao Z, Wu Q, Li X, et al. Widely tunable terahertz phase modulation with gate-controlled graphene metasurfaces ［J］. Physical Review X, 2015, 5(4): 041027.

［215］ Li S, Nugraha P S, Su X, et al. Terahertz electric field modulated mode coupling in graphene-metal hybrid metamaterials ［J］. Optics Express, 2019, 27(3): 2317-2326.

［216］ Chan J, Venugopal A, Pirkle A, et al. Reducing extrinsic performance-limiting factors in graphene grown by chemical vapor deposition ［J］. ACS nano, 2012, 6(4): 3224-3229.

［217］ Liang X, Sperling B A, Calizo I, et al. Toward clean and crackless transfer of graphene ［J］. ACS nano, 2011, 5(11): 9144-9153.

［218］ Liu H L, Siregar S, Hasdeo E H, et al. Deep-ultraviolet Raman scattering studies of monolayer graphene thin films ［J］. Carbon, 2015, 81: 807-813.

第四章

［219］ Yu N, Genevet P, Kats M A, et al. Light propagation with phase discontinuities: generalized laws of reflection and refraction ［J］. science, 2011, 334(6054): 333-337.

［220］ Aieta F, Genevet P, Kats M A, et al. Aberration-free ultrathin flat lenses and axicons at telecom wavelengths based on plasmonic metasurfaces ［J］. Nano letters, 2012, 12(9): 4932-4936.

［221］ 苏晓强. 基于光、电调控的太赫兹人工电磁材料特性 ［D］. 天津：天津大学，2016.

［222］ Aieta F, Kabiri A, Genevet P, et al. Reflection and refraction of light from metasurfaces with phase discontinuities ［J］. Journal of Nanophotonics, 2012, 6(1): 063532-063532.

［223］ Huang L, Chen X, Muhlenbernd H, et al. Dispersionless phase discontinuities for controlling light propagation ［J］. Nano letters, 2012, 12(11): 5750-5755.

［224］ Ni X, Emani N K, Kildishev A V, et al. Broadband light bending with plasmonic nanoantennas ［J］. Science, 2012, 335(6067): 427-427.

［225］ Pfeiffer C, Grbic A. Metamaterial Huygens' surfaces: tailoring wave fronts with reflectionless sheets ［J］. Physical review letters, 2013, 110(19): 197401.

［226］ Aieta F, Genevet P, Yu N, et al. Out-of-plane reflection and refraction of light by anisotropic optical antenna metasurfaces with phase discontinuities ［J］. Nano letters, 2012, 12(3): 1702-1706.

［227］ Khorasaninejad M, Aieta F, Kanhaiya P, et al. Achromatic metasurface lens at telecommunication wavelengths ［J］. Nano letters, 2015, 15(8): 5358-5362.

［228］ Wen D, Yue F, Li G, et al. Helicity multiplexed broadband metasurface holograms ［J］. Nature communications, 2015, 6(1): 8241.

［229］ Zheng G, Mühlenbernd H, Kenney M, et al. Metasurface holograms reaching 80% efficiency ［J］. Nature nanotechnology, 2015, 10(4): 308-312.

［230］ Jiang Q, Jin G, Cao L. When metasurface meets hologram: principle and advances ［J］. Advances in Optics and Photonics, 2019, 11(3): 518-576.

［231］ Li S Q, Xu X, Maruthiyodan Veetil R, et al. Phase-only transmissive spatial light modulator based on tunable dielectric metasurface ［J］. Science, 2019, 364(6445): 1087-1090.

［232］ Zhang Y, Liu W, Gao J, et al. Generating focused 3D perfect vortex beams by plasmonic metasurfaces ［J］. Advanced Optical Materials, 2018, 6(4): 1701228.

［233］ Wang S, Wu P C, Su V C, et al. Broadband achromatic optical metasurface devices ［J］. Nature communications, 2017, 8(1): 187.

［234］ Arbabi E, Arbabi A, Kamali S M, et al. Multiwavelength metasurfaces through spatial multiplexing ［J］. Scientific reports, 2016, 6(1): 32803.

［235］ Zhang X, Tian Z, Yue W, et al. Broadband terahertz wave deflection based on C-shape complex metamaterials with phase discontinuities ［J］. Advanced Materials, 2013, 25 (33): 4567-4572.

［236］ Su X, Ouyang C, Xu N, et al. Active metasurface terahertz deflector with phase discontinuities ［J］. Optics express, 2015, 23(21): 27152-27158.

［237］ Ni X, Kildishev A V, Shalaev V M. Metasurface holograms for visible light ［J］. Nature communications, 2013, 4(1): 2807.

［238］ Wang Q, Zhang X, Plum E, et al. Polarization and frequency multiplexed terahertz meta-holography ［J］. Advanced Optical Materials, 2017, 5(14): 1700277.

［239］ Xie Z, Lei T, Si G, et al. Meta-holograms with full parameter control of wavefront over a 1 000 nm bandwidth ［J］. Acs Photonics, 2017, 4(9): 2158-2164.

［240］ Wang Q, Xu Q, Zhang X, et al. All-dielectric meta-holograms with holographic images transforming longitudinally ［J］. Acs Photonics, 2018, 5(2): 599-606.

［241］ Wu T, Zhang X, Xu Q, et al. Dielectric metasurfaces for complete control of phase, amplitude, and polarization ［J］. Advanced Optical Materials, 2022, 10(1): 2101223.

［242］ Wang Q, Plum E, Yang Q, et al. Reflective chiral meta-holography: multiplexing holograms for circularly polarized waves ［J］. Light: Science & Applications, 2018, 7(1): 25.

［243］ Liu L, Zhang X, Kenney M, et al. Broadband metasurfaces with simultaneous control of phase and amplitude ［J］. Advanced materials, 2014, 26(29): 5031-5036.

［244］ Wang Q, Zhang X, Xu Y, et al. Broadband metasurface holograms: toward complete phase and amplitude engineering ［J］. Scientific reports, 2016, 6(1): 32867.

［245］ 王球. 基于超表面的太赫兹全息术研究 ［D］. 天津：天津大学，2019.

［246］ Li L, Jun Cui T, Ji W, et al. Electromagnetic reprogrammable coding-metasurface holograms ［J］. Nature communications, 2017, 8(1): 197.

［247］ Li L, Ruan H, Liu C, et al. Machine-learning reprogrammable metasurface imager ［J］. Nature communications, 2019, 10(1): 1082.

［248］ Chen K, Feng Y, Monticone F, et al. A reconfigurable active Huygens' metalens ［J］. Advanced materials, 2017, 29(17): 1606422.

［249］ Huang C, Zhang C, Yang J, et al. Reconfigurable metasurface for multifunctional control of electromagnetic waves ［J］. Advanced Optical Materials, 2017, 5(22): 1700485.

［250］ Cui T J, Liu S, Li L L. Information entropy of coding metasurface ［J］. Light: Science & Applications, 2016, 5(11): e16172-e16172.

［251］ Wan X, Zhang Q, Yi Chen T, et al. Multichannel direct transmissions of near-field information ［J］. Light: science & applications, 2019, 8(1): 60.

［252］ Zhang X G, Jiang W X, Jiang H L, et al. An optically driven digital metasurface for programming electromagnetic functions ［J］. Nature Electronics, 2020, 3(3): 165-171.

［253］ You J W, Ma Q, Lan Z, et al. Reprogrammable plasmonic topological insulators with ultrafast control ［J］. Nature communications, 2021, 12(1): 5468.

［254］ Wu H, Gao X X, Zhang L, et al. Harmonic information transitions of spatiotemporal metasurfaces ［J］. Light: science & applications, 2020, 9(1): 198.

［255］ Qian C, Zheng B, Shen Y, et al. Deep-learning-enabled self-adaptive microwave cloak without human intervention ［J］. Nature photonics, 2020, 14(6): 383-390.

［256］ Del Hougne P, Fink M, Lerosey G. Optimally diverse communication channels in disordered environments with tuned randomness ［J］. Nature Electronics, 2019, 2(1): 36-41.

［257］ Liaskos C, Nie S, Tsioliaridou A, et al. A new wireless communication paradigm through software-controlled metasurfaces ［J］. IEEE Communications Magazine, 2018, 56(9): 162-169.

［258］ Zhang L, Chen M Z, Tang W, et al. A wireless communication scheme based on space- and frequency-division multiplexing using digital metasurfaces ［J］. Nature electronics, 2021, 4(3): 218-227.

［259］ Thureja P, Shirmanesh G K, Fountaine K T, et al. Array-level inverse design of beam steering active metasurfaces ［J］. ACS nano, 2020, 14(11): 15042-15055.

［260］ Lin C H, Chen Y S, Lin J T, et al. Automatic inverse design of high-performance beam-steering metasurfaces via genetic-type tree optimization [J]. Nano letters, 2021, 21(12): 4981-4989.

[261] Zhu W, Song Q, Yan L, et al. A flat lens with tunable phase gradient by using random access reconfigurable metamaterial [J]. Advanced materials, 2015, 27(32): 4739-4743.

[262] Wang Z, Jing L, Yao K, et al. Origami-based reconfigurable metamaterials for tunable chirality [J]. Advanced materials, 2017, 29(27): 1700412.

[263] Liu S, Zhang L, Bai G D, et al. Flexible controls of broadband electromagnetic wavefronts with a mechanically programmable metamaterial [J]. Scientific Reports, 2019, 9(1): 1809.

[264] Xu Q, Su X, Zhang X, et al. Mechanically reprogrammable Pancharatnam-Berry metasurface for microwaves [J]. Advanced Photonics, 2022, 4(1): 016002-016002.

[265] Jisha C P, Nolte S, Alberucci A. Geometric phase in optics: from wavefront manipulation to waveguiding [J]. Laser & Photonics Reviews, 2021, 15(10): 2100003.

[266] Xie X, Pu M, Jin J, et al. Generalized Pancharatnam-Berry phase in rotationally symmetric meta-atoms [J]. Physical Review Letters, 2021, 126(18): 183902.

[267] Zhang Y, Liu H, Cheng H, et al. Multidimensional manipulation of wave fields based on artificial microstructures [J]. Opto-Electronic Advances, 2020, 3(11): 200002-1-200002-32.

[268] Zhang F, Pu M, Li X, et al. All-dielectric metasurfaces for simultaneous giant circular asymmetric transmission and wavefront shaping based on asymmetric photonic spin-orbit interactions [J]. Advanced Functional Materials, 2017, 27(47): 1704295.

[269] Deng Z L, Jin M, Ye X, et al. Full-color complex-amplitude vectorial holograms based on multi-freedom metasurfaces [J]. Advanced Functional Materials, 2020, 30(21): 1910610.

[270] Liu M, Zhu W, Huo P, et al. Multifunctional metasurfaces enabled by simultaneous and independent control of phase and amplitude for orthogonal polarization states [J]. Light: Science & Applications, 2021, 10(1): 107.

第五章

[271] Su X, Dong L, Wen L, et al. Cascaded plasmon-induced transparency in spoof surface plasmon polariton waveguide [J]. Results in Physics, 2022, 43: 106044.

[272] Su X, Dong L, He J, et al. Active Control of Electromagnetically Induced Transparency Analogy in Spoof Surface Plasmon Polariton Waveguide [J]. Photonics. MDPI, 2022, 9(11): 833.

[273] Fan S, Suh W, Joannopoulos J D. Temporal coupled-mode theory for the Fano resonance in optical resonators [J]. JOSA A, 2003, 20(3): 569-572.

［274］ Suh W, Wang Z, Fan S. Temporal coupled-mode theory and the presence of non-orthogonal modes in lossless multimode cavities［J］. IEEE Journal of Quantum Electronics, 2004, 40(10): 1511-1518.

［275］ Qu C, Ma S, Hao J, et al. Tailor the functionalities of metasurfaces based on a complete phase diagram［J］. Physical review letters, 2015, 115(23): 235503.

［276］ Zhang X, Cui W Y, Lei Y, et al. Spoof localized surface plasmons for sensing applications［J］. Advanced materials technologies, 2021, 6(4): 2000863.

［277］ Zhang X, Cui T J. Contactless Glucose Sensing at Sub-Micromole Level Using a Deep-Subwavelength Decimeter-Wave Plasmonic Resonator［J］. Laser & Photonics Reviews, 2022, 16(10): 2200221.

［278］ Annamdas V G M, Soh C K. Contactless load monitoring in near-field with surface localized spoof plasmons—A new breed of metamaterials for health of engineering structures［J］. Sensors and Actuators A: Physical, 2016, 244: 156-165.

［279］ Shao R L, Zhou Y J, Yang L. Quarter-mode spoof plasmonic resonator for a microfluidic chemical sensor［J］. Applied optics, 2018, 57(28): 8472-8477.

［280］ Gao F, Gao Z, Zhang Y, et al. Vertical transport of subwavelength localized surface electromagnetic modes［J］. Laser & Photonics Reviews, 2015, 9(5): 571-576.

［281］ Liao Z, Pan B C, Shen X, et al. Multiple Fano resonances in spoof localized surface plasmons［J］. Optics express, 2014, 22(13): 15710-15717.

［282］ Zhou J, Chen L, Sun Q, et al. Terahertz on-chip sensing by exciting higher radial order spoof localized surface plasmons［J］. Applied Physics Express, 2019, 13(1): 012014.

［283］ Cai J, Zhou Y J, Zhang Y, et al. Gain-assisted ultra-high-Q spoof plasmonic resonator for the sensing of polar liquids［J］. Optics express, 2018, 26(19): 25460-25470.

［284］ Xu Z, Wang Y, Liu S, et al. Metamaterials With Analogous Electromagnetically Induced Transparency and Related Sensor Designs—A Review［J］. IEEE Sensors Journal, 2023.

［285］ Huang P, Yao Y, Zhong W, et al. Optical sensing based on classical analogy of double Electromagnetically induced transparencies［J］. Results in Physics, 2022, 39: 105732.

［286］ 苏晓强，黄宇聪，李绍限，等. 基于电磁诱导透明的人工表面等离激元片上传感器（特邀）［J］. 光子学报，2023，52（10）：1052408.

第六章

［287］ Tanemura T, Balram K C, Ly-Gagnon D S, et al. Multiple-wavelength focusing of surface plasmons with a nonperiodic nanoslit coupler［J］. Nano letters, 2011, 11(7): 2693-2698.

［288］ Lee K G, Park Q H. Coupling of surface plasmon polaritons and light in metallic nanoslits［J］. Physical review letters, 2005, 95(10): 103902.

［289］ Xu Q, Zhang X, Wei M, et al. Efficient metacoupler for complex surface plasmon launching ［J］. Advanced Optical Materials, 2018, 6(5): 1701117.

［290］ Zhang Y, Xu Y, Tian C, et al. Terahertz spoof surface-plasmon-polariton subwavelength waveguide ［J］. Photonics Research, 2018, 6(1): 18-23.

［291］ Zhang Y, Lu Y, Yuan M, et al. Rotated Pillars for Functional Integrated On-Chip Terahertz Spoof Surface-Plasmon-Polariton Devices ［J］. Advanced Optical Materials, 2022, 10 (11): 2102561.

［292］ Yuan M, Li Y, Lu Y, et al. High-performance and compact broadband terahertz plasmonic waveguide intersection ［J］. Nanophotonics, 2019, 8(10): 1811-1819.

［293］ Yuan M, Wang Q, Li Y, et al. Terahertz spoof surface plasmonic logic gates ［J］. Iscience, 2020, 23(11).

［294］ Yuan M, Lu Y, Zhang Y, et al. Curved terahertz surface plasmonic waveguide devices ［J］. Optics express, 2020, 28(2): 1987-1998.

［295］ Yuan M, Wang Q, Li Y, et al. Ultra-compact terahertz plasmonic wavelength diplexer ［J］. Applied Optics, 2020, 59(33): 10451-10456.

［296］ Zhang X, Xu Q, Xia L, et al. Terahertz surface plasmonic waves: a review ［J］. Advanced Photonics, 2020, 2(1): 014001-014001.

［297］ Xu Q, Lang Y, Jiang X, et al. Meta-optics inspired surface plasmon devices ［J］. Photon. Insights, 2023, 2: R02.

［298］ Zhang X, Xu Y, Yue W, et al. Anomalous Surface Wave Launching by Handedness Phase Control ［J］. Advanced Materials, 2015, 27(44): 7123-7129.

［299］ Zhang X, Xu Q, Li Q, et al. Asymmetric excitation of surface plasmons by dark mode coupling ［J］. Science Advances, 2016, 2(2): e1501142.

［300］ Xu Q, Zhang X, Yang Q, et al. Polarization-controlled asymmetric excitation of surface plasmons ［J］. Optica, 2017, 4(9): 1044-1051.

［301］ Xu Q, Zhang X, Xu Y, et al. Polarization-controlled surface plasmon holography ［J］. Laser & Photonics Reviews, 2017, 11(1): 1600212.

［302］ Xu Q, Ma S, Hu C, et al. Coupling-Mediated selective spin-to-plasmonic-orbital angular momentum conversion ［J］. Advanced Optical Materials, 2019, 7(20): 1900713.

［303］ Lang Y, Xu Q, Chen X, et al. On-chip plasmonic vortex interferometers ［J］. Laser & Photonics Reviews, 2022, 16(10): 2200242.

［304］ Jiang X, Xu Q, Lang Y, et al. Geometric Phase Control of Surface Plasmons by Dipole Sources ［J］. Laser & Photonics Reviews, 2023: 2200948.

［305］ Su X, Xu Q, Lu Y, et al. Gradient index devices for terahertz spoof surface plasmon polaritons ［J］. ACS Photonics, 2020, 7(12): 3305-3312.

［306］ 苏晓强，张亚伟，邓富胜，等. 基于渐变折射率的太赫兹人工表面等离激光片上透镜特性［J］. 激光与光电子学进展，2023，60（18）：186-193.

［307］ 苏晓强，张晓琳，陈赵江，等. 基于 LabVIEW 的光热偏转检测系统的设计［J］. 光学与光电技术，2011，9（4），84-87.

［308］ Luque-González J M, Halir R, Wangüemert-Pérez J G, et al. An ultracompact GRIN-lens-based spot size converter using subwavelength grating metamaterials［J］. Laser & Photonics Reviews, 2019, 13(11): 1900172.

［309］ Li Y B, Cai B G, Cheng Q, et al. Surface Fourier-transform lens using a metasurface［J］. Journal of Physics D: Applied Physics, 2015, 48(3): 035107.

［310］ Wan X, Shen X, Luo Y, et al. Planar bifunctional luneburg-fisheye lens made of an anisotropic metasurface［J］. Laser & Photonics Reviews, 2014, 8(5): 757-765.

［311］ Zhao J, Wang Y D, Yin L Z, et al. Bifunctional Luneburg-fish-eye lens based on the manipulation of spoof surface plasmons［J］. Optics letters, 2021, 46(6): 1389-1392.

［312］ Zentgraf T, Liu Y, Mikkelsen M H, et al. Plasmonic luneburg and eaton lenses［J］. Nature nanotechnology, 2011, 6(3): 151-155.

［313］ Zhu R, Ma C, Zheng B, et al. Bifunctional acoustic metamaterial lens designed with coordinate transformation［J］. Applied Physics Letters, 2017, 110(11).